数字的秘密生活

The Secret Life of Numbers

最有趣的100个数学故事

乔治·G·斯皮罗 著

郭婷玮 译

上海科技教育出版社

图书在版编目(CIP)数据

数字的秘密生活:最有趣的100个数学故事/(美)乔治·G·斯皮罗著;郭婷玮译. —上海:上海科技教育出版社,2019.8

书名原文:The Secret Life of Numbers

ISBN 978-7-5428-7049-0

Ⅰ.①数… Ⅱ.①乔…②郭… Ⅲ.①数学—普及读物 Ⅳ.①O1-49

中国版本图书馆CIP数据核字(2019)第152894号

前　言

每当有社会名流在鸡尾酒会上,以背诵几句不知名诗词来炫耀才气时,旁人都会认为他饱读诗书、充满智慧。然而,引述数学公式就没有这种效果,顶多只能招来一些怜悯的眼光,以及"酒会第一号讨厌鬼"的封号。面对鸡尾酒会上点头表示同意的人群,大多数旁观者都会承认自己的数学不好、从来就没好过、将来也不会变好。

这真是让人感到讶异!想象你的律师告诉你他不擅长拼写,你的牙医骄傲地宣布她不会讲外语,财务管理顾问很高兴地承认他老是分不清伏尔泰(Voltaire)和莫里哀(Molière)。你大有理由认为这些人无知,但数学却不是这样,所有人都能接受对于这门学科的无知与短缺。

我已将纠正此种情况视为己任。本书包含了过去3年间,我为瑞士《新苏黎世报》(Neue Zürcher Zeitung)以及《新苏黎世报星期日增刊版》(NZZ am Sonntag)所写的数学短文。我一如既往希望读者不仅了解这门学问的重要性,也能欣赏它的美丽与优雅。我也没有忽视时常有点怪里怪气的数学家们的趣闻与生平,在可能的范围之内,尽量让读者了解相关的理论与证明,数学的复杂性不应该被隐藏或夸大。

无论这本数学书或我的数学新闻工作者生涯,都不是依线性演变的。我在苏黎世的瑞士联邦理工学院攻读了数学与物理,之后换了几个工作，最后成为《新苏黎世报》派驻耶路撒冷的记者。我的工作是报告中东最新情势，但我最初对数学的热爱却从未降温，当一个有关对称性的会议在海法举办时，为了报道这场聚会，我说服我的编辑派我前往以色列北边的海法，结果这篇文章成为我为这家报社所写过的最佳报道（它几乎和搭乘豪华邮轮沿着多瑙河到达布达佩斯的旅程一样棒，但那是题外话）。自那之后，我就断断续续地撰写以数学为主题的文章。

2002年3月，我得到了一个机会定期地利用我对数学的兴趣。我在《新苏黎世报星期日增刊版》开了一个每月专栏，名叫"乔治·斯皮罗（George Szpiro）的小小乘法表"。我很快就发现，读者的反应比预期要好。记得早期专栏中，有一次我把一位数学家的生日写错了，结果招来将近24封读者信，从语带嘲讽到暴跳如雷都有。一年之后，我有幸获得一份殊荣，瑞士科学院将2003年度媒体奖颁给我的专栏。2005年12月，伦敦皇家学会提名我参加欧盟笛卡儿科学传播奖的决选。

我要感谢在苏黎世的编辑——迈耶—鲁斯特（Kathrin Meier-Rust）、希尔斯坦（Andreas Hirstein）、斯派克（Christian Speicher）与贝迟翁（Stefan Betschon），感谢他们的耐心与知识丰富的编辑成果。感谢在伦敦的姐姐伯克（Eva Burke）勤奋地帮我翻译这些文章，还有华盛顿特区约瑟夫亨利出版社（Joseph Henry Press）的罗宾斯（Jeffrey Robbins），他将我的手稿变为一本我所期望的有趣的书，即使内容是关于一般常人认为比骨头还硬的学科。

乔治·斯皮罗

耶路撒冷，2006年春

目录

1 第一章 历史花絮

3　1 闰年的故事

7　2 世界末日快要到了吗?

10　3 老师们的人间天堂

13　4 天才最多也最麻烦的家族

17 第二章 尚未解开的数学猜想

19　5 价值百万美元的猜想

22　6 陷入正名风波的猜想

26　7 亲友众多的猜想

29　8 数学家的名利难题

33 第三章 已解开的数学问题

35　9 铺砖工人也想知道的问题

39　10 难解的单纯等式问题

43　11 无穷数列有时尽

46　12 计算机算出来的数学证明?

51　13 庞加莱猜想被解开了吗?

55 第四章 性情中人

57　14 天才数学家的悲剧礼赞

61　15 不支薪的教授

- 64 16 火星来的天才
- 69 17 几何学大复活
- 72 18 智慧,并不比天气复杂?
- 78 19 幻想工程部的副总裁
- 83 20 被降级的退休数学教授
- 88 21 永久客座教授的数学大师
- 93 22 以数学之名
- 102 23 艾哈德教授不回答
- 105 24 雅痞数学家
- 112 25 手足恨深
- 115 26 热爱数学的外交官
- 118 27 485次的名字
- 122 28 改正数学错误与修缮屋顶有关?

125 第五章 具体与抽象

- 127 29 魔术师的"结"
- 131 30 怎样绑鞋带最省力?
- 136 31 失之毫厘,差之千里
- 140 32 不愿面对的真相
- 143 33 俄罗斯方块的数学秘密
- 146 34 群、大魔群与小魔群

- 150   35 费马的错误猜想
- 153   36 突变理论大滥用
- 156   37 一点都不简单的简单方程式
- 159   38 不对称的奇迹之美
- 162   39 真正随机的随机数
- 166   40 确认素数工程浩大

169   第六章   为数学而数学

- 171   41 面包师傅的一打=13？
- 182   42 小数点后第十五位数字之谜
- 185   43 消失的笔记本
- 188   44 迂回的数学证明
- 190   45 条条大路通罗马
- 193   46 数字背后的秘密
- 197   47 素数的秘密生命

201   第七章   数学的日常应用

- 203   48 邮票、硬币与麦乐鸡块
- 206   49 排队的(不)公平性
- 209   50 人行道上应该跑还是走？
- 212   51 数字9的奥秘
- 215   52 达尔文和爱因斯坦爱写信？

218 53 哪个桌子不摇晃？

221 第八章 头脑体操

223 54 依爱因斯坦的公式登机

226 55 选好走的路一样堵？

229 56 班机飞巴黎……以及安克雷奇

232 57 虚拟的远程飞行

235 58 左脑计算

238 59 丧失语言本能

241 60 信息超载

244 61 废除分数学数学？！

247 第九章 游戏、礼物与娱乐

249 62 魔方转几下？

252 63 数独的数学原理

256 64 政治与方阵有啥关系？

260 65 数字冲过头！

263 66 用数学计算爱情

266 67 谁赢了井字游戏？

269 68 说谎者与半说谎者

272 69 人机大战谁称臣？

275　第十章　选择与分割

277　70　犹太经典是博弈论先驱

280　71　你的蛋糕比我的大？

284　72　多到难以抉择的烦恼

289　73　选出最佳教皇和最佳歌曲

292　74　跟着金钱走

295　75　地震、癫痫发作与股市崩盘

301　76　不要射杀信使

305　第十一章　跨学科集锦

307　77　法官判案是否公正？

310　78　选举席位分配真能公平吗？

316　79　一块钱值多少？

319　80　这篇文章是谁写的？

324　81　自然界有哪些数学秘密？

328　82　改正英文错字

331　83　无法计算出长度的围墙

334　84　为什么雪花总是六角形？

337　85　沙堡什么时候会崩塌？

340　86　为什么总是打不到苍蝇？

342　87 交易菜鸟活络市场效率

345　88 网络服务器的摇尾舞

348　89 谁扰乱股市？

350　90 量子计算机决定数据加密成败

354　91 股市制胜再简单不过？

357　92 侮辱使人不理性？

360　93《圣经》密码

364　94 迷人的分形

367　95 概率多高才超越合理怀疑？

370　96 曾经有一道数学难题

374　97 除非我的手机铃声独一无二

377　98 强化自愿合作

379　99 是密码还是骗局？

383　100 对抗滥用数学运动

第一章

历史花絮

有趣的数学故事:

◎为什么会有闰年?原来是一年的长度多了点!

◎信不信由你,牛顿曾经算出世界末日是哪一天!

◎如果要找一个老师的天堂,那肯定是苏黎世!

◎你知道谁是历史上最著名的数学天才家族?

1 闰年的故事

◆ **摘要**：现在每年精确的平均长度是365.2425天。不过,你可知道,这又稍稍太长了一点?

2004年初,这个世界发生了每个世纪只会出现4次的现象:2月出现5个星期天。这种事要经过7次闰年才会遇到一次,也就是说,每28年发生一次。前一次是在1976年,而下一次则要等到2032年。

人们发现闰年总有不少奇异特征,例如天文学家早就观察到,两个春分之间的间隔时间是365天5小时48分又46秒,即365.242 199天,相当接近365.25天,这算是个还不错的近似值。

1世纪中期,古罗马的恺撒大帝(Julius Caesar,公元前100—公元前44)引进了此后以他的名字命名的历法:每年有365天,每隔三年之后接一个闰年,闰年会比其他年份多一天。因此,之后的1500年间,每年的平均长度为365.25天。

但是在16世纪末,天主教人士再也无法忍受每年高达11分又14秒的误差,而且梵蒂冈的顾问算出,在1000年内,累积的年度误差会高达整整8天。因此,他们认为再这样下去,12 000年后的圣诞节会出现在秋天,复活节则要在1月庆祝,所以从长远来看,教廷无法接受这种误差。

罗马教皇格里高利十三世(Pope Gregory XIII, 1502—1585)经过长久的思考之后,终于得到一个结论:恺撒大帝所订出的年(Julian year,通称儒略年)显然太长了。

为了弥补这个误差,教皇决定调整历法,并跳过几个闰年:删除第25个闰年时原本由恺撒加上去的那一天。① 因此,每个世纪的最后一年(也就是可以被100除尽的那年),其2月只有28天(尽管它本来应该是个闰年)。这个删除了2月最后一天的年份,被重新命名为世纪平年(lop leap year)②。于是每个世纪就会有75个有365天的平年,24个有366天的闰年,还有一个365天的世纪平年,所以平均一年的长度是365.24天。

不过,这样的一年还是短了一点,虽然微乎其微,但就是短那么一点。要求更进一步调整的呼声于是出现了,教皇和他的顾问因此又开始绞尽脑汁,得出了另一个结论:在每4个世纪平年里再多插进一天。如此一来,循环总算大功告成,而能够被400除尽的年度就是世纪闰年(loop lop leap year)③。因为在当时,1600年即将来临,所以1600年便被称为第一个世纪闰年,而下一个则是公元2000年。

因此,现在每年精确的平均长度是365.2425天(3个世纪年平

---

① 1582年,格里高利十三世根据意大利医生利尤斯(Aloysius Lilius)提出的方案,对儒略历作了修正,即为我们现在使用的公历,也称为格里历(Gregorian calendar)。——译者

② 英文中lop有砍、删除之意,lop leap year即砍掉的闰年。——译者

③ loop意为循环、绕圈。——译者

均长度为365.24天,一个世纪的年平均长度为365.25天)。不过,你可知道,这又稍稍太长了一点?

但教皇格里高利十三世已经受够了,没有再修正或调整的打算,甚至连善于长期规划的教会也不打算更进一步地……吹毛求疵。事实上,每年26秒的误差,即使每过3322年,累积起来也不到一天。

好了,我们现在已经处理完历法中的未来误差,不过恺撒大帝颁布其历法后的1500年间,累积的误差又该如何处理呢?幸好教皇格里高利十三世的智慧巧妙地解决了这个问题:他直接在1582年中删除10天。这项壮举对罗马教廷还有额外益处:这是个向全世界统治者展示权威的机会,让他们知道谁才是老大。所以1582年10月4日(星期四)的隔天,大多数天主教国家就直接跳到10月15日(星期五)。

但是非天主教国家完全没有遵守教皇命令的意愿。例如,英国及其殖民地(包括美国)直到1752年才从日历中拿掉了11天;俄国直到"十月革命"后才删除多余的日子,因此必须删掉13天才够,后续所产生的复杂结果是,俄国的"十月革命"①实际上是发生在1917年11月。

没有人知道这样是否就能尽善尽美,或是将来要如何收场。即使自从教皇格里高利十二世调整历法后一切运转顺利,400年后还是出现了崩盘的威胁。

科技大幅进步,现在的原子钟在测量时间的精确度上可以达到10^{-14},这相当于每300万年的误差不超过1秒。由于出现了这种

---

① 俄国的十月革命发生于1917年11月6日,并于次日(11月7日)推翻了沙皇的统治。——译者

测量精确度，使得每年多余的26秒变得难以忍受，因此，笔者想提出一项更进一步的调整：每8个世纪闰年就删除一天。

如此，每过3200年，2月将再度只有28天，而这也是调整回合中的最后一步，我们称该特殊年为双重世纪平年（lap loop lop leap year）①。经过微调，平均一年的长度是365.242 188天。依据煞费苦心的计算结果，第一个双重世纪平年将会在4400年来临，所以我们还有很长的时间来深思熟虑。平均年长度虽然还是少了1秒，但要花86400年，误差的累积才会达到一天。这种细微的差异，即使是最严苛的数学家及教会人士也都可以大步走（lope）……呃，我的意思是说，忍受（cope）。

---

① lap意为围绕、重叠。——译者

2 世界末日快要到了吗？

◆ **摘要**：牛顿预测世界末日应该在1867年出现；不过，我们可以肯定，那一年世界没有毁灭。不过他还说，从现在起大约再过半个世纪，这个世界就会结束。

我们都知道牛顿(Isaac Newton)是17、18世纪最杰出的科学家与数学家，他被称为物理学之父，也是万有引力定律的发现者。但他真的如同我们所想象的，是个理性的思想家吗？差得远了！事实显示，牛顿也是个致力于《圣经》研读的基本教义派，他曾写过超过100万字的《圣经》相关文章。

牛顿的目的在于阐释万事万物都有上帝的神秘旨意。依据这位伟大科学家的说法，这些信息都藏在《圣经》之中，而牛顿尤其想找出世界末日会在何时降临的秘密。他坚信基督将会重回人世，并且在地球上建立一个千年神国，而他，牛顿，将以圣徒之一的身份统治世界。不过，牛顿将数千页关乎宗教思想与计算的文件隐藏了大约半世纪之久。

300年后，也就是2002年末，加拿大哈利法克斯国王学院的科学史专家斯诺贝伦(Stephen Snobelen),从一大堆手稿中发现了一份重要文件。而且这堆手稿已经在朴次茅斯公爵(Duke of Portsmouth)的家中存放了超过200年。不过在1936年之前,一般大众都无缘目睹,直到那年它们出现在苏富比拍卖会。

该批收藏被犹太学者及收藏家耶胡达(Abraham Yehuda)购入,他是伊拉克闪语①教授。临终前,他将这批收藏留给以色列国立犹太图书馆,从此它们就在耶路撒冷的希伯来大学的档案柜中蒙尘。

当斯诺贝伦看到这些手稿时,刚好瞄到一张纸,在这张纸上,牛顿已经算出了《新约·启示录》上所说的世界末日年份,即2060年。牛顿依据精确的计算过程得出了这一结果。读完《旧约·但以理书》第7章第25节②及《新约·启示录》后,这位物理学家得到一个结论:3年半代表一个关键的时段。数学家为了方便,以一年360天为基数,所以3年半就代表1260天,用年取代日后,这位卓越的《圣经》研究者很容易就归纳出,世界会在特定起始日的1260年后结束。

所以,现在的问题变成是:起始日是哪一天?

牛顿有几个日子可以选择,那些都与他极端厌恶的天主教教义有关。牛顿代表性传记作者韦斯特福尔(Richard Westfall, 1924—1996)指出,牛顿挑选607年作为关键日期,是因为那一年福卡斯大帝(Emperor Phocas)赠予伯尼法提乌斯三世(Bonifatius Ⅲ)"所有基督教徒的教宗"(Pope Over All Christians)头衔,这项法令等

---

① 古时美索不达米亚、叙利亚、巴勒斯坦和阿拉伯地区民族的日常用语。——译者

② 此节经文为"他必向至高者说夸大的话,必折磨至高者的圣民,必想改变节气和律法。圣民必交付他手一载、二载、半载"。——译者

于是将罗马提升为"教会之首"（caput omnium ecclesarum）。果然值得作为世界末日的起算点！

因为607+1260=1867，所以牛顿预测世界末日应该在1867年发生；不过，我们可以肯定，那一年世界没有毁灭。

牛顿已经为这个问题准备好退路。那位加拿大教授在耶路撒冷进行研究时，还碰到了公元800年这个年份。该年在历史上也是关键性的一年，因为圣诞节那天，教皇莱奥三世（Pope Leo III）在罗马圣彼得大教堂为查里曼大帝（Charlemagne）加冕，正式为神圣罗马帝国揭开序幕。800年加上1260年就等于2060年。从现在起，大约再过半个世纪，这个世界就会结束。证明完毕！

如果某些读者读到最后这几行，开始觉得有点不安，不妨先放轻松喘口气，因为牛顿还有另一个退路。依据这位卓越物理学家更深入的计算，世界末日还可能再延后，最晚要到2370年才会来临。

3 老师们的人间天堂

◆ **摘要**：在那儿，随时都可能有学生迟到，通常占一班学生的1/3，另外1/3则根本不出现……

苏黎世的教授们可能不太清楚他们有多幸运，不过，一位受邀至苏黎世大学讲学的客座教授可以大声证实，在苏黎世教学可说宛如天堂。

一踏进讲堂，仿佛黄金时光破晓，一尘不染的黑板闪烁着愉快的期待，盒子里装满全新的粉笔，洗手槽（还供应冷热水）上有干净的海绵等着派上用场，另外还有经过特殊设计、类似雨刷的新玩意儿可以把黑板一举擦干净。一旁的挂钩吊着一条刚洗烫过的方巾，在用海绵和雨刷擦过黑板之后，就用它来为黑板恢复原来的耀眼光彩，而两部投影仪旁边则摆放着排列整齐的彩色粗头笔。

被高级设备包围的讲学者，不禁沮丧地回想起远方家乡的大学。在那儿，讲学者必须在上课前先自行整理好拉拉杂杂的教材，顺便再拿一些卫生纸，以便黑板不干净时可以拿来擦一擦，至少在黑板写满字时也可以保有一小块空白的地方。若是需要投影仪，必须先向教务处申请,运气好的话,会有一台怪里怪气的东西可用。出具了特殊格式的单据后,讲学者才能使劲地把这个东西拖过漫长的走廊,途中它的外接线还不时缠到脚。讲完课,这个怪物又好像变得更重了,得再拖回教务处……

在苏黎世,如果教授需要使用装有特殊软件的计算机来进行实时模拟,那么他不必安排班级到计算机教室上课,而是由友善的"教室技工"负责。这位技工会穿着整洁的工作服,将一台前晚就已安装好所需软件的计算机推进讲堂,分秒不差,再把计算机连接上投影仪,并将遥控器交给讲学者。放心,鼠标和键盘也都准备齐全。

在这里,好像连难以克服的障碍都可以轻易解决。例如,预定要播放影片的一小时前,演讲者忽然发现录像带的规格是欧洲不通行的NTSC[①]系统,当他绝望焦急地冲到教室技工中心时,幸好那儿有个好似小精灵的苏黎世人耐心为他解释:首先,NTSC有两种版本;其次,投影仪适用于这两种规格;还有第三,为了以防万一,讲堂里会架设两种规格均兼容的机器。

开始放映影片前,教室技工为演讲者简单说明如何操作黑板旁边墙面上的工具面板,对不熟悉的人来说,那个面板看起来大概就像是波音747飞机驾驶舱的仪表板。所有灯光的开关与调节、投影仪的开关、录像机与计算机的操作,都可以借由这个战略指挥点全盘控制。即使有这么多预防措施,如果还是发生了不尽如人意的事,只要马上打个电话给教室技工中心,一切就没事了,而且每

[①] National Television Standards Committee 的缩写,美国国家电视标准委员会所制定的电视通信标准;另外常见的还有 PAL 及 SECAM 两种规格。——译者

层楼的每条走廊都有电话可使用，只要短短几分钟，就会有一个熟练又和善的先生到达现场，为演讲者解决所有问题。

讲堂里的座位安排当然可以因不同要求而随时变动。如果社会学家想要开展分组活动，也能够将桌椅排得彼此更靠近；但在下一堂课前的休息时间，教室技工就会把桌椅重新排整齐，等上课铃一响，所有桌椅又回到适当的位置。

不言而喻，学生在每堂课开始之前就已经准备就绪，如果有学生因为偶然迟到而面红耳赤地道歉，那就会再度勾起演讲者痛苦的家乡回忆。不过，在苏黎世，却随时都可能有学生迟到，通常占一个班级学生的 1/3 左右，另外 1/3 则根本不出现，迟到的学生骄傲地走进教室，坐下前还不忘先向左右的同学打声招呼，最惨的是，一旦他们觉得讲课内容太无聊，立刻就会开始翻开报纸，看看那天有什么重要新闻。

4 天才最多也最麻烦的家族

◆ **摘要**：很不幸地，这些来自巴塞尔的先生们因为太聪明了，所以傲慢又自大，不断陷入敌对、嫉妒与公开的争吵之中。

伯努利（Daniel Bernoulli, 1700—1782）可说是历史上最著名的数学家之一，自他去世已经过去了两个多世纪。提到伯努利这个姓氏时，必须先指明是哪一个伯努利，因为这个来自瑞士巴塞尔（Basel）的家族，在短短3代人中，就出现了8位杰出的数学家。由于这个家族的成员一再使用相同的名字，因此必须建立一套编号系统来辨识父亲、兄弟、儿子与堂亲。

首先，由雅各布第一（Jakob Ⅰ）和弟弟约翰第一（Johann Ⅰ）开始［第三个兄弟尼古劳斯（Nikolaus）是艺术家，因此不需编号］，下一代是尼古劳斯第一（Nikolaus Ⅰ）及约翰第一的3个儿子：尼古劳斯第二（Nikolaus Ⅱ）、丹尼尔（Daniel）与约翰第二（Johann Ⅱ）。最后，约翰第二的两个儿子，依循他们伟大祖先的脚步，分别叫作约翰第三（Johann Ⅲ）及雅各布第二（Jakob Ⅱ）［由于约翰的第二个儿子丹尼尔只当到巴塞尔大学（University of Basle）的副教授，因此不需编号,这也是为什么他著名的同名叔叔不需要号码的原因]。

伯努利家族与牛顿、莱布尼兹(G. W. Leibniz, 1646—1716)、欧拉(Leonhard Euler, 1707—1783)、拉格朗日(Joseph-Louis Lagrange, 1736—1813)等人,称霸了17世纪与18世纪的数学界及物理学界。该家族成员的兴趣包括:微积分、几何学、力学、弹道学、热力学、流体力学、光学、弹性学、磁学、天文学及概率论等不同学科。瑞士国家基金已经赞助雅各布第一、约翰第一与丹尼尔的全集编辑工作达30多年之久,完整版本将有24巨册,另外15册,包括他们的8000封信件选辑,将随后出版。

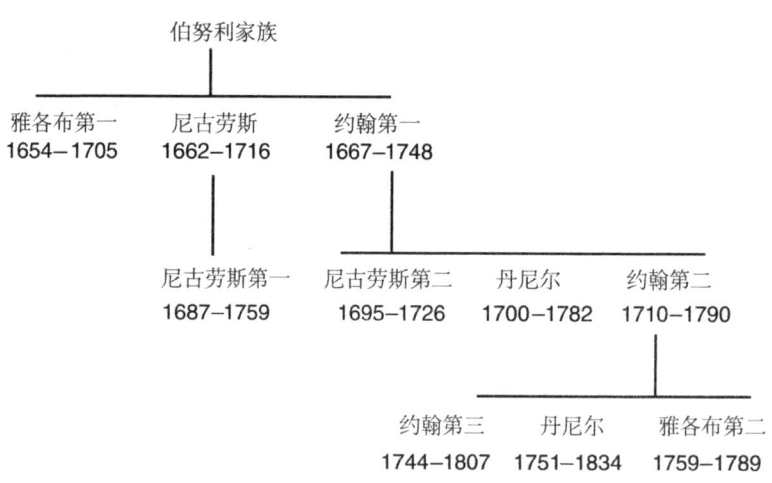

很不幸,这些来自巴塞尔的先生们因为太聪明了,所以傲慢又自大,不断陷入敌对、嫉妒与公开的争吵之中。事实上,刚开始一切都如诗画般美好,雅各布第一靠着自学获得了丰富的自然科学知识,并在巴塞尔大学教授实验物理学,同时悄悄地将自己的弟弟引领进数学的奥妙里。然而,这个举动严重违背了双亲的意志,自从大儿子不愿按照他们的安排从事神职之后,他们一直想让小儿子踏进商界。

很快地,这两个天才兄弟之间的和谐就转变为剧烈的争执,争吵的开端起因于雅各布第一受不了约翰第一不断自吹自擂,并且公开宣称他以前的一个学生抄袭了他的研究成果。接下来,雅各布第一(那时已经是巴塞尔大学数学系教授)顺利将自己的弟弟秘密地排除在数学系门外,所以在最终得到巴塞尔大学的……古希腊文教授职位聘书前,约翰第一只好到荷兰的格罗宁根大学任教。但命运还是插了一手,正当约翰第一准备出发到自己的出生地时,却传来雅各布第一过世的消息,于是这位不十分悲恸的弟弟终于得到了巴塞尔大学的数学教授职位。雅各布第一最重要的著作《猜度术》(Ars Conjectandi)在其死后才出版,但却是现今概率论的基础。

别以为约翰第一从这个令人悲伤的故事中学到了教训,在教育自己的儿子时,他也犯了与他的父亲先前犯的同样错误。约翰第一认为做数学家难以填饱肚子,强迫3个儿子中最聪明的丹尼尔从商。不过当这个企图失败后,他只准许儿子学医,避免儿子成为自己的竞争对手。不过约翰第二仿效哥哥丹尼尔的做法,一边念医学,一边跟大哥尼古劳斯第二学数学。到了1720年,丹尼尔前往威尼斯担任内科医师,然而他的内心还是属于物理学和数学。停留威尼斯期间,他也在这些领域建立了崇高的声誉,彼得大帝(Peter the Great, 1672—1725)[①]甚至授予他圣彼得堡科学院的一个教授职位。

[①] 俄国沙皇,1682年至1696年与异母兄弟伊凡五世(Ivan V)共掌朝政,1696年至1725年单独掌权,结束了俄国被莫斯科政权统治以来的黑暗时期,并带领俄国进入文明新时代。——译者

1725年，丹尼尔与哥哥尼古劳斯第二一同前往俄罗斯帝国首都，尼古劳斯第二也被授予圣彼得堡科学院的数学教授职位。他们在一起的时间并不长，抵达俄国后还不到8个月，尼古劳斯第二发高烧病逝。幸好丹尼尔比他的父亲更有家庭观念，对兄长的去世非常伤心，想回巴塞尔，但约翰第一却不想让儿子回家，所以指派了他的一个学生到圣彼得堡陪伴丹尼尔。这又是个极端幸运的巧合，因为这位学生正好是欧拉，他是当时在数学天分上唯一能与伯努利家族相匹敌的人。这两位离乡背井的瑞士数学家发展出亲密的友谊，他们一起待在圣彼得堡的6年，是丹尼尔一生创造力最旺盛的时期。

当丹尼尔回到巴塞尔后，他的家族却重启战火。当时，丹尼尔和其父亲共同以一篇天文学论文赢得巴黎科学院的奖赏，不过，约翰第一的表现一点也不像个自豪的父亲，反而把儿子踢出家门。事实上，丹尼尔一生共获得9次学术界的最高奖赏，但更糟的还在后面，1738年，丹尼尔发表了他的旷世巨著《流体力学》(*Hydrodynamica*)。约翰第一读过该书后，赶紧写了一本名为《水力学》(*Hydraulica*)的著作，并把日期标为1732年，宣称自己才是流体力学的发明人。然而，这项剽窃行为很快就被揭发，约翰第一遭到同侪嘲笑，他的儿子则一直无法从这个打击中恢复。

第二章

尚未解开的数学猜想

有趣的数学故事:

◎有哪个数学猜想曾经悬赏百万美元,却无人能破?

◎为何科拉茨的猜想,曾换过这么多名字,又有多人声称是问题的创始者?

◎研究素数的数学家,为什么能抓出英特尔奔腾微处理器芯片的瑕疵?

◎数学家可能因为一个大发现而成为明星人物吗?

5 价值百万美元的猜想

◆ **摘要**：一个物体是否可以在拉长、压扁或旋转后，不必经由撕裂、粘合等动作，就变形为另一个不同物体？如果可以，是否所有没把手的东西都与球体相等？

庞加莱(Henri Poincaré 1854—1912)是过去两个世纪来最著名的法国数学家。与同时代的德国数学家希尔伯特(David Hilbert,1862—1943)一样，庞加莱不仅深入了解数学的各个领域，而且在这些领域里的表现也十分活跃。不过，在庞加莱与希尔伯特之后，数学的范畴变得十分浩瀚，每个人都只能理解其中一小部分。

庞加莱有一个最广为人知的问题，也就是今天所谓的"庞加莱猜想"，这个问题已经困扰并挑战了好几代数学家。2002年春天，南安普敦大学的邓伍迪(Michael Dunwoody)相信(虽然只维持了几星期)，他已经成功地证明了庞加莱猜想。

由于解开庞加莱猜想相当重要，因此克雷数学研究所将这个问题列为七个千年难题之一，第一个解出其中任何一个问题的人可以获得100万美元奖金。事实上，这个奖金委员会认为，至少要数十年后才有办法颁发出第一个奖项；不过公布问题的两年后，似乎就出现了克雷基金会的第一位得奖者。可是，邓伍迪的证明的正确性引起了广泛的质疑，并最后证实，质疑者的理由相当充分。

庞加莱猜想属于拓扑学领域。简言之，这个数学分支研究的是：一个物体是否可以在拉长、压扁或旋转后，不必经由撕裂、粘合等动作，就变形为另一个不同的物体。例如，皮球、鸡蛋、花盆在拓扑学里都可认为是等价的，因为其中任何一个物体均可以不经过任何"非法"行动变形为其他任何一个东西；但另一方面，皮球与咖啡杯则是不等价的，因为杯子有把手，皮球如果不钻洞就无法变形成杯子。因此，皮球、鸡蛋、花盆被称为"单连通的"，而杯子、面包圈或椒盐脆饼则正好相反。由于庞加莱不想从几何角度来探讨这个问题，而是改由代数着手解决，于是他成为了"代数拓扑学"的始祖。

1904年，庞加莱提出一个问题：是否所有没把手的东西都与球体等价？在二维空间里，这个问题可以参照鸡蛋、咖啡杯及花盆表面，然后回答：是的（例如，足球的表面或面包圈的表面都是飘在三维空间中的二维曲面）。但对于四维空间中的三维曲面，答案则还不清楚，尽管庞加莱倾向相信是这个答案，但他无法证明这个观点。

相当有趣的是，其后几十年间，数学家就已经证明出了四维以上空间中关于物体等价的庞加莱猜想。这是因为较高维度的空间更为自由，所以数学家要证明庞加莱猜想比较简单。例如，剑桥大学的齐曼（Christopher Zeeman）1961年加入竞赛，证明出五维空间中物体等价的庞加莱猜想；同一年，来自加州大学伯克利分校的斯梅尔（Stephen Smale）宣布，他证明了五维及以上空间中物体等价的庞加莱猜想；一年后，同样来自加州大学伯克利分校的斯托林斯

(John Stallings)证明出,庞加莱猜想对于六维空间中的物体成立;最后,1982年,加州大学圣迭戈分校的弗里德曼(Michael Freedman)证明出四维空间中物体等价的庞加莱猜想。现在,只剩下四维空间中的三维物体尚待证明,不过这反而更让人沮丧,因为四维空间即是我们所生活的"时空连续体"。

邓伍迪认为,自己已经找到了证明。2002年4月7日,他在网站上发表了一篇标题为《庞加莱猜想的证明》(*Proof for the Poincaré Conjecture*)的初稿,一些有声望的数学家也称他为长期以来认真尝试解出庞加莱猜想的第一人。在较高维度的空间里,虽然有额外的自由空间,但遇到球体时却很难辨认出来。要想理解其困难程度,就想象一下古代的海盗及冒险家,他们虽然经历多次远征及探索旅程,但仍然不知道地球是圆的。邓伍迪的研究是以澳洲数学家鲁宾斯坦(Hyam Rubinstein)早前的成果为基础,鲁宾斯坦研究的是四维空间中的球体表面(要记住:四维空间物体的表面是一个三维物体)。

邓伍迪只用了不到5页的纸来展开他的论证,得到的结论是所有单连通、封闭、三维的表面都可以经过拉长、挤压、但不撕裂的方式,转变为球体表面,而这个陈述等于证明了庞加莱猜想。

唉!在他的网站上贴出他的证明后才几星期,邓伍迪就被迫在文章标题后面加上问号,他的一位同事发现他的证明有漏洞。于是,标题变成了"庞加莱猜想的证明?",虽然邓伍迪立刻设法弥补漏洞,却没有成功,他的朋友和同事也都失败了。再过了几星期,这篇文章就从网站上消失了,而庞加莱猜想则还是像从前一样扑朔迷离(尽管如此,还是请读者参见本书第13篇)。

6 陷入正名风波的猜想

◆ **摘要**：20岁的德国数学系学生科拉茨碰到了一个数学难题。他可能发现了一个数论的新定律，但却无法证明这个猜想，也找不到反例。几十年来，这个猜想换了许多名字，更有多人声称自己是第一个发现者。

1980年代中期的某一天，在美国电话电报公司（AT&T）工作的数学家拉格尼阿斯（Jeff Lagarias）举办了一场演讲，内容是关于一个他花了无数时间却找不到解答的问题。事实上，他离答案还远得很！他表示，依照经验来看，那是个危险的问题，因为那些钻研于其中的人都付出了精神及肉体健康的代价。

这个危险的问题到底是什么？

1932年，20岁的德国数学系学生科拉茨（Lothar Collatz, 1910—1990）碰到了一个数学难题，乍看之下，那似乎只是个简单的计算。假设有一个正整数 x，如果它是偶数，将它除以2，也就是 $x/2$；如果是奇数，就乘以3，再加1，再减半，也就是 $(3x+1)/2$；然后，将所得的结果重复计算一次，直到计算结果等于1为止，否则就继续下去。

科拉茨观察到，无论从哪个正整数开始，重复上述迭代流程后，迟早会得到1这个数字。以13为例，得出的数列是：20，10，5，8，4，2，1；再以25为例，则会得出38，19，29，44，22，11，17，26，13，20，10，5，8，4，2，然后又是1。科拉茨测试过，无论从什么数字开始，最后的结果总是1。

这位年轻的学生大吃一惊，该数列本应该轻易就转为无穷多项或陷入无限循环之中(不包括1)，这两种情况至少也要偶尔发生一两次才对啊！但并非如此。每一次计算到最后，得到的结果都是1，因此科拉茨怀疑他可能发现了一个新的数论定律。他立刻开始为前述猜想寻求证明，结果只是白费力气，既无法证明，也找不到反例，也就是最后结果不是1的数列(在数学领域中，只要找出一个反例就足以推翻一个猜想)。科拉茨终其一生都无法针对他的猜想发表任何一篇引人注意的论文。

第二次世界大战期间，在曼哈顿计划(Manhattan Project)①中担任要职的波兰数学家乌拉姆(Stanislaw Ulam，1909—1984)选上了这个问题。为了消磨空闲时间(在洛斯阿拉莫斯的傍晚并没有很多事可做)，乌拉姆研究了这个猜想，但无法证明。他把这件事告诉了朋友，从此他们就称这个问题为"乌拉姆的难题"。

又过几年后，汉堡大学数论家哈塞(Helmut Hasse，1898—1979)也在这个古怪的谜题上摔了一跤。哈塞对这个问题深深着迷，在德国及海外四处发表相关演讲。有一次，一位听众发现这个数列就像落地前在云朵中的冰雹一样，忽上忽下——又是改名的

---

① 1942年6月，美国陆军开始实施的一项利用核裂变反应来研制原子弹的计划。这项工程集合了当时西方国家(除纳粹德国外)最优秀的核科学家，动员了逾10万人共同参与，为了比纳粹德国更早制造出原子弹。——译者

时候了——从此这个数列就叫作"冰雹数列",而计算的方法则称为哈塞算法。当哈塞在锡拉丘兹大学演讲提到这个问题时,当时的听众称其为"锡拉丘兹问题"。

接下来,日本数学家角谷静夫(Shizuo Kakutani, 1911—2004)在耶鲁大学与芝加哥大学做相关演讲时,这个问题又立刻变成"角谷问题"。角谷静夫的演讲引发了许多教授、助教以及学生的研究热潮,但关于这个问题的证明仍旧毫无进展。它难倒了每个人!因此,有一个谣言开始四处流传,说这个难题是狡猾的日本人为了阻止美国数学发展而制造出来的阴谋。

由于世人早就忘记科拉茨最初的贡献,因此科拉茨在1980年提醒大众,是他发现了这个数列。他在寄给同事的信函中写道:"谢谢你的来信,也谢谢你对我五十几年前就探究过的函数感兴趣。"接着,他解释说,当时他只有一台台式计算器可用,所以无法计算较大数字的冰雹数列。他在信末加注道:"希望你不会觉得我厚脸皮,我想告诉你,当时哈塞教授称这个谜题为'科拉茨问题'。"

1985年,英格兰米尔索普的思韦茨爵士(Sir Bryan Thwaites)发表了一篇论文,引发一些关于谁是这个猜想作者的怀疑。文章的标题为《我的猜想》(My Conjecture),思韦茨爵士坚称他是30年前这个问题的创始人。后来他又投书《伦敦时报》(London Times),悬赏1000英镑奖金,提供给能够严格证明这个未来应该被称为"思韦茨猜想"的数列的人。

1990年,科拉茨在数值数学领域已享有盛名,并在80岁生日后不久过世,可惜他始终不知道现在通常被叫作"科拉茨猜想"(他知道了应该会很高兴)的问题,到底是对还是错。

同时,数学家已经找到了新的工具——计算机。现在任何人都可以在个人计算机上证明,科拉茨猜想对前面几千个数字是成立的。事实上,借助超级计算机,$27×10^{15}$以下的数字已经全部通过测试,所有数字的冰雹数列都是以1结束。

这种数值计算当然不能算是证明,它们只是发现了一些历史纪录,其中之一就是目前最长的冰雹数列:某个15位数的冰雹数列在回到1之前,共有1820个数字那么多。然而,拉格尼阿斯在令人泄气的努力过程中,倒是证明了一个反例(如果有的话)必须有一个至少包含275 000个路径点的循环。

因此,计算机对找出科拉茨猜想的反例并没有什么帮助。在最后的分析中,数列并非是计算机能决定的,因为只有满足科拉茨猜想的数字,也就是其冰雹数列结束于1的数字,才会让计算机程序终止。如果真的有反例(无论是冰雹数列趋向无穷多项,或者进入非常长但不包括1的循环),计算机只会产生数字,而不会停止。坐在计算机屏幕前的数学家,永远无法知道数列是否最后会趋向无穷多项或开始进入循环,他很可能在某个时间点直接按下Esc键,然后回家去。

7 亲友众多的猜想

◆ **摘要**：这些复杂多变的兄弟姐妹关系，让数学家兴奋不已：是否有无限多对孪生素数？或者在某一孪生素数对之后就再也没有了？

在德国奥伯沃尔法赫数学研究所，科学演说本是家常便饭。然而，2003 年春，美国圣何塞州立大学的数学家戈德斯通（Dan Goldston）所发表的演说却完全不同，这次演说内容在数学界引发了一场风暴。他与土耳其籍同事耶尔德勒姆（Cem Yildirim）在所谓"孪生素数猜想"的证明上，似乎有重大突破。这些复杂多变的兄弟姐妹关系，到底有什么让数学家兴奋不已的地方？

在整数集合中，素数就如同原子一般，因为所有整数都能以素数的乘积来表示，例如 12=2×2×3，就像分子由各种不同的原子组成。素数理论一直笼罩着神秘的面纱，存在着许多秘密。这些秘密包括：1742 年，哥德巴赫（Christian Goldbach, 1690—1764）与欧拉提出了未证明的哥德巴赫猜想（Goldbach conjecture）。哥德巴赫猜想的内容是：每一个大于 2 的偶数都可以表示为两个素数的和，例如20=3+17。

尽管化学元素周期表只有120个元素,但这些元素就可以组成所有的物质。而两位古希腊数学家欧几里得(Euclid)与埃拉托色尼(Eratosthenes,公元前276—公元前194),早就知道有无限多个素数,但他们认为最重要的问题是:素数在整数系统中是如何分布的?

前100个整数中,有25个素数;在第1001个与第1100个整数之间,只有16个素数;在第10 000个与第100 100个整数之间,仅有6个素数。我们发现,愈到后面,素数会愈来愈稀疏;换言之,连续两个素数间的平均距离会逐渐增大(变得"罕见而稀少")。

进入19世纪时,法国的勒让德(Adrien-Marie Legendre, 1752—1833)与德国的高斯(Carl F. Gauss, 1777—1855)开始探究素数的分布。根据他们的研究,他们推测素数 P 与下一个素数间的距离,一般而言,应该与 P 的自然对数一样大。

然而,他们求得的这个数值只能作为平均数。间隔有时很大,有时又很小,有时甚至很长一段间隔都没有出现素数。另一方面,最小的间隔是2,因为两个素数之间至少会有一个偶数,而每两个间隔仅为2的素数就称为孪生素数,例如11和13,197和199。此外,还有表亲素数(prime cousins):两个被4个非素数整数隔开的素数。而两个素数若是被6个非素数整数隔开,就叫作(你猜对了!):性感素数(sexy primes)。

人们对孪生素数的了解比普通素数少得多,但可以确定的是,它们并不常见。在前100万个整数中,只有8169对孪生素数,而目前所知的最大孪生素数其位数超过5万位。但这只是冰山一角,没有人知道是否会有无限多对孪生素数,或者孪生素数会在某一对之后再不出现。数学家相信前面那个推测是正确的,戈德斯通与耶尔德勒姆想证明的就是这个观点。

他们宣称,在相邻素数之间,远比 P 的自然对数小(即使 P 趋近于无限大)的间隔有无限多个。这两位数学家没来得及庆祝他们的发现,他们在宣布自己的发现后不久,就被唤醒回到现实,当时勒让德与高斯这两位同行决定一步步重演他们的证明过程。但在艰辛的证明过程中,他们注意到戈德斯通与耶尔德勒姆忽略了一个误差项,而这个误差项相当大,使得整个证明让人无法接受因而无效。

2年后,在匈牙利的平茨(Janos Pintz)帮助下,戈德斯通与耶尔德勒姆修正了他们的工作成果。他们成功地填补了漏洞,而这个证明终于被承认是正确的,即使他们无法证明有无限多对孪生素数,但绝对是朝着正确的方向迈进了一大步。

1990年代,美国弗吉尼亚州的奈斯利(Thomas Nicely)发现,研究孪生素数理论不仅仅是智力锻炼。为了搜寻大型的孪生素数对,他测试了 4×10^{15} 以下的全部整数,他的算法需要计算一个简单的式子:$x \cdot \dfrac{1}{x}$。但当他在该公式中代入某些特定数字时,得到的却不是1,而是一个不正确的结果,这让他吓了一跳。在1994年10月30日,他发送了一封电子邮件告诉他的同事们,他的计算机在计算上述公式时,若数字介于824 633 702 418与824 633 702 449之间,就会持续产生错误的结果。虽然奈斯利研究的是孪生素数,却抓到了大名鼎鼎的奔腾(Pentium)微处理器芯片的瑕疵,这个错误让制造商英特尔付出5亿美元的赔偿金。而这个绝佳范例告诉我们(我无意开玩笑),数学家从来不知道他们的研究和错误,会为他们带来什么。

8 数学家的名利难题

◆ **摘要**：年轻的数学家常常因为笼罩在默默无闻阴影下的人生远景而感到沮丧，但大多数数学家都逃避成为大众注目焦点，而一有研究端倪就广为通知媒体的做法，更让那些领军人物们避之唯恐不及。

数学证明就其本质而言往往极其复杂，要弄清楚它们是否正确其实更需要专家们煞费苦心的努力。2003年3月28日发生的事件，就是一个绝佳的例子。当时美国数学家戈德斯通与土耳其数学家耶尔德勒姆各自都相信，他们在所谓的孪生素数猜想上有了重大突破；但短短几个星期后，欢乐就转为了失望，因为4月23日其他数学家在他们的证明中找到漏洞。一年之前，邓伍迪也提出过庞加莱猜想的证明，同样在两星期内就被发现证明不完整而宣告失败。第三个恰当的例子是怀尔斯（Andrew Wiles）的费马大定理[①]证明，审查过程中发现该证明不完整。幸而这次的失误是可以

[①] 当整数 $n>2$ 时，关于 x,y,z 的不定方程 $x^n+y^n=z^n$ 没有正整数解。——译者

修正的,但也花了一年半的时间,在一位同事的自愿协助下才得以完成。

那些古老而又悬而未决的问题,尤其是那些与著名数学家相关的问题,往往散发着无尽魅力。反复思考几个世纪前的数学家所探究过的问题,似乎很有吸引力。1900年,德国哥廷根的著名数学家希尔伯特列出了23个问题,用来决定下一个世纪大半时间里的数学研究方向,这些问题同样被卷入了神秘的氛围中。截至目前,已经解出其中20个问题的答案,但6号(物理学的公理化)、8号[黎曼猜想(Riemann conjecture)]及16号问题,迄今仍困扰着数学界。

的确,8号与16号问题的重要性,足以让它们被斯梅尔列为21世纪最重要的数学问题。但就像其他情况一样,吸引力总是紧邻着重重风险,著名的难题也会对无法适当处理它们的人施展魔力。于是,就像爱错了对象,人一旦上了钩,就面临着自我欺骗的极大风险。

因此,2003年11月,22岁的瑞典女学生奥森耶姆(Elin Oxenhielm)解开了部分希尔伯特第16号难题的消息传出时,大家都格外谨慎。数学期刊《非线性分析》(*Nonlinear Analysis*)的评审者审核了她的证明成果,并在审核通过后被该期刊接受,待发表。奥森耶姆因为自己的第一篇研究成果就是巨作而感到骄傲,立刻通知媒体。虽然系里师友建议她谨慎行事,但她仍积极接受访问、宣布出书计划,甚至不排除拍一部关于希尔伯特第16号难题的影片。辉煌的前景似乎唾手可得,顶尖研究机构的职位就在眼前,还有那稳定的经济来源。

希尔伯特的第16号难题涉及的是二维动力学系统,这类系统的解可以简化为一些单个的点或者以一些环结束。希尔伯特研究了描述这类动力学系统的微分方程组,等式右边由多项式[1]组成。他的问题是环的数量如何取决于多项式的次数,因此研究复杂系统或混沌系统的学者对答案特别感兴趣。

奥森耶姆的8页论文一开始提到,模拟过程中,有一个微分方程表现得像三角学中的正弦函数,于是她以近似方法解算那个方程,甚至没有先估计忽略项的数量级。重新计算几次方程后,她又做了更进一步的近似估算,而且只以数值范例及计算机模拟来判断是否合理。最后,作为一个未经证实的命题,奥森耶姆却宣称,结果不会因为这些近似处理而被篡改。然而,这种对数学游戏规则的漫不经心,使得她的结果毫无用处。

透过媒体的报道,奥森耶姆不仅把自己的业绩告知大众,也使数学界提高了警觉。一位愤怒的专家写了一封愤慨的信给《非线性分析》,紧急要求中止出版那篇文章的打算。奥森耶姆的大学指导教授之前曾阅读及批评过她的研究发现,这位教授要求编辑将自己的名字从奥森耶姆的感谢名单中删除,不想与那篇文章扯上任何关系。一所科技大学更使这个事件雪上加霜,他们把奥森耶姆的文章当作大一新生的家庭作业,要学生列出文中的缺陷。

蜂拥而至的批评产生了效果,2003年12月4日,《非线性分析》发行人宣布延后发表奥森耶姆的文章,等待更进一步的审核。不久,这篇文章果然被踢出了刊登清单。

为什么事情会这么严重?缺乏经验的科学家常常寄错误或有缺失的文章给学术期刊,而通常期刊的评审过程能挑出错误,确保不刊登低劣的文章,这就是信誉卓著的期刊常常拒绝九成以上投

---

[1] 多项式是一种形似 $x^4+5x^3+7x^2+2x$ 的数学式,而这个多项式的次数为4。——译者

稿的原因。但在这个特例中，标准过程完全失效。一位接受访问的专家相信，期刊的评审者（他们的身份通常不会公开）可能都是工程师，对他们来说，"近似"是司空见惯的事，只要不造成问题就好，但数学领域不能接受这种方法。

还有，这位年轻小姐与媒体的积极接触，也让人难以原谅。大多数数学家的悲惨宿命就是要整天一个人坐在小房间里，设法解答几个世纪来的古老问题。只在极偶然的情况下，才会被社会大众注意到他们的成就。唯有与繁忙、喧嚣的外界隔绝，在这样的工作环境下才能确保研究的质量与水平。由于数学证明往往必须经过时间的考验，才能确认结果的正确性，因此媒体的夸耀对辛苦、长时间的证明检验有害无利。至少可以这样说，主动引进这种公共关系十分不得体。

数学家从成功的证明中得到的满足，常常只是同领域同侪的认可。散布在世界各地的专家可能不超过12个，而收到他们表示认可的电子邮件，往往代表了最高的赞赏。这个领域偶尔会出现数学定理的可靠应用，但也要在数十年后才会变成众所周知的知识。年轻的数学家常常因为笼罩在默默无闻阴影下的人生远景而感到沮丧，因而向外寻求公众舞台，这点可以理解。但大多数数学家都逃避成为大众注目焦点，而一有研究端倪就广为通知媒体的做法，更让那些领军人物们避之唯恐不及。数学家一连串微妙的想法、缜密的思考及严格的论述，并不会让他们成为媒体宠儿。无论好坏，数学就是一门低调的科学。

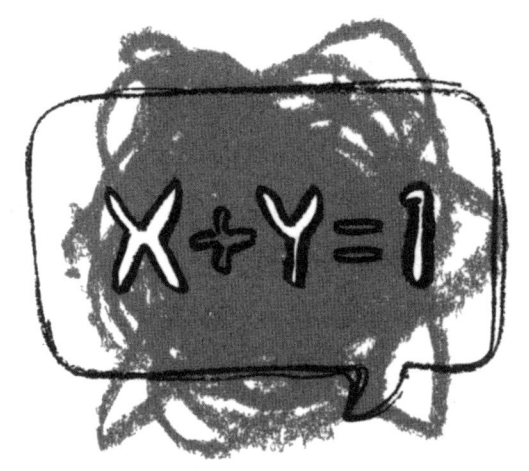

第三章

已解开的数学问题

有趣的数学故事:

◎同一块地面,铺什么形状的瓷砖,瓷砖周长最小?

◎为什么一个看似容易的等式,曾经是历时一个半世纪的谜题?

◎平方数倒数数列的总和是否收敛? 如果是,会趋近于哪个数?

◎庞加莱猜想最后被解开了吗?

9 铺砖工人也想知道的问题

◆ **摘要**：铺设相同的面积时,什么形状的瓷砖周长最短?

每个月全世界的学者大约会写出4000篇文章,发表在各种科学期刊上。2002年1月,美国数学家黑尔斯(Thomas Hales)撰写了一篇极其重要的论文,被美国数学协会遴选出来大力表扬。

这是唯一的一次,严谨的数学理论也吸引了工人的注意。铺砖工人常常使用各种形状的瓷砖来铺设浴室、厨房和门廊地板,他们或许也能从这篇论文中找到乐趣。在这些工人中,说不定就有一两个曾经想过类似的问题,例如:"铺设相同的面积时,什么形状的瓷砖周长最短?"不管是实用价值,或者数学应用上的贴切性,黑尔斯的论文对这个问题的探讨,都足以被美国数学协会选为杰出论文。

铺砖工人可以先选择面积相同的三角形、正方形、五角形、六角形、七角形和八角形瓷砖,然后测量这些瓷砖的周长,看看什么形状的瓷砖周长最短。到目前为止,似乎一切进展顺利,但是现在就要开始搅拌水泥还稍嫌太早。若是铺砖工人试图用五角形的瓷砖来铺厨房地板，很快就会发现瓷砖之间出现了不少空白。事实上，五角形的瓷砖不能用来铺地板，因为一块紧接着一块的时候，它们无法拼接得天衣无缝。其他如七角形、八角形，还有大多数正多边形也一样，用这些形状的瓷砖来铺厨房地板，瓷砖与瓷砖之间必然会留下空白。

古代毕达哥拉斯学派（Pythagoreans）的学者们很熟悉这类几何学。他们知道在所有正多边形里，只有三角形、正方形与六角形可以铺满一个平面，不留任何空间，而其他类型的正多边形一定会留下缺口。

因此，铺砖工人的选择其实相当有限，他只能从上述3种可用的形状中测量哪一种的周长最短。以面积100平方厘米为例：三角形瓷砖的周长是45厘米，正方形的周长是40厘米，六角形的周长最短，只有37厘米。亚历山大的帕波斯（Pappus of Alexandria, 290—350）早就知道六角形是最有效率的正多边形。蜜蜂也知道这点，它们想用最少蜂蜡建造出能装最多蜂蜜的窝，所以把蜂窝盖成六角形。

在这3种可用的形状中，六角形周长最短的原因是它最接近圆形，而在全部的几何形状中，圆形的周长最短，例如若要围出100平方厘米的面积，圆形只需要大约35厘米的周长。

现在，我们可以宣布问题已经解决了吗？还早呢！谁说地板上只能铺一种形状的瓷砖？为什么瓷砖的各个边要一样长，而且是直线？实际上，瓷砖的外形甚至不必是凸形的，不妨想象一下边缘向外凸或向内凹的瓷砖。地板可以铺上各式形状的瓷砖，这样更显美观，就像埃舍尔（M. C. Escher, 1898—1972）在他的画作中最擅长的表现手法。

数学家会自问:"在人们能够想象出的众多瓷砖形状中,哪一种形状的瓷砖周长最短?"近1700年来,大家的猜测答案大多是蜂巢状的六角形,只不过一直无法证明。

来自加里西亚的波兰数学家斯坦因豪斯(Hugo Steinhaus, 1887—1972)是第一个取得明显突破的人,他证明在瓷砖形状为单一的前提下,以最小周长铺满地板的方式就是使用六角形的瓷砖。这比帕波斯的发现更进一步,因为斯坦因豪斯把不规则形状的瓷砖也考虑进去了。1943年,匈牙利数学家托特(László Fejes Toth, 1915—2005)又向前迈进一步,证明出在所有凸多边形中,六角形的周长最短。与斯坦因豪斯不同的是,托特并不限制地板上只能铺一种瓷砖,而是可以使用许多不同形状的瓷砖,不过,他的定理中忽略了边缘不是直线的瓷砖。

到了1998年,黑尔斯才提出了完整的一般性证明,而且几个星期前,他才解开了最古老的离散几何问题,即有400年历史的"开普勒猜想"(Kepler's conjecture,如何把完全相等的球体堆到密度最大)。黑尔斯证明出,堆栈球体最紧密的方式,就是杂货店堆橙子的方式——分层排列,让每个球体位于其下3个球体形成的小洞上。黑尔斯的证明成了全世界的头条新闻,但这位年轻教授并没有浪费时间沉浸在荣耀里。

1998年8月10日,都柏林三一学院(Trinity College)的爱尔兰物理学家威尔(Denis Weaire)读到报纸上的新闻后,立刻毫不迟疑地发送了一封电子邮件给黑尔斯,提醒黑尔斯注意蜂巢问题,并提出挑战:"颇值得一试!"

黑尔斯着了迷似的开始应对威尔的挑战,之前他就曾经为了证明开普勒猜想而花费了5年时间,连计算机的保险丝都烧坏了。

相较之下，新问题简直易如反掌，他需要的只是铅笔和纸，以及半年的时间。

一开始，黑尔斯先将无限大的地板面积分割成大小有限的组合，然后导出一个公式，将瓷砖的面积与其周长关联起来。接下来，他将注意力移转到外凸的形状，每块外凸的瓷砖应该有一块相对应的内凹瓷砖。黑尔斯在"面积—周长公式"的帮助下，证明了内凹的瓷砖需要增加的周长比外凸瓷砖所省下的周长还长。因此整体来说，这意味着圆角的多面体比较不利，可以排除在最短周长宝座的竞争者行列之外。

既然候选者只剩下直边的瓷砖，后面的程序就很明显了，毕竟托特已经证明了正六边形就是所有直边多边形瓷砖中的最佳组合。因此，黑尔斯提供了决定性的证明，蜜蜂将蜂巢筑成六角形果然是绝对正确的决定！

10 难解的单纯等式问题

◆ **摘要**：虽然听起来很不可思议，但这个看似容易的等式却曾经是历时一个半世纪的谜题的起源：除了 2 和 3 之外，是否还有比 1 大的整数 x,y,u,v，能够满足 $x^u-y^v=1$（就像 $3^2-2^3=1$）？

数论的问题通常可以用简单的方式来表达，即使刚学步的小孩，也可能知道 9-8=1；大多数小学生也都知道 9=3×3，还有 8=2×2×2。最后，大多数初中生都知道 $9=3^2$，而 $8=2^3$。这让我们看到表达式 9-8=1 的另一种表达方式，也就是 $3^2-2^3=1$。是否可能针对如此简单、单纯的等式，拟出一个深入的问题？结果显示，答案是肯定的：是。虽然听起来很不可思议，但这个看似容易的等式却曾经是历时一个半世纪的谜题的起源。

1844 年，比利时数学家卡塔兰（Eugène Charles Catalan, 1814—1894）在数学期刊《克列尔期刊》（*Crelle's Journal*）中，公开提出一个问题：除了 2 和 3 之外，是否还有比 1 大的整数 x,y,u,v，能够满足 $x^u-y^v=1$（就像 $3^2-2^3=1$）？卡塔兰猜测结果应该是无解，但没有证明出来。

这个猜想看似简单,解答却其实非常复杂。人们很快就发现,u和v必须是素数,但此后158年间却都没有任何进展。只有在2002年春天发生了一件事,德国帕德博恩大学的数学家米哈伊列斯库(Preda Mihailescu)找出了开启这个猜想的钥匙。

他是怎么做到的?对这位罗马尼亚出生的数学家而言,一切都是从神圣的苏黎世瑞士联邦理工学院开始的,米哈伊列斯库就是在这所知名机构获得后来研究所必需的数学工具。但就在即将完成博士论文之前,他决定从大学转向产业界,不过后来又决定回到学校着手第二篇博士论文,题目是"素数"。这次米哈伊列斯库确实把论文写完了。他是在高科技公司担任指纹专家时,第一次遇到了所谓"卡塔兰猜想"。

14世纪初期,也就是卡塔兰在《克列尔期刊》中发表这一猜想之前500多年,亦被称作希伯莱厄斯(Leo Hebraeus)的犹太学者热尔松(Levi Ben Gerson, 1288—1344),就曾提出过这个问题的变形。这位犹太祭师大部分时间住在加泰罗尼亚,他证明了8和9是唯一一组平方与立方相差为1的数。4个世纪后,欧拉说明,如果式子中的幂次u和v只限于2和3的话,这个猜想是正确的,然后一切又归于沉寂,直到1976年才又向前迈进了一步。

剑桥大学数学家贝克(Alan Baker)和荷兰莱顿大学的蒂德曼(Robert Tijdeman)在研讨会论文中证明了,若卡塔兰猜想有解,则解只有有限多个。同年,他又证明了这个问题中的幂必须小于10^{110}。

即使这是一个天文数字(1后面有110个0),但这个结果开启了闸门。从那时开始,问题就只是把可能解答的上限降至可以处理的数字,然后把范围内的所有幂都测试一次。法国斯特拉斯堡巴斯德大学的米尼奥特(Maurice Mignotte)是第一个降低门槛的人,他在1999年展示了可能解的幂应该小于10^{16},而那时已经证明这个幂必须大于10^7。虽然范围大幅缩小,但这个范围对于用计算机解题而言还是太大了。

轮到米哈伊列斯库首次出击了。有一次,他参加完巴黎的研讨会,坐火车回苏黎世时,在车上无聊地做白日梦,脑中忽然出现一个想法:卡塔兰等式的幂必须是威费利希素数对(Wieferich pair)①,也就是两个可以用复杂方式相互整除的数字。威费利希素数对非常罕见,至今只发现6对,因此卡塔兰等式的可能解答的寻找范围仅限于威费利希素数对,而且要小于10^{16}。因为这灵光一闪,卡塔兰问题变得可以用计算机来验证。一项让因特网的使用者利用个人计算机的闲置时间来工作的计划由此展开,目标是寻找威费利希素数对,将它们代入卡塔兰等式中测试。但搜寻的进度十分缓慢,所以这项计划在2001年被放弃了。当时解答的下限至少已经提高到了10^8,但即使仅测试10^8—10^{16}范围内的数字,也需要好几年时间。

现在,米哈伊列斯库再度出击。他想起一个冷门的学科"割圆域理论",这是德国数学家库默尔(Eduard Kummer, 1810—1893)在证明费马猜想失败时发展出来的。过了一个世纪后,米哈伊列斯库终于能利用库默尔奠定的基础,填补了卡塔兰猜想证明的最后一个漏洞。

解出一个历史悠久、全球知名的问题,是什么感觉?根据米哈

---

① p,q 为两素数,$p(q-1)$除以q^2时余1,且$q(p-1)$除以p^2余1,目前只找到6对:(2,1093),(3,1 006 003),(5,1 645 333 507),(83,4871),(911,318 917),(2903,18 787)。——译者

伊列斯库的说法,并没有十分兴奋。他之前曾经六度相信自己已经达到目标,但很快就发现有漏洞,因此变得很谨慎。随着时间流逝,他才逐渐确信自己最终真的成功了,把证明拿给已经在这个问题上花了半辈子的米尼奥特看。隔天早上,米尼奥特告诉他,他认为证明是正确的。他们没有大肆庆祝,但是很高兴!

11 无穷数列有时尽

◆ **摘要**:凡是有人发现任何蛛丝马迹,请好心告诉我们,我们必会感激不尽:平方数倒数数列之和是否收敛?如果是的话,会趋近哪个数?

$1, \frac{1}{2}, \frac{1}{4}, \frac{1}{8}, \cdots$ 这个无穷数列之和会趋近于2,只要将前面几项加起来就容易猜到,但你不应该因而相信每个递减的无穷数列之和都是个有限大的数。例如,所谓调和级数,即 $1+\frac{1}{2}+\frac{1}{3}+\frac{1}{4}+\frac{1}{5}+\cdots$ 就趋近于无穷大;它的增加很缓慢,前面1亿7800万项的总和才达到20。用数学的专业术语来说,调和级数是发散级数,而总和为有限大的无穷数列则被称为收敛级数。

在启蒙时期,数列及其总和被认为是重要的研究领域。1644年,意大利博洛尼亚19岁的学生门戈利(Pietro Mengoli, 1625—1686,后来成为神父及数学教授)提出一个问题:平方数倒数数列 $(1, \frac{1}{4}, \frac{1}{9}, \frac{1}{16}, \cdots)$ 的总和是否收敛?如果是的话,会趋近哪个数?

门戈利年复一年地累积了深厚的无穷数列研究经验。举例来说，他证明了调和级数是发散的，但交错调和级数(各项的加减符号依序交替)则收敛于0.6931。但门戈利没有解出平方倒数级数的问题，他猜测其总和会接近1.64，但不太确定。

几年后，瑞士巴塞尔的数学家雅各布·伯努利也追赶过这个神秘数列的潮流，这个因数学才能而闻名全欧洲的科学家同样没有找到答案。屡受挫折后，于1689年，他写了一张公告："凡是有人发现任何蛛丝马迹，请好心告诉我们，我们必会感激不尽。"

进入18世纪后，欧洲的学者们被这个特别问题深深吸引，这个数列与环绕在周遭的神秘气氛，变成了沙龙里社会精英的热门话题，它很快就与当时已有50年历史的费马问题并驾齐驱。几位数学家从中吸取了不少宝贵经验，包括苏格兰的斯特林(James Stirling, 1692—1770)、法国的棣莫弗(Abraham de Moivre, 1667—1754)、德国的莱布尼茨。到了1726年，这个问题回到了家乡巴塞尔。

雅各布的弟弟约翰凭着本身的条件成为了著名的数学家，他有一个异常聪明的学生——巴塞尔人欧拉，被认为是数学界一颗耀眼的新星。约翰为了鼓励欧拉，要他想办法解答这个问题。由于与巴塞尔数学家之间的密切关系，平方数的倒数问题从此被称为巴塞尔问题。

欧拉花了许多年研究这个问题，有时会暂时搁置几个月，然后又继续努力寻求解答。最后，1735年秋天，欧拉相信自己已经找到答案，那差不多是门戈利第一次想到这个数列的半世纪后了。欧拉声称，若计算到小数点后第6位，总和应该是1.644 934。

他是如何得到这个答案的？当然，他并没有把整个数列的各项总加起来。为了计算到小数第5位,欧拉必须考虑65 000多项。显而易见,这位瑞士数学家在能够提出证明之前,就先猜出了总和的正确值:$\frac{\pi^2}{6}$。有一段时间,欧拉拒绝公布答案,因为他自己也对结果感到十分讶异——π,圆周与直径的比值,到底跟这个总和有什么共性?

几星期后,随着《倒数数列总和》(De Summis Serierum Reciprocarum)出版,欧拉为他的断言提出了证明。他在文中提到,他"无意中发现了一条简洁的公式,可以计算$1+\frac{1}{4}+\frac{1}{9}+\frac{1}{16}+\cdots$,它与将圆转化为面积相等的正方形有关"!

约翰既惊讶,又松了口气。"我哥哥的热切愿望终于获得了满足。"他说道,"他向来认为,这一级数之和的研究比任何人想象的都要复杂,而且他曾公开承认自己的失败。"

欧拉是在研读三角函数时偶尔发现这个公式的,因此答案的出现其实出乎意料。所谓的正弦函数的级数展开式与该平方倒数级数密切相关,又因为三角函数与圆有关,因此数字π才会是答案的一部分。

欧拉的证明建立起了级数与积分学之间的关系,当时后者还是数学的新兴分支。今天大家都知道,巴塞尔级数代表一个更一般的函数(即ζ函数)的特例,该函数在现代数学中举足轻重。

12 计算机算出来的数学证明?

◆ 摘要：这种反常的格式很难阅读，论文中塞满计算机计算出来的证明结果，看起来反而有点类似实验报告——球体最紧密的排列方式就是金字塔般的堆栈方式（开普勒猜想）。

1998年8月，黑尔斯给数十位数学家发去了电子邮件，宣布他已经利用计算机证明了400年来一直无法确认的猜想。那封电子邮件的内容是对德国天文学家开普勒（Johannes Kepler, 1571—1630）提出的开普勒猜想的证明：球体最紧密的排列方式就是金字塔般的堆栈方式，类似杂货店堆橙子的方式。黑尔斯宣告证明成功后不久，全球报纸的头版都刊登了这项突破，但黑尔斯的证明还是无法被完全肯定。他将这份证明投到声誉卓著的《数学年刊》（Annals of Mathematics），却未获正式刊登。负责审稿的人表示，虽然他们相信这证明是正确的，但他们缺乏可以验证的程序来确保排除任何可能的错误。因此，最终出现在年刊上的是黑尔斯的手稿，并附上一则罕见的编辑附注，声明这篇论文的部分内容无法审查。

这个超乎寻常的故事的问题核心是"计算机在数学上的应

用",事实上,各方对这个议题的看法两极化。通过计算机辅助所得的证明结果有时被形容为"暴力"解法,通常必须在计算了成千上万个可能的结果后,才会得到最后的答案。许多数学家不喜欢这种方法,认为过于粗野,其他人则批评这种做法对理解正在探讨的问题毫无帮助。例如,1977年有人宣布利用计算机辅助,证明了四色定理。所谓四色定理,是指假设我们想要用不同颜色来填满地图,并且满足相邻区域的颜色均不同的条件时,只需要四种颜色。虽然无法从证明中找出任何错误,但有些数学家还是坚持继续运用传统的方式来寻找答案。

黑尔斯转到宾州匹兹堡大学之前,已经在安阿伯密歇根大学研究了这项证明。一开始,他先降低可能的堆栈方式种数,从无限多种减少到5000种左右,然后再用计算机来计算每种排列方式的密度。这项工作听起来简单做起来难,证明过程包括用专门编写的计算机程序来检验一系列数学不等式,而10年内总共检验了超过10万多条不等式。新泽西州普林斯顿高等研究院的数学家麦克弗森(Robert MacPherson),同时也是《数学年刊》编辑之一,在听到这个证明时觉得很好奇,要求黑尔斯及协助证明的研究生弗格森(Sam Ferguson)先将他们的发现投稿出版,但同时他对计算机辅助研究这件事也感到不安。

《数学年刊》之前也曾收到过一篇篇幅较短的拓扑学相关文章,那篇文章也是利用计算机辅助证明。麦克弗森在征求过期刊编辑委员会同事的意见后,请黑尔斯寄出论文,这次他一反常态,指派了12位数学家来审核这个证明(大多数期刊的评审只有1—3位)。匈牙利布达佩斯的阿尔弗雷德·雷尼数学研究院的加博尔·费耶什·托特(Gábor Fejes Toth)负责带领这个审核小组,他的父亲数学家拉斯洛·费耶什·托特（László Fejes Toth）在1965年曾预测，有一天计算机将使证明开普勒猜想成为可能。评审者不仅要重新运行黑尔斯的计算机程序，还必须检验程序是否按照设想的步序工作，由于计算机代码及输入、输出数据总共占了3000兆位内存空间，评审无法一一检验，所以他们的审核方式限于检验一致性，重新建构每个证明步骤的思考过程，以及研究用来设计计算机程序的所有假设及逻辑。他们在一学年中举办了一系列研讨会，协助进行这项工作。

即使如此，仍难以确认黑尔斯已经成功证明了开普勒猜想。2002年7月，托特报告说，他及其他评审者以99%的确定性认为这项证明是合理的。他们找不出错误或疏忽，但又觉得因为没有一行行检查过计算机程序，所以仍然无法完全肯定这项证明是正确的。

对一个数学证明来说，这还不够。毕竟大多数数学家早已相信这个猜想，该证明应该把相信转变为确定，而且开普勒猜想的历史也让人对这项证明抱持谨慎的态度。1993年，加州大学伯克利分校的项武义（Wu-Yi Hsiang）在《国际数学期刊》（*International Journal of Mathematics*）上发表了长达100页的猜想证明；但发表后不久，就被找出证明中的错误。虽然项武义坚信自己论文的正确性，但大多数数学家都不相信他的证明成立。

评审报告出炉之后，黑尔斯说他收到了麦克弗森的一封来信："我个人认为，评审的决定不乐观。他们现在无法证实证明的正确性，将来也一样，因为他们已经精疲力竭……如果他们一开始有较为清楚的原稿，我们就可以预测他们的审核过程是否能够得到明确的结论，不过现在都无所谓了。"

最后一句话透露出麦克弗森的不满,因为黑尔斯提交的证明并不是一篇严谨的著作,250页的手稿是由5篇独立的论文组成,而且黑尔斯和弗格森在每篇论文中塞满计算机计算出来的证明结果,看起来反而有点类似实验报告。这种反常的格式很难阅读,更糟的是,各篇论文中的附注与定义也略有不同。

麦克弗森要求作者必须编辑他们的手稿,但黑尔斯和弗格森不想再花一年时间来重新处理这篇文章。"黑尔斯可以用余生来简化这个证明。"弗格森在完成他们的论文后说道,"但那不是合理利用时间的方式。"

黑尔斯已经开始接受另一项挑战,他想以传统方式来解答有2000年历史的蜂巢猜想:用相同面积的瓷砖来铺满地面且不留空白时,六角形瓷砖的周长最短。弗格森离开了学术界,到美国国防部任职。

面对累坏了的评审,年刊的编辑委员会决定刊登这篇论文,但前提是谨慎地加上附注。文章开头有编辑引言,声明此类以计算机验证大量数学式的证明,可能无法完整检验。整个事件原本可以就此结束,但黑尔斯无法接受他的证明被加上这种附注。

2004年1月,他展开了"开普勒的正式证明"(Formal Proof of Kepler)计划,简称FPK,不久又被昵称为"小斑"(Flyspeck)。这次黑尔斯不再仰仗人类的评审,他要用计算机验证证明的每一个步骤,这项工程大约需要10位志愿者组成团队来共同研究,这些人必须是乐意贡献计算机时间的合格数学家。团队将撰写程序,把证明的每一个步骤,一行接着一行地拆解成一组已知成立的公理。如果程序的每个部分都可以分解成这些公理,最后就可以确认这个证明是正确的,而参与者也不仅仅将该计划视为黑尔斯证明的验证。

自愿参与这项验证计划的纽约大学研究生麦克劳林（Sean McLaughlin）曾接受过黑尔斯的指导，也曾使用计算机解过其他数学问题。"以人力来检验计算机辅助的证明，几乎是不可能的。"他说道，"幸运的话，我们将显示这类规模的问题无须通过评审过程，就可以严密地验证。"但不是每个人都像麦克劳林那么热心。高等研究院代数几何学家德利涅（Pierre Deligne）是众多不认可计算机辅助证明的数学家之一。他表示，"我只相信我了解的证明。"对那些与德利涅站在同一阵线的人而言，以计算机取代评审过程的人力审查是错误的步骤。

虽然对证明方式采取保留态度，麦克弗森并不认为数学家应该脱离计算机。荷兰奈梅恩天主教大学的魏迪克（Freek Wiedijk）是用计算机来验证证明的先驱，他认为这项程序可以变成数学界的标准惯例。魏迪克说，"将来人们会回顾20世纪与21世纪之交的时候，然后说'就是从那时候开始的'"。无论计算机验证是否已经广泛被使用，"小斑"要产生结果可能都还要几年。虽然其他人也表达了参与计划的兴趣，但确定的参与成员仅黑尔斯和麦克劳林两人。黑尔斯估计，从撰写程序到执行程序的整个流程，可能需要20个人·年（person-year）的工作。届时开普勒猜想才会成为开普勒定理，我们也才能确定这些年来一直堆橙子的方式是正确的。

13 庞加莱猜想被解开了吗?

◆ **摘要**:到目前为止,还没有理由认为佩雷尔曼在论文中所描述的证明不正确,也没有人发现漏洞,或者找到错误——在其表面的任何回路皆可缩成一点的三维流形,拓扑等价于球体。

蚂蚁如何确定自己是坐在皮球上还是甜甜圈上?古希腊人怎么知道地球不是平的?解决类似问题的困难在于,对附近的观察者来说,皮球、中间有洞的球体及平底盘,看起来都是一样的。

19世纪,拓扑学作为几何学的一个分支开始形成并发展,但仅仅过了不多时间,就成为数学领域中的一门独立学科。拓扑学研究的是二维、三维及更高维度空间中的几何物体(面与球体)的定性问题,通过拉长与挤压,这些物体(想象它们是用泥巴或黏土做成的)可以被转化为另一种物体,但不能把它们撕破、穿洞或把不同块状粘贴在一起。例如,球体或立方体可以转化为蛋形或金字塔形,因此它们是拓扑等价的;反之,皮球如果不穿洞,就不能变成甜甜圈。还有,从拓扑学观点来说,椒盐脆饼与甜甜圈也不等价,因为椒盐脆饼有3个洞。

物体上洞的数量是拓扑学的一个重要的性质,但要如何以数学方式来定义"洞"?被边界包围起来的一无所有?不是,这种定义可不行。理论上,我们可以这么做:在目标物表面套上一条橡皮筋,如果它是球、蛋或其他没有洞的物体,无论橡皮筋如何缠绕,都可以把橡皮圈连续地收缩为单个点;但如果是类似甜甜圈或椒盐脆饼之类的物体,在表面缠上橡皮筋后,不一定能收缩成一点。如果橡皮筋穿过其中任何一个洞,橡皮圈在缠紧时就会卡住,这就是为什么在拓扑学中,物体是依洞数分类的。

三维物体如球或甜甜圈的表面,称为二维流形;那么,三维流形(也就是四维物体的表面)又是如何?为了探究这些物体,法国数学家庞加莱以二维流形的相同方式进行推论。他提出粗糙的主张:在其表面的任何回路(loop)皆可缩成一点的三维流形,拓扑等价于球体。当他尝试为这个断言提出证明时,却陷入水深火热之中,他的尝试失败了。因此,1904年这个"断言"被改为"猜想"。

20世纪后半叶,数学家接二连三地证明了庞加莱猜想对四维、五维、六维以及更高维流形是成立的,但最原始的三维流形猜想仍旧无人能解。这让人很沮丧,因为所研究的三维流形,代表的正是我们生活于其中的时空连续体。

2003年春天,圣彼得堡斯特克罗夫研究所的俄罗斯数学家佩雷尔曼(Grigori Perelman)宣布,他可能已经成功证明了庞加莱猜想。1995年,他的著名同行怀尔斯"破解"了"费马最后定理";佩雷尔曼和他一样,在完全与世隔绝和独处的状态下做了8年研究。他的成果完全呈现在3篇刊登于网页上的论文中,一篇发表于2002年11月、一篇是2003年3月,最后一篇则在2003年7月。

苏联科学家生活困苦,佩雷尔曼也不例外。他在其中一篇论文的脚注里提到，他仅靠着在美国研究机构担任研究员的微薄薪资才能勉强糊口。2003年4月，佩雷尔曼在美国举行了一系列演讲，目的是与同行分享他的研究成果，并获得他们的回馈意见。

佩雷尔曼的证明用到了两位数学家先前发展出来的两个工具。第一个工具是所谓几何化猜想（geometrization conjecture），由当时在加州大学（现任教于康乃尔大学）的瑟斯顿（William Thurston）提出。三维流形可以被分解为一些基本元素这一事实数学家们众所周知。而瑟斯顿的猜想指出，这些基本元素只有8种不同形状。不过要证明这个猜想，需要有比证明庞加莱猜想更大的雄心，后者的目标只是确认流形与球体等价。但瑟斯顿后来设法证明了他的猜想，只是加上一些额外的假设。1983年，他因这项成就而获颁数学界最高荣誉——菲尔兹奖（Fields Medal）。然而，这个猜想最一般化的版本，亦即未附加瑟斯顿假设的版本，目前尚未证明出来。

佩雷尔曼仰赖的第二个工具是所谓里奇流（Ricci flow），哥伦比亚大学的哈密顿（Richard Hamilton）将这个概念引进拓扑领域。从根本上说，里奇流是关于热量在物体内的传播方式的微分方程式。在拓扑学中，里奇流描述的是不断变化的流形，其速率与流形在每一点上的曲率成反比，使得变形的物体达到常曲率的状态。有时里奇流能让流形分裂为几个组分，哈密顿证明（尽管仍受到一些条件限制），这些组分只能是瑟斯顿所预测的8种形状。

佩雷尔曼成功地将里奇流理论扩充为一般形式的瑟斯顿几何化猜想的完整证明。以此为起点，接下来就可以推论出庞加莱猜想是正确的：如果一个环绕着三维流形的回路可以被缩至一点，则流形就等价于球体。

佩雷尔曼在其一系列演讲中提出的证明，仍需要更深入的验证，这可要好几年时间。其实向数学界提出证明后才发现其中有所缺漏的情况，这并非首例。例如，2002年，佩雷尔曼的论文发表的前一年，英国数学家邓伍迪才在网页上刊出他认为正确的庞加莱猜想证明（参见第5篇）；但一位同行很快注意到，邓伍迪在其5页文章中所做的一项断言并无完整证明，让他十分懊恼。

到目前为止，还没有理由认为佩雷尔曼在论文中所描述的证明不正确，也没有人发现漏洞或者找到错误。若是他的证明未来能通过所有检验，这位俄罗斯数学家似乎将是首位克雷奖金得主。克雷奖金颁发的对象是解出七大"千年难题"之一的数学家，有了那100万美元奖金，佩雷尔曼再也不必依靠贫乏的客座讲师报酬过活了。①

---

① 2006年8月，四年一度的国际数学家大会在马德里举行。正如众人的预料，佩雷尔曼获颁素有数学界诺贝尔奖之称的菲尔兹奖。数学界最终确认佩雷尔曼的证明解决了庞加莱猜想。但佩雷尔曼不仅没有出席大会，还史无前例地拒绝接受这个奖项，众皆愕然。——译者

第四章

性情中人

有趣的数学故事:

◎挪威天才数学家阿贝尔的故事。

◎犹太裔数学家伯奈斯曾以不支薪的助理教授身份,执教5年。

◎为什么匈牙利裔科学家会被同行称为"火星来客"?

◎数学也能应用在建筑和艺术上吗?

◎你相信吗?棋盘方格中隐藏着宇宙秘密之钥。

◎数学家希利斯梦想能去迪斯尼上班,结果……

◎怎样才能得到"爱尔特希一号、二号、三号……"的头衔?

◎高龄87岁的埃克曼的精彩人生。

14 天才数学家的悲剧礼赞

◆ **摘要**:阿贝尔回到自己的故乡,生病又身无分文,并且在得到柏林大学教授职位的前两天死于肺结核,后人成立了以他为名的阿贝尔基金,每年颁发80万欧元奖金给数学家。

2002年8月5日,全世界都在纪念历史上最卓越的数学家之一——挪威的阿贝尔(Niels Henrik Abel, 1802—1829)诞辰200周年,他在26岁时死于肺结核。虽然阿贝尔生命短暂,研究成果却极为丰富。一部重要的数学百科全书里,共提到"阿贝尔"及"阿贝尔的"(abelian)近2000次。

由于阿贝尔的辉煌成就,2001年,当时的挪威首相斯托尔滕贝格(Thorvald Stoltenberg)宣布成立阿贝尔捐赠基金,每年以他的名义颁发80万欧元奖金。这个奖仿效了诺贝尔奖,目的在于成为数学界最重要的奖项。

阿贝尔成长于挪威南部小镇耶尔斯塔德,在家中7个小孩里排行老二。他的父亲是路德教派神父,当过一段时间挪威国会议员。13岁之前,阿贝尔都是在家接受父亲的教育,直到进入离家

120英里①远的克利斯丁安那教会学校就读，他的天分开始真正得以显露。一位数学老师察觉到这个小男孩异于常人的天赋后，不断尽力鼓励他。

阿贝尔18岁时，父亲骤逝，他被迫承担起养家的重任。他开始担任基础数学家教，并且四处打零工维生，幸而师长提供财务援助，阿贝尔才能在1821年进入克利斯丁安那大学就读，也就是后来的奥斯陆大学。没多久，阿贝尔的光芒就超越了他的老师，不过，他的第一项重大成就后来却被证明是错的。阿贝尔相信他找到了五次方程的解法，并把论文寄给一家科学期刊发表，但编辑看不懂他的解法，要求他提供数字范例。

阿贝尔随即着手满足这项要求，但很快发现了之前推导过程中的一个错误。然而错误却带来了好处。纠正错误时，阿贝尔意识到要以公式来解五次或更高次方的方程简直是不可能的。为了证明这个结论，阿贝尔用到了一个被称为群论（group theory）的概念，后来群论发展成现代数学一个十分重要的分支。

阿贝尔自掏腰包发表了这篇论文，然后靠着挪威政府的资助前往德国，到哥廷根拜访著名数学家高斯。然而，高斯没有读过阿贝尔事先寄给他的论文，甚至在会面时明白告诉阿贝尔，不管阿贝尔写了什么，他都不感兴趣。阿贝尔失望之余，继续前往法国，这段附加行程却产生了幸运的副作用。前往巴黎途中，他在柏林结识了工程师克列尔（August Leopold Crelle, 1780—1855），后者后来成为阿贝尔的密友及资助者。克列尔所创办的《纯粹数学与应用数学期刊》（*Journal für Reine and Angewandte Mathematik*，这本期刊

---

① 英联邦国家长度单位，1英里相当于1609.34米。——译者

现今仍持续发行），曾刊登过许多阿贝尔的原始论文。

阿贝尔打算造访的法国同行们并不比那位德国教授更好客，通过引荐，阿贝尔把他发明的椭圆函数寄给当时法国首屈一指的数学家柯西（Augustin Cauchy, 1789—1857），但完全没有引起他的注意。他的论文被遗忘，最后甚至全部遗失。虽然阿贝尔觉得沮丧，仍坚持留在巴黎，尽量争取别人对研究成果的认可；当时他的财务状况早已捉襟见肘，一天只能吃一餐。

但阿贝尔的牺牲最后并没有获得回报，虽然克列尔苦口婆心地劝他留在德国，阿贝尔还是回到了自己的故乡，那时他正生病又身无分文。阿贝尔离开后，克列尔开始设法帮助他在学术界寻找教职，最后他的努力终于成功了。在一封日期为1804年4月8日的信件中，他兴高采烈地告诉阿贝尔，柏林大学愿意提供他教授职位。很不幸的是，一切都太迟了——阿贝尔已经在两天前死于肺结核。

在许多与阿贝尔有关的概念中，让我们来简述一下"阿贝尔群"（abelian group）的概念。现代几何学把可以通过运算彼此关联的一组元素，定义为"群"，但这项定义必须满足下列4个条件：

第一，运算的结果必须也是群中的元素。

第二，运算必须符合"结合律"（associative law），也就是相继的两次运算的顺序可以改变，而且不会影响答案。

第三，必须有一个所谓零元素（neutral element）存在，让运算结果不变。

第四，每个元素都必须有逆元素（inverse）。

例如，加法运算下的整数便是一个群，原因是：

第一,两个整数的和还是一个整数。

第二,加法运算是符合结合律的,因为$(a+b)+c=a+(b+c)$。

第三,数字0是零元素,因为一个数字加上0保持不变。

第四,有逆元素,例如:5的逆元素是-5。

有理数(整数与分数)在乘法运算下不能组成群,尽管两个有理数相乘还是有理数(例如$\frac{2}{3} \times \frac{3}{7} = \frac{6}{21}$),5的逆元素是$\frac{1}{5}$,零元素则是1,但是0没有逆元素。

群可以分为阿贝尔群或非阿贝尔群,如果群中的元素在彼此相关联时可以交换(如5+7=7+5),就称为阿贝尔群。非阿贝尔群的例子之一是骰子的旋转,如果依序绕着两个不同的轴旋转一枚骰子,这两次旋转的顺序当然互有影响,你不妨自己试试。拿两枚骰子,然后在桌上把它们摆成相同的样子,第一枚骰子先绕着垂直轴旋转,再绕着水平轴旋转;第二枚骰子也朝相同方向,但先绕水平轴再绕垂直轴旋转。接着,你会发现这两枚骰子的各面朝着不同方向。因此,骰子旋转的群是非阿贝尔群。这个例子让著名的鲁比克方块的解法异常复杂。

15 不支薪的教授

◆ **摘要**:犹太裔数学家伯奈斯为了躲避纳粹,曾以不支薪的助理教授身份在苏黎世大学执教5年,他的来临让瑞士的逻辑学开始萌芽。

1934年,德国悲惨的情况造就了苏黎世的好运气。数学家伯奈斯(Paul Bernays)因犹太背景,被迫从哥廷根迁居至这个利马河河畔的城市;然而,他卓越的逻辑学家声誉比他本人更早一步到达苏黎世。伯奈斯是1888年出生于伦敦的瑞士人,在柏林先攻读工程学,再改读数学。然后,这位年轻博士以不支薪的助理教授身份在苏黎世大学执教5年。

著名数学家希尔伯特有一天造访苏黎世,与一些瑞士同行在市郊小山坡上散步时,注意到了聪颖的伯奈斯,立刻向他提供了哥廷根大学的职位。虽然这位不支薪的教授已经三十几岁,却不认为移居哥廷根、担任伟大数学家希尔伯特的助理是有损颜面的事。他们共同研究的成果极为丰硕,熔铸成巨著《数学基础》(*Foundations of Mathematics*)两册,完全以符号逻辑为基础,为数学建立了雄厚的根基。

但远方的地平线纳粹的乌云已经浮现,哥廷根的数学教员大多是信奉犹太教的男性——唯一的女性是诺特(Emmy Noether, 1882—1935),他们成为了希特勒党羽的追捕对象。伯奈斯及其他犹太同事的离去让希尔伯特十分气馁。

哥廷根的"失"却是苏黎世的"得",因为伯奈斯的来临让瑞士的逻辑学开始萌芽。刚开始,他在苏黎世瑞士联邦理工学院担任正式讲师,然后成为兼任教授,而且只需负担一半的教学量。1939年至1940年间的冬季学期,伯奈斯与冈塞斯(Ferdinand Gonseth, 1890—1975)、波利亚(George Polya, 1887—1985)①共同举办了首届逻辑研讨会。这项研讨会后来成为每学期的固定活动,由伯奈斯组织、领导,持续数十年。参加研讨会是免费的,但其实伯奈斯不是学校的全职教员,大可要求参与者付费,不过如果不是免费的,也就很可能不会有那么多学生参加。

即使在1958年退休后,伯奈斯仍继续出席这项生气勃勃的研讨会,直到上了年纪都是如此。伯奈斯的一个学生记得自己曾站在黑板前详细解说新近发表的文章,而伯奈斯问第一个问题时,他的报告才刚开始,然后伯奈斯与劳克利(Hans Läuchli, 1933—1997)展开了辩论。劳克利站到黑板前面,拿起粉笔,设法解答那个问题。斯派克(Ernst Specker, 1920—)随即起身提出另一个解答,接下来伯奈斯为了强调自己的看法,也挤到前面来。对话愈来愈热烈,可怜的学生(现在已经是洛桑大学可敬的教授)差点无法结束他的报告。

---

① 匈牙利数学家,对数学众多分支皆有贡献,著有《怎样解题》《数学发现》等书。——译者

1977年9月18日,伯奈斯逝世。而他去世后,逻辑研讨会的传统由前同事劳克利及斯派克接替。1987年,斯派克退休时,他的助理与学生请求他继续举办研讨会,于是他又多主持了15年。几位曾参加过研讨会的学生,现在都已经是世界各大学的教授了。

16 火星来的天才

◆ 摘要：冯·诺伊曼和几个参与曼哈顿计划的匈牙利科学家，被同行称为"火星来的人"，他们拥有超凡的智力，彼此对话使用的是难解的语言，所以大家戏传他们一定是从其他星球到地球来的！

一个多世纪之前，也就是1903年12月28日，布达佩斯诞生了一位近代最重要的数学家——冯·诺伊曼（John von Neumann, 1903—1957），今日他被称为"电子计算机之父""对策论创始人""人工智能先驱"，同时也是原子弹研发者之一。冯·诺伊曼在诸多领域均有杰出表现，包括传统领域（如纯数学与物理的数学基础）、现代议题（如计算机科学）、后现代议题（如神经网络与胞腔自动机（cellular automata）；数十年后，另一位天才沃尔弗拉姆（Stephen Wolfram, 1959— ）才再度发掘了胞腔自动机（参见第18篇）。

冯·诺伊曼的小名叫扬西（Jancsi），家人都亲昵地这样称呼他。他的双亲是富裕的犹太人，父亲是银行家，花钱买下了贵族气派的头衔"冯"，放在听起来平庸无奇的"诺伊曼"前面。就像布达佩斯其他有钱人家的惯例，这个小男孩由德国与法国家庭教师带大。冯·诺伊曼在儿童时期就显露天才的光芒,不仅能以古希腊语交谈,也能背诵整本电话簿,布达佩斯新教徒中学的老师没多久就发现他的数学才华,全力栽培。

顺便一提,冯·诺伊曼并不是这所著名学校里唯一的资优生,这所学校的杰出人士还包括:1963年诺贝尔物理学奖得主魏格纳(Eugene Wigner, 1902—1995),他比冯·诺伊曼高一届;1994年诺贝尔经济学奖得主豪尔沙尼(John Harsanyi, 1929—2000),也是该校毕业生;还有犹太复国主义创始人赫兹尔(Theodor Herzl, 1860—1904)。

不出所料,冯·诺伊曼中学毕业后便急切地想攻读数学,但他父亲认为数学是没有前途的专业学科,希望儿子能读商科。冯·诺伊曼反对父亲的看法,最后两人达成协议,年轻的冯·诺伊曼去柏林念化学。因为依照他父亲的看法,化学至少是门实用的学科,能带来稳定的收入。然而,这个学生同时也在布达佩斯大学的数学系注册。不用说,为了防止犹太学生读大学所制定的新生录取名额限制无法阻挡冯·诺伊曼,他也未曾在学校遇到任何反犹太主义的情况,因为他从来不上课,只到布达佩斯参加考试。

1923年,冯·诺伊曼转学,从柏林搬到苏黎世,进入苏黎世有名的瑞士联邦理工学院就读,除了必修的化学课之外,还参加了学院举办的数学研讨会。1926年,他不仅得到苏黎世瑞士联邦理工学院化学学位,还拿到了布达佩斯大学数学博士学位。他的博士论文题目是集合论(set theory),这是一个崭新的领域,而且证实对数学的发展极为重要。

不久,这位年轻的博士先生(Herr Doktor,当时他生活圈里的人都已经知道他是个天才)抵达哥廷根,那里的大学拥有当时全球公认的最顶尖的数学中心。数学中心的杰出代表人物是当时声望最高的数学家希尔伯特，他热诚欢迎冯·诺伊曼，后来冯·诺伊曼又在柏林与汉堡举行了一系列的演讲。

就在有犹太血统的科学家被拒于欧洲大学门外之前，冯·诺伊曼接受了普林斯顿大学的邀请，前往美国。当时是1930年代初期，普朗克（Max Planck, 1858—1947）、海森伯（Werner Heisenberg, 1901—1976）与其他人对量子力学的研究刚起步。由于冯·诺伊曼可以为量子力学理论提供向来欠缺的、坚实而严密的数学基础，他赢得了高等研究院职位，并且和爱因斯坦（Albert Einstein）一同成为该院6位创始教授之一。此后直到他去世，高等研究院一直是这位数学家真正的家，他也入籍成为美国公民，并把名字扬西改为约翰尼（Johnnie）。

冯·诺伊曼不仅对纯数学的基本原理有兴趣，也为数学在其他领域的应用着迷。当时欧洲正受战火侵袭，自然科学在战争上的应用日益重要，而他在流体力学、弹道学及冲击波方面的研究成果引起了军方兴趣，很快就成为美国军方的顾问。1943年，他的事业又向前迈进了一步，参与了新墨西哥州洛斯阿拉莫斯的曼哈顿计划，与一群匈牙利移民合作，包括魏格纳、特勒（Edward Teller, 1908—2003）、西拉德（Leo Szilard, 1898—1964）等人，他们共同参与了开发原子弹的工作。

这几位匈牙利的科学家被同行称为"火星来的人"，他们拥有超凡的智力，彼此对话使用的是难解的语言，所以大家戏传他们一定是从其他星球到地球来的！

冯·诺伊曼和他们在洛斯阿拉莫斯提供的关键性计算结果，帮助科学家们研发出了钚弹。在洛斯阿拉莫斯实验室的数学家们必须解决许多冗长、重复的计算,为了加快速度,他们发展了数值计算技术,将计算交由几十位算术高手人工执行,但更快速计算的需求变得越来越迫切了。

冯·诺伊曼刚好不但熟知图灵(Alan Turing, 1912—1954,英国有进取心的数学天才,其时正在普林斯顿撰写博士论文)的概念,也很清楚工程师埃克特(John Eckert, 1919—1995)及其同事物理学家莫奇利(John Mauchly, 1907—1980)的想法,前者提出了现代计算机的概念,后两人则在宾州费城建造了美国第一台电子计算装置。依据他们的初步研究成果,冯·诺伊曼随后发展了后来被称为"计算机结构"(computer architecture)的概念,直到今日,"冯·诺伊曼结构"(von Neumann architecture)仍控制着每台台式计算机的数据流(data flow)。冯·诺伊曼清楚地认识到程序可存储在计算机里,而在需要时访问它们,与处理数据情况十分相同。事实上,之前专家还一直认为必须把程序做成硬件的一部分,如同机械式加法机上所使用的方法一样。

冯·诺伊曼在与自维也纳移民到普林斯顿的经济学家摩根斯坦(Oskar Morgenstern, 1902—1976)的一次讨论中,产生了"对策论"概念。冯·诺伊曼和他的维也纳朋友证明了所谓"极小极大定理"(mini-max theorem):对纸牌游戏而言,无论是让增益最大化或让损失最小化,结果都一样。对策论也应用在商场及国际政治上,现在则已经发展成介于数学与经济学之间的独立分支。这项理论的最大拥护者是纳什(John Nash),他在1994年与豪尔沙尼、赛尔滕(Richard Selten)共同获得诺贝尔经济学奖。事实上,电影《美丽心灵》(*A Beautiful Mind*)的数学家主角就是纳什。

冯·诺伊曼晚年对大脑产生了兴趣,在其死后才出版的一篇关于人类大脑与计算机类比的文章中,主张大脑的功能有二元及模拟两种模式。此外,他写道:"大脑很少使用类似个人计算机中的冯·诺伊曼结构,而是用现代超级计算机使用的平行处理方法。"他预见了神经网络理论,这项理论在现今的人工智能研究中扮演重要的角色。

冯·诺伊曼热衷于享乐,他与第一任妻子玛丽达(Marietta),以及离婚后再娶的第二任妻子克拉丽(Klari)——两人都来自布达佩斯,都试着把夜总会的气氛带进美国,他还在柏林就学时便沉迷于夜总会。冯·诺伊曼在普林斯顿舍弃彻夜狂欢的派对,已成为一种难以置信的传说。

冯·诺伊曼一生获奖无数、头衔无数,一生的最后几个月却过得很困苦。他在52岁时得知自己罹患癌症,但却已无法避免必然的后果,这位头脑停不下来的科学家白天被困坐在轮椅上,夜间受疾病彻夜发作的折磨。一年后,1957年2月8日,冯·诺伊曼终于向病魔投降,病逝于华盛顿特区的华特里德医院。

17 几何学大复活

◆ **摘要**：由美国建筑师富勒设计的著名多面体测地圆顶,为1967年蒙特利尔世界博览会的标志。只要观察数千个三角形如何共同组成一个圆顶,就能了解它真的是依据考克斯特的初步研究建造成的。

回溯到1950年代,当时几何学看起来就像一门几乎快绝迹的学科。虽然学校老师必须教授学生几何,但对研究人员而言,这门数学分支完全无法引起他们的兴趣。许多数学家认为几何学不过是顶旧帽子,幸好有个异类不这么想,他的名字叫考克斯特(Harold S. M. Coxeter, 1907—2003)。

1907年2月9日,考克斯特出生于英国伦敦,在他还只是个就读文法学校的小男孩时,惊人的数学天分就吸引了旁人的注意。他的父亲考克斯特爵士将儿子引见给罗素(Bertrand Russell, 1872—1970),这位哲学家建议他们在家教育这个小男孩,直到他到了年龄可以进入剑桥大学。即使在剑桥这个英国首屈一指的学术中心,考克斯特也很快赢得了天才数学家的声誉。剑桥最著名的哲学家维特根施泰因（Ludwig Wittgenstein, 1889—1951）将考克斯特选为准许参加他的数学哲学讲座的仅5位学生之一。

考克斯特取得剑桥的博士学位后，受邀至普林斯顿大学做访问学者。第二次世界大战爆发前不久，他接受了多伦多大学的教职，他就在这个远离世界其他知名数学中心的偏远之地，工作了60多年。现在考克斯特被公认为20世纪最卓越的经典及现代几何学代表人物之一。

1938年，欧洲及美国面临政治骚乱，考克斯特默默隐身于多伦多的办公室，在墙上写满了数学模型。他的发现及理论超越了数学，显著影响了其他领域，包括建筑学及艺术。考克斯特的多面体研究（如骰子与金字塔），以及其高维度对应体（称为多胞形），为C_{60}分子（形状就像足球）的发现铺好了路。[①]

由美国建筑师富勒（Buckminster Fuller, 1895—1983）设计的著名多面体测地圆顶——1967年蒙特利尔世界博览会的标志，正是在考克斯特的几何研究基础上设计的众多建筑之一。[②]只要观察数千个三角形如何共同组成一个圆顶，就能了解它真的是依据考克斯特的初步研究建造成的。

考克斯特也相当具有艺术天赋，尤其是在音乐方面。他终身深受数学完美之吸引，他与荷兰图像艺术家埃舍尔（M. C. Escher）的合作，堪称历史上科学与艺术最有趣、充实的伙伴关系。遇见考克斯特之前，埃舍尔已经厌倦了老是在空白画布上写生花果鸟鱼，

---

① C_{60}分子现在被称为"巴基球"（Buckyball），因为它的形状酷似巴基·富勒的多面体圆顶。——原注

② 考克斯特的研究让科学家克罗托（Harold Kroto）、柯尔（Robert Curl）与斯莫利（Richard Smalley）得以进行他们的研究，并因而获得了1996年诺贝尔化学奖。——原注

他想要画些不同的,实际上,他想描绘的正是"无穷"。1954年,国际数学家大会在阿姆斯特丹举行,两人在大会中经人介绍后互相认识,后来成为了终身好友。会面后不久,考克斯特寄了一篇他的几何学论文给这位新朋友,希望他能阅读并评论。虽然埃舍尔完全欠缺数学知识,却对考克斯特画的数学图形印象深刻。他立即创造了一组题为"圆形极限Ⅰ-Ⅳ"的图画,用圆形及正方形框住的特定图形,愈靠近外框尺寸愈小。埃舍尔捕捉到了无限。

考克斯特将自己的长寿归因于对数学的爱、素食、每天50下仰卧起坐以及对数学的奉献。就像他对同事说的,他从未觉得厌倦,而且"一直领薪水做自己喜欢做的事"。

考克斯特原来安排,2003年8月要在布达佩斯举行的对称嘉年华大会上致辞。2月时,96岁高龄的考克斯特仍旧热心准备,写信给主办人表示很乐意参加,如果届时他还活着的话,一切"悉听神祇"。信中还提到他打算做主题为"绝对规律性"的演讲。但上帝另有安排,写完信之后几星期,2003年3月31日,考克斯特在多伦多的家中平静过世。

18 智慧,并不比天气复杂?

◆ **摘要**:沃尔弗拉姆确信那个有小黑方块的棋盘方格中隐藏着宇宙秘密之钥,认为自己已经找到了所有生命的秘密。

2002年5月,一个美好的春日,英国出生的物理学家沃尔弗拉姆(Stephen Wolfram)终于准备将他的大作《一种新科学》(*A New Kind of Science*)呈现给全世界。该书的发行花了漫长的时间,先做了宣布,然后在3年间数度延期。正式发行前几个月,一篇书评赞扬此书是破天荒的著作,必将影响整个世界。顺便说起,这篇书评就像该书一样,是沃尔弗拉姆自己的出版社发表的。如果你相信作者自己的宣言,或者喜欢公关公司的媒体宣传,大概会假设该书可以媲美牛顿的《自然哲学之数学原理》(*Philosophiae Naturalis Principia Mathematica*)和达尔文(Charles Darwin, 1809—1882)的《物种起源》(*The Origin of Species*)。甚至认为这位作者的著作与《圣经》相比都毫不逊色。

由于出版这本书所引起的骚动,《一种新科学》一书很快在亚马逊网上书店(Amazon.com)的畅销排行榜排名第一,而且稳坐宝座数星期之久,就不足为奇了。这本5磅①重的大部头书籍不少于1197页,而且不是一般人随便就能看懂的,坚韧不拔的读者很快就发现,沃尔弗拉姆的意图正是要彻底改变科学这个概念。沃尔弗拉姆在书中提供了广泛领域问题的解答,包括热力学第二定律、生物学的复杂性、数学的极限以及自由意志与决定论②之间的冲突。简言之,该书被尊奉为所有问题的最后解答,这些问题无一例外都是几代科学家一直奋力求解却不得的问题。作者在该书的前言中表示,《一种新科学》重新定义了科学的各个分支。这是沃尔弗拉姆的信念,或者说,他要我们相信的信念。

这个对自己近乎神圣的天赋充满信心的人是谁?沃尔弗拉姆1959年出生于伦敦的一个小康家庭,双亲是哲学教授和小说家(若这里有大男人主义的读者,我要特此说明:母亲是教授,父亲是小说家)。他们把这个小伙子送到伊顿公学(Eton College),而他15岁时就写了第一篇物理论文,而且很快就被一家声誉卓著的科学期刊接受。为了遵循英国学术精英之路,沃尔弗拉姆进入牛津大学就读,17岁毕业,其他许多男孩在这个年龄不过才正要开始申请大学。20岁时,他不但在加州理工学院(CIT)取得博士学位,而且已经发表了近12篇论文。

2年后,也就是1981年,沃尔弗拉姆获得麦克阿瑟基金会的奖学金,成为该奖项有史以来最年轻的得奖者。这项奖学金通常被称为"天才奖",专门提供给展现研究工作原创性的杰出人士,让科学家能有5年完全不被资金所困的时间。因为版权和专利权的原

---

① 1磅相当于0.45千克。——译者
② 哲学理论的一种,主张一切事件完全受先前存在的原因决定。——译者

因,脾气有些暴躁的沃尔弗拉姆与加州理工学院产生了一些龃龉,跳槽到新泽西州普林斯顿高等研究院,当时他的兴趣横跨宇宙论、基本粒子和计算机科学领域。

最后他找到一个课题,这个课题可以作为他当时(如果你相信他的公关用语)革命性发现的基础:胞腔自动机。多年前,1940年代,传奇的冯·诺伊曼(也是沃尔弗拉姆在高等研究院的前辈之一)提出了胞腔自动机的想法,但念头仅一闪即过,很快就对它们失去了兴趣。事实上,冯·诺伊曼过世后,他所撰写的关于这个主题的文章才发表出来,而且没有人传承延续这个概念,因此这个议题不久几乎消失了。

到了1970年代,大洋另一端的英国剑桥数学家康韦(John Conway, 1937—   )提出了胞腔自动机的原型。虽然胞腔自动机的原型以名为"生命游戏"(The Game of Life)的计算机游戏形态出现,但其实这并不是游戏,而是一种概念。生命游戏使用一种类似国际象棋棋盘的方格,不同之处在于黑白格子并不是交互排列,而是随机分布。你可以把这些格子解读为最初的菌落族群,然后有几个非常简单的规则可以决定这些族群如何繁殖,有些细菌会存活,有些则死去,还有新的菌落会发展出来。

虽然决定存活与繁殖的规则很简单,例如如果细菌有3个以上的邻居,它就会死去,但棋盘上发生的状况却一点也不简单:族群形式出现复杂的发展,有些菌落死去,有些不知从哪儿跑了出来,还有一些在两个或更多个状态之间摇摆不定。然后,一些菌落持续灭亡到只剩下寥寥几个。令人惊讶的是,只是少数几项简单规则,就可以产生如此多变的不同状态与结果。在《科学美国人》(Scientific American)刊登了一篇关于生命游戏的文章后,这个游戏变得十分流行;根据估计,计算机花在这个游戏上的时间比任何其他程序都多,它成了当红炸子鸡。

沃尔弗拉姆也不例外,但他不是只用生命游戏来消磨时间,还做了更进一步的研究。严密分析检验游戏后,他把演化出的形态加以分类。后来,1983年他在《现代物理学评论》(*Review of Modern Physics*)上发表文章,名为"胞腔自动机的统计力学"(*Statistical Mechanics of Cellular Automata*),这篇文章现在已经被公认为胞腔自动机的标准入门教材。

这时沃尔弗拉姆只有24岁,仍在追求学术生涯的发展,他从高等研究院跳槽到伊利诺伊大学,相信自己的研究可以开启大众对胞腔自动机的兴趣。然而,只有少数同行对这个议题感兴趣,沃尔弗拉姆尚未获得公众的赞赏及认同,他无法大展身手,颇为失望。但沃尔弗拉姆从不缺乏新点子,他转向新的职业生涯,成为一名企业家。

沃尔弗拉姆当然不会毫无准备就冒险进入管理领域,在他还是一名科学家时,他已经开发出一套软件来执行符号数学(symbolic mathematics)。换言之,这套软件不仅能进行数值计算,还能操作方程式或求解复杂的积分,并进行一大堆其他的精密计算。不到两年,他已经把软件开发为商品,以"Mathematica"之名发售,立刻成为畅销商品。现在大学与大型企业里约有200万专业人士使用Mathematica,包括工程师、数学家及企业家。凭借这项广泛使用的商业化创新科学软件,约300名员工的沃尔弗拉姆公司(Wolfram Inc.)至今仍生意兴隆。

这项新财源让沃尔弗拉姆得以无须他顾地回到科学工作中来,接下来十年每晚都埋首研究。他确信那个有小黑方块的棋盘方格中隐藏着宇宙秘密之钥，认为自己已经找到了所有生命的秘密。

自然科学家常常相信，所有物理、生物、心理与演化的现象都能用数学模型来解释，沃尔弗拉姆也不例外。但是他相信，并不是全部的现象都可以用数学公式解释，只要把变量与参数插入其中适当的位置就大功告成了；相反的，他主张一而再、再而三地重复一系列简单的算术计算，即所谓的"算法"（algorithm）。只观察中间的解答过程，通常无法预测最终的结果，只有执行完整个算法，才能得到最终结果。

通过检视模拟胞腔自动机的算法结果，沃尔弗拉姆发现它们可用来模仿自然界的模式，例如某些胞腔自动机的开发与结晶的生长、液体中湍流的出现和材料中断裂的生成非常类似。因此他指出，即使十分简单的计算程序也能模拟各种现象的特征。对沃尔弗拉姆来说，这只是为解释世界创生迈出的一小步：重复几种计算几百万次或几十亿次，便会产生宇宙的一切复杂性。在此书里他提出的论点不可思议地简单，因而也颇为令人料想不到：胞腔计算机能解释一切自然界的模式。在数年夜间研究期间，沃尔弗拉姆用胞腔计算机能模拟越来越多的自然现象。有时他必须执行数百万个版本才能得到合适的自动机，但自动机最后总是能成功运作，无论用在热力学、量子力学、生物学、植物学、动物学或金融市场中都是这样。沃尔弗拉姆甚至声称，人类自由意志的结果可以用胞腔自动机流程来描述，他坚信非常简单的行为规则（类似胞腔自动机）决定了我们大脑中神经元的运作。重复这些行为模式数百万次，就能呈现出看来复杂的思考方式。原则上，我们向来所认知的智慧，并不比天气复杂。他也断定，只要让算法执行一段足够长的时间,一组非常简单的计算就能复制出宇宙的最后与最小的细节。

沃尔弗拉姆几年间一直独自工作,只与少数信得过的同事分享想法,这种做法其实好坏参半。一方面,沃尔弗拉姆不必冒险让自己暴露在批评或嘲笑中;另一方面,没有人可以检验他的论点或建议他改进。但沃尔弗拉姆做得很好,在读完近1200页的文章后,即使最多疑的读者也会被说服,相信胞腔自动机能够极佳地模拟无数自然现象的模式。

但那是否表示自动机确实是所有自然界模式的源头?不,这太超乎想象了。让类比与模拟取代科学证明,是简直不能被接受的想法。举例来说,我们参观杜莎夫人蜡像馆时,站在与本尊一模一样的猫王蜡像前面,是否可以归纳出猫王是蜡制的?当然不行。沃尔弗拉姆可不同意,对他来说,问题在于你对模型的需求。以他的观点,模型若能描述自然现象最重要的特征,就是好模型。他指出,即使是数学公式,也只能提供我们对所观察到的现象的描述,而非解释。沃尔弗拉姆表示,如果猫王最重要的特征是他的外表,那么蜡像就应该被认为是很好的模型,无论你的目的为何。

这种论点能否说服其他科学家还有待观察,但沃尔弗拉姆一点也不担心。他想让大众都来读他的书,而不是特定的少数人;就此目的来说,他的确很成功,不只是因为有了油嘴滑舌的宣传机器。

19 幻想工程部的副总裁

◆ **摘要**：希利斯是著名的"联结机器"设计者，他设计的计算机整合并联结了 65 536 个之多的处理器，能够以前所未见的速率执行运算。希利斯的下一个探险，是关于迪士尼幻想工程，后来他终于在米老鼠的母公司担任研发副总裁，梦想成真！

希利斯（Daniel Hillis, 1956— ）看起来不像是刚被提名为百万美元奖金"丹戴维奖"（Dan David Prizes）得主的人，一点也不像！然而，这的确是发生在这位世界知名计算机科学家与企业家身上的事。以色列特拉维夫大学每年颁发这个奖项，给予在科学或技术方面有卓越贡献的一些科学家。希利斯谦逊、稳重，是个顶尖的思想家，他的挚友中有诺贝尔奖得主、著名科学家及美国最著名大学的教授。

仔细端详，希利斯甚至不像一个研究人员，不过看起来也不像生意人。2002 年 5 月，笔者代表瑞士《新苏黎世报》（*Neue Zürcher Zeitung*）访问他时，坐在他的对面，仿佛看到了一个大小孩。他淘气又不断微笑的脸孔有高度感染力，你会不由自主地想要分享他的好心情。当这位以拥有40项之多专利为荣的知名得奖者舒服地坐在特拉维夫希尔顿饭店贵宾室的高雅皮沙发上时,他似乎也对自己及整个世界感到满足。

希利斯穿着牛仔裤和开襟衬衫,脚踏运动鞋,稀疏的头发绑成马尾。他有着天才的冷静,属于那种坐在大学的咖啡厅里休息,不费吹灰之力就能想出最为奇妙主意的人。不难将这个毫不矫饰的人想象成一个坐在家中卧室地毯上、笨拙地修补机器人的小男孩。我的脑海里浮现其他比喻,例如迪士尼(Walt Disney)的吉罗·吉尔鲁斯①,他以许多不可能的发明,娱乐了全世界的儿童;或者Q博士,他是设计007情报员神奇道具的主脑人物。

但希利斯已经完全是个大人了,既没有坐在自己的游戏间玩机器人,也没有开着救火车四处跑。他现在沉浸于与索尔克生物研究中心著名科学家布伦纳(Sydney Brenner, 1927—   )教授的对话中,布伦纳刚好也是丹戴维奖的得主,这位教授似乎很习惯认真看待这个大孩子。

事实上,几乎每个人都很认真地对待希利斯。理由很简单,希利斯是传奇的"联结机器"的设计者,这部计算机整合并联结了65 536个之多的处理器,能够以前所未见的速率执行运算。希利斯设计这部计算机时,遇到大量当时仍是无解的问题,因为科学家相信那65 536个芯片只能在串行机器上运行,但希利斯却必须让它们以并行方式运行。希利斯那时还是麻省理工学院的学生,受到大脑结构的启发,发明了联结机器,但两者当然还有很大差异。一方面,与大脑里的神经元数目相较,芯片数量仍微不足道;另一

---

① 唐老鸭卡通中的人物,一个聪明却心不在焉的技术狂热者兼发明家。——译注

方面，计算机芯片彼此之间的沟通速度，远远比神经电波的传递快。希利斯让这个由65 536个芯片组成的乐团，依指挥家指挥棒的节拍演奏，克服了所有困难。联结机器最后不仅实现了商业化，也顺便被他拿来作为他博士论文的题目。

1986年某一天，希利斯这个永远的孩子，觉得该是从思考机器公司的工作中跳出来喘口气的时候了，那是他在几年前为了开发联结机器所成立的公司。他没有多加考虑，随即动身前往奥兰多的迪士尼世界，在白雪公主的城堡前愉快地安顿下来，开始撰写博士论文。这成了他的习惯，每天都跑到主题公园里，找到一个安静的地点后，开始舒适地写论文。

他的并行计算构想相当前卫，它受到的关注远远超出计算机科学技术界，而且首先激起了商界的兴趣。最后他卖出了70%左右的机器，不过并非就此一帆风顺。联结机器错综复杂的结构，使撰写专用软件程序异常困难又费力。大家都知道，如果没有软件，硬件的价值就和其制造的原料锡和硅差不多，所以希利斯决定寻求新的创新途径。

希利斯的下一个探险，是关于迪士尼幻想工程，他终于在米老鼠的母公司担任研发副总裁，梦想成真！在那里，他可以完全实现自己儿时的梦想。他最初只打算待两年，但是因为在开发电影、旋转木马、电视系列剧的创新技术中获得了许多乐趣，因此整整待了5年。然而，一天早上醒来，他发现当下从事的项目对人类的重要性及带来的益处，可能不符合自己原先的期望，因此毫不犹豫地转换跑道。但他在迪士尼幻想工程中学会了重要的一课：不可过高评价组织与沟通信息所需的说故事的艺术。的确，迪士尼传递信息的方式比工程师所用的方法更有效率得多。

因此，希利斯理所当然地将后来成立的"应用心灵"（Applied Minds）科技研发公司的主要宗旨之一定为：以能够轻易理解的方式将信息传达给公众。应用心灵公司是由一位电影制作人及约30位科学家与工程师的团队所组成，总是不断发明"东西"。希利斯身为执行官，当然不能泄露"应用心灵"最后想带给市场的到底是什么样的东西。他小声地说，那仍是商业机密，而且脸上带着神秘的微笑。他仅表示，"我不再想让计算机更加聪明了，现在我只想让人更聪明"。然后，他补充说，公司所经营的业务，其重要性不仅在于能够做事情，而且应该娱乐感官。在此之上，他们还必须有改变世界的潜力，既明确又单纯。希利斯指出，他最喜欢的项目，是那些综合了硬件、软件与机械及电子的问题。他和公司员工负责开发构想及构建原型，例行的制造与营销工作留待有关专业人士执行。这位马尾发型的科学家虽然用语谦虚低调，不过他可是美国政府的顾问。

他希望如何利用丹戴维奖的奖金？希利斯打算先捐出部分奖金给非营利组织，然后用最大一部分的奖金设立基金会，资助他的一个构想——建造万年机械钟。几年前，希利斯秉持着内在的童真，心生一个主意，想建造能至少运行万年的时钟，而且每千年响一次。希利斯说，这个构想能鼓励人们做长期思考，并延长他们的时间感。

由于我们的文明还太年轻，这项计划的长期含义令人惊讶。谁会知道一万年后的钟会变成什么样子？或是以这件事来说，测量时间意指什么？将来谁能维修这个钟，或知道如何阅读操作指南？原本看来相当天真的计划，忽然变成了大工程。这项规划中的工程，不仅突显了随着这种历史性作品而衍生的技术问题，更重要的是，迫使建造者与旁观者注意到人类学、文化史与哲学的相关议题。

这个机械钟的第一个原型已经建造好并开始运作，在伦敦的科学博物馆（Science Museum）展出。1999年12月31日午夜之前几小时，科学家和工程师才完成工作，希利斯差一点就无法目睹最令人兴奋的时刻。他早就打算要亲眼看着这个时光机器从01999跳到02000，而所有努力差点付诸东流。在历史时刻来临前的6小时，希利斯的一位同事注意到显示世纪的环形电路插错了电源。如果没有发现这个错误，这个时钟运行的第一个千禧年的最关键时刻可能就要被毁了，因为时钟会从01999跳到02800。工程师疯狂赶工到最后一分钟，才把事情搞定。然后，随着午夜来临，两声低沉的钟声响起，钟面上日期指示器的数字顺利从01999变成02000。

希利斯正在考虑，想用他的丹戴维奖金在耶路撒冷建造另一个万年钟，这个想法可能源于圣城与过去、未来的密切联系，但更可能是受到在时钟上加上犹太教、伊斯兰教与基督教的历法系统这项挑战吸引。

访问接近尾声时，希利斯忽然话锋一转，谈起了学生时代，并从口袋中拿出一本笔记本，开始在纸上潦草地写下一个数学公式。他淘气地说明，那个数学式代表他在麻省理工学院读书时解出的一个数学定理，虽然他的教授曾强烈质疑。这位教授是世界知名的组合论专家，但他也最终不得不承认他的学生是对的。这已经是$\frac{1}{4}$世纪以前的事了，希利斯现在是百万美元奖金得主，可以坐在豪华饭店的贵宾室里，微笑着回忆往日的成功。解决艰涩的数学谜题、证明教授的错误所带来的喜悦，至今仍刻画在他的脸上。

 被降级的退休数学教授

◆ 摘要：要得到爱尔特希一号头衔，必须曾经与爱尔特希共同发表文章；而想获得爱尔特希二号头衔，必须和曾与爱尔特希共同发表过文章的数学家共同发表文章，依此类推。

施佩克尔（Ernst Specker）是苏黎世瑞士联邦理工学院荣誉退休数学教授，最近刚庆祝82岁大寿。然而，这位有点驼背却生气勃勃的老先生，还是像1960年代后期笔者上他的线性代数课时一样灵活机敏、头脑清晰。事实上，"荣誉退休"一词用在施佩克尔身上并不十分贴切。他表示，只要凭常识就知道这个词美化了事情的真相。接着，他的眼光闪烁了一下，继续补充说，他认为其实自己是被降级了，因为无论何时，当他想办一场演讲或组织一场数学研讨会时，都必须向大学申请许可。不过这个说法也显示出，这件15年前发生的降级事件并未减损他对工作的热忱。退休之后，他仍然几乎不间断地每周举办有名的逻辑研讨会；但到了2001年至2002年的学年末的某一天，研讨会终于永久结束——大约60年前就开始在苏黎世瑞士联邦理工学院持续举办的系列研讨会，再也

不会出现在学年的行事历上，因为高层的决策决定一切。

施佩克尔是最仁慈、友善的人，又有幽默感，来自全球各地的许多学生在苏黎世瑞士联邦理工学院接受口试时，都可以证明这点。有个可怜的考生受困于错误的答案，不知道如何继续下去，幸而当时的面试官中有施佩克尔。这位教授先生提供了足够的暗示与提示，就算最紧张的考生也能蹒跚地找到正确的答案。

作为数学家，施佩克尔非常开明，随时准备好探索新的、甚至稀奇古怪的概念，笔者可以用他的线性代数课证明这点。这位教授会站在讲台前，拿着粉笔，详细解释线性方程组与矩阵，在老式黑板上忙着写满方程和公式，很快黑板空间用完了，他把整面黑板擦干净，重新开始。一个星期接着一个星期，"写、擦、写、擦……"的程序就这么持续下去，最后施佩克尔受不了，开始寻找另一种方式来讲授这门课。他想出一个自认巧妙的主意——黑板上布满了白色粉笔的笔迹之后，他改用黄色粉笔。于是，他不必再擦黑板了！只要在白色数学式上用黄色粉笔写上新的式子即可，然后提醒学生不必管原来的白色笔迹，只要注意黄色的部分就好。不久，不出所料，黑板上难以置信地一团混乱，幸而施佩克尔是个真正的数学家，很快就发现这样行不通，宣布放弃这个方式，讲堂里立刻响起学生松了一口气的叹息声。

施佩克尔年轻时曾罹患结核病，童年时期被迫在瑞士阿尔卑斯山区的度假胜地达沃斯养病，那里以干燥、干净的空气闻名。他在达沃斯当地的私立学校就读，然后再搬到苏黎世读中学。毫无疑问施佩克尔内心一直想要遵循父亲的脚步进驻法律界，但他很快就察觉法律课程无法满足他。他无法接受律师追求真相的方式，反而为数学家寻求和提供证明的方式所吸引。于是他在1940

年进入苏黎世瑞士联邦理工学院就读;到了1949年,年方二十九的施佩克尔就受邀至新泽西州普林斯顿高等研究院工作一年。在这个传奇的机构中,施佩克尔认识了一些杰出人士,如哥德尔(Kurt Gödel, 1906—1978)、爱因斯坦及冯·诺伊曼。

1950年秋天,施佩克尔回到瑞士,苏黎世瑞士联邦理工学院立刻聘他为讲师;5年后,他受聘为正教授。他在当时作出了一个革命性的发现:哈佛哲学家奎因(Willard Van Orman Quine, 1908—2000)的形式化集合论里,所谓选择公理(axiom of choice)并不成立。这项论点果然引起轰动,施佩克尔立即收到了去纽约州康乃尔大学伊塞卡分校担任教授的邀请。

数学家们如何为证明被经年累月探究的问题寻找灵感?施佩克尔的回答是:"没有人知道。"即使在洗澡或刮胡子时,都有可能灵光一闪。他伸出一根手指,郑重强调,重要的是一定要完全放松,因为压力会破坏创造力。还有一件事,"千万别因起步的错误而气馁"。施佩克尔强调,起步的错误常常有助于后来的研究,甚至形成未来研究的基础。

因为家人希望施佩克尔留在瑞士,他拒绝了康乃尔大学的教职,但是受到美国顶尖大学邀请的事传到了家乡。施佩克尔家乡的学校(即瑞士联邦理工学院)意识到他是极有价值的资产,必须善加爱护,学校行政当局免除了他的入门课程的教学负担,这类课程通常很乏味,原本他如所有数学系的教授,必须负责为工科学生上这些课。校方允许他全力追求自己的专业,接下来的50年,施佩克尔对多个领域皆有革命性贡献,包括拓扑学、代数、组合理论、逻辑、数学基本原理以及算法理论等。

一天,著名匈牙利数学家爱尔特希(Paul Erdös, 1913—1996)造访苏黎世,施佩克尔与他合作完成了一篇短文。这篇文章让他获得了梦寐以求的"爱尔特希一号"头衔,全球约有500位数学家曾获此殊荣。爱尔特希编号的由来,是因为这位匈牙利数学家曾与数量多到前所未有的同行合作过。要得到爱尔特希一号头衔,必须曾经与爱尔特希共同发表文章;而想获得爱尔特希二号头衔,必须和曾与爱尔特希共同发表过文章的数学家共同发表文章,依此类推。作为数学家,施佩克尔立刻以数学公式来表达这项规律:每位与爱尔特希 n 号的作者共同发表文章的作者,自动成为爱尔特希 $n+1$ 号。成为爱尔特希一号精英数学家团体一员后不久,施佩克尔发现自己成为一大群数学家的目标,大家争相恳求与他一起发表文章,以便获得渴望的荣誉头衔——爱尔特希二号(约有4500位数学家是爱尔特希二号)。

大家常问施佩克尔:"逻辑对日常生活有何用处?"他的回答是,逻辑当然可以帮助你判断一个答案是否正确、何时正确,但它还可以应用在其他领域,如语言学或计算机科学,这些学科只有首先经过逻辑的形式体系化后,才成为严密的科学分支。

我们可以举一个问题为例:"是否存在一个计算机程序,能够检验其他程序及它本身是否正确?"经由逻辑判断后,答案很明显:"没有这种程序。"另外还有关于问题复杂性的疑问,例如:"我们知道一个人有能力解出一个问题,却必须花无限长(或至少几十亿年)的时间来计算答案,这个答案有没有用?"最后,即使是物理学的问题,也可以利用逻辑论证的方式解决。举例来说,施佩克尔与普林斯顿大学的科亨(Simon Kochen)一起以纯逻辑论证证明了隐变量在量子力学中并不存在,因此隐变量不能如爱因斯坦所期望的那样,去解释某些量子力学的现象。

施佩克尔在世界各地巡回演讲,参加学术研讨会,但仍然以家庭为重,喜欢与8个孙儿共度时光。他甜蜜地回忆起最近一次与一个孙女共进午餐,当时和她极愉快地聊了好几小时数学。他微笑着解释说,这是一次"真正美好的体验"。

21 永久客座教授的数学大师

◆ **摘要**：无论何时，只要埃克曼开始探索新构想，就好像展开了一段新探险。乐观与失望交替出现，直到最后达成突破为止。

如果你想找瑞士籍的数学大师，那么埃克曼（Beno Eckmann, 1917— ）这个名字一定会在你的脑海浮现。87岁高龄的埃克曼是苏黎世瑞士联邦理工学院的永久客座教授，虽然20年前他就获得了这项荣誉退职头衔，但仍活跃一如往昔。

埃克曼在瑞士首都伯尔尼长大，是个快乐的小伙子，学校生活对他来说相当轻松，而且他特别喜欢数学课，不过少年时期他并未显露出想以数学家为职业的意向。事实上，他的老师也反对他走这条路，他们认为数学领域里所有能被发现的东西都已经被挖掘出来了；更重要的是，他们告诉年轻的埃克曼，念数学没有前途。

这些警告没起作用，1935年，埃克曼还是决定依照自己的喜好，进入苏黎世瑞士联邦理工学院，攻读物理学及数学。突然间，通往崭新世界的大门为他敞开，这里是全球最先进的科学机构之一，有最著名的科学家在此任教，包括未来的诺贝尔物理学奖得主泡利(Wolfgang Pauli, 1900—1958)和德国数学家霍普夫(Heinz Hopf, 1894—1971),他们将教导这一小群数学系学生视为自己的天职。1931年,霍普夫从德国移民到苏黎世,当时他是从事拓扑学领域研究的一流数学家,那时拓扑学还只是个处理高维空间结构问题的新兴领域。埃克曼也察觉到机会已经出现,试着伸出双手抓住机会,他请求这位著名的数学家指导他撰写博士论文。即使以苏黎世瑞士联邦理工学院的高标准来衡量,埃克曼的论文仍获得了极高评价,因而埃克曼理所当然得奖。

埃克曼的声望很快就从苏黎世传播出去;1942年,他获得瑞士法语区洛桑大学特任教授职位。那时正值第二次世界大战时期,瑞士备受战火威胁,这位年轻教授是一个爱国者,接到征召时毫不犹豫地投笔从戎。不过他巧妙地把炮兵侦察员军职与学校教职结合,一方面在大学讲课,另一方面在军中服役,每两个星期轮换一次。

战后埃克曼受邀担任新泽西州普林斯顿高等研究院的客座教授两年,在那里结识了外尔(Hermann Weyl, 1885—1955)及其他被认为是数学家与物理学家黄金组合的成员,包括爱因斯坦、哥德尔和冯·诺伊曼。不消说也知道爱因斯坦是个抢手人物,他是每个人都想认识的大明星。事实上,这位相对论的发现者已经厌倦了自己的名声以及络绎不绝的访客。但在爱因斯坦眼中,埃克曼似乎是个例外,这位物理巨擘还会邀请他到家中喝茶。这可能是由于爱因斯坦对苏黎世及伯尔尼留有温馨的印象,他曾在这两地度过几年值得回忆的时光,而埃克曼正来自那里。他对这位瑞士年轻人的喜爱更可能是因为埃克曼迷人的个性以及研究科学时的诚恳态度和天分。

在埃克曼的印象中，高等研究院另一位大明星冯·诺伊曼比较平易近人。想起冯·诺伊曼在普林斯顿宴请朋友的轶事时，埃克曼脸上浮现出微笑。(有一个关于这位数学家在乡间道路上开快车的故事。要先说明的是，虽然冯·诺伊曼热爱开快车，很不幸却没有足以匹配的驾驶技术。有一次，他很严肃地告诉旁边的人："我的车速是每小时60英里，忽然间，前面来了一棵树，然后……砰！撞车！")

1948年，埃克曼接到苏黎世瑞士联邦理工学院的正教授职位的聘任书。他发表过的论文加起来有120篇左右，与现今数学家的标准"著作列表"相较，似乎不是很多。但他的论文内容不仅广泛，而且篇幅很长，涵盖了许多经常变动的领域，除了指出新方向，还提供了全新的见解。

然而，造就埃克曼声誉的不光是他的著作表，更让人印象深刻的是他指导的博士生的数量，总计超过60人。选择他作为其论文的指导教授的博士生，对埃克曼持续从事的尖端研究记忆深刻，而他与学生沟通时的仁慈及友善态度，也深深吸引他们。其实能发现埃克曼是一位模范教授的人是幸运的，他的博士生中超过一半后来也成为教授，指导自己的学生写论文。这位高龄八十有余的教授身材依然清瘦，身后墙上挂的谱系图中有5代之多，共600多位博士后代。

埃克曼向来对几何、代数与集合论间的关联感到着迷，一直在寻找已经被他解开的问题间到新数学问题间的联系路径。埃克曼警告，对数学家而言，相关性永不应是指导原则，但有时你也可以意外发现实际运用方式。关于这点，埃克曼有一个实际的例子，1954年他发表了研究中的一个理论片段；近半世纪后，才发现这个理论可以应用于经济学,这让他大吃一惊。

埃克曼的影响也显现在1964年他所创始的研究计划中,当时科学家正对如何宣传他们的研究感到困扰。因特网的时代尚未来临,在期刊上发表新研究成果往往耗时数月甚至数年,较快传播新成果的方式可能只有靠偶尔举办的研讨会或学术座谈会,因此埃克曼决心想办法来解决这个难以令人满意的现状。一天,一个想法浮现在他的脑海里:如何以有限的费用来公开和营销大众都有兴趣的研究成果?他立即与海德堡著名的斯普林格出版公司(Springer Publishing Company)创办人斯普林格(Julius Springer)的继承人分享这个构想,当时这位继承人刚好在苏黎世攻读生物学。

他的想法很简单:只需要印出手稿即可,不须经过编辑的加工,只要装订好,就以最低廉的价格贩卖。于是1964年出现的《数学讲义》(Lecture Notes in Mathematics)丛书,成为对全球数学界最有价值的服务,而且由于埃克曼及另一位同事的持续督导及关注,现在该丛书已经出版了1800册左右。

埃克曼从未逃避行政责任,他还相信除了研究工作之外,教授也有义务在学校的行政事务上贡献部分心力。他一直是这方面的典范,尤其值得注意的是,埃克曼在苏黎世瑞士联邦理工学院1964年成立的数学研究所担任所长20年之久,现在许多地方都有类似的机构,如巴塞罗那及俄亥俄州哥伦布市。埃克曼也协助以色列成立了许多相同性质的机构,并还同它们保持联系,如海法的工程技术学院、耶路撒冷的希伯来大学、特拉维夫的巴伊兰大学以及贝尔谢巴的班固然大学。

仔细回想长达近70年的数学生涯,埃克曼不得不承认自己所处的这门学科已经发生了许多变化。这种经常变动的状态不仅是必要的,也是发展新方法与创新观念的机会。

无论何时，只要埃克曼开始探索新构想，就好像展开了一段新探险。乐观与失望交替出现，直到最后达成突破为止。埃克曼以怀念的语气说，在如此场合下，降临在科学家身上的感觉是难以言喻的，只有那些有幸体验过的人才知道个中滋味。

22 以数学之名

◆ **摘要:** 种族歧视与不公、犹太民谣与小提琴、不存在的门与地下大学、希望与反击,故事就从暗夜的街头开始并结束……

就在25年前,1982年9月23日晚上11点左右,莫斯科一条昏暗的街道上发生了一起交通事故。一位女子沿着人行道走着,她探访完母亲后正要回家,这个时间段的寂静街道上几乎没有车子经过。突然,一辆卡车高速开来,撞倒女子后驶离。片刻之后,另一辆车开来,在受害者旁边停了一会儿,也开走了。一辆救护车来了——谁叫来的?——直接把受害者载到太平间。隔天葬礼举行,仪式非常低调,没有人谈话,也没人致悼词,吊唁者只能窃窃私语,一些官样人物一直盯着这些情景。最后每个人都安静地离场了。肇事逃逸者始终没有找到,不久这起事件也结案了,整起意外都像克格勃一贯的谋杀作风。受害者是44岁的数学家莎伯托夫斯卡娅(Bella Abramovna Subbotovskaya)。过世前几天,她数次被传唤到克格勃办公室接受询问,"罪行"是关于组织"犹太人民大学"的问题。

现在大家几乎都忘了,但就在不久前,苏联声誉卓著的高等教育机构还经常拒绝犹太人入学。虽然歧视做法不仅限于数学界,但在犹太人向来喜爱的这个传统领域尤为醒目。在努力向物理学和数学发展的高中毕业生里,有25%—30%是犹太人,其中只有少数最后能进入顶尖机构,如最有名望的国立莫斯科大学的力学数学系。该系颁布了反犹太人的招生政策,背后的高层推手是莫斯科大学现任校长萨多夫尼兹(V. A. Sadovnichii),1980年到2006年过世前一直担任力学数学系主任的鲁帕诺夫(O. B. Lupanov),以及力学数学系教授和资深主考官米申科(A. S. Mishchenko)。苏联数学界反犹太的倾向不只局限于心胸狭窄的无名小卒,鼎鼎大名的苏联数学家也有病态的反犹太情绪,例如掌控着苏联数学家生活及事业生涯大权的彭特里亚金(L. S. Pontryagin)和维诺格拉多夫(I. M. Vinogradov),连人权运动者沙法列维奇(I. R. Shafarevich)也令人意外地名列其中。对这种获得其所把持的行政机关支持的恶劣的反犹太情绪,他们给出的荒谬的解释理由是,犹太人与生俱来的基因让他们在很小的时候就表现出数学方面的才能,这样一来,等到俄国人完全发挥出他们的数学才能,所有的研究机会和教职都会被犹太人抢光了。为了避免这种情况,必须禁止犹太人在高中毕业后再接受高等数学教育。苏联当局表现出激进的反犹太主义还有一个更平淡无奇的原因,他们卑鄙地想把经济和其他方面的失败归罪于他人。

苏联从20世纪七八十年代直到开始进行改革,严格执行着这样的政策。莫斯科大学力学数学系就全面禁止犹太人入学,在当时的苏联和今日的俄罗斯,它一直被视为最重要的数学重镇。犹太人或名字听起来像犹太人的申请者,在入学考试时会被挑出来做特别处理。笔试对所有申请者一视同仁，天资聪颖、准备充分的考生通常没有问题。然而，根据得到的消息，力学数学系的人员会打开试卷——那些试卷交上来的时候只有身份编号而没有姓名——找出犹太人的试卷，大幅减少他们的分数。难度比较大的是口试。对不想录取者问一些"棘手问题"，那种问题需要经过艰难的推理和长时间的计算才能解答。口试问题有的无法作答，有的叙述含糊不清，还有的没有正确答案。这些问题不是用来测试应试者的能力，而是用来剔除"不受欢迎者"。依规定口试应该限定在3.5小时内，但这些让人筋疲力尽又明显有失公平的质问却常常持续五六个小时。就算应试者都答对了，也有理由被刷掉。有一次一位应试者被问到这个问题："圆的定义是什么？"他回答："至一给定点等距的点的集合。"结果被判不及格。主考官说正确答案是："所有至一给定点等距的点的集合。"另一次一位应试者对这个问题的回答也被评为不正确，因为他没有明确说明距离必须不是0。被问到一方程式的解时，回答"1和2"被判定是错的，根据主考官的说法，正确答案是"1或2"。而另一次这位主考官告诉另一位应试者的正好相反："1或2"是错的。有个应试者使用了"未经证明的不等式"$\sqrt{6}/2>1$，被判不及格。而如果有哪位应试者克服一切困难，设法通过了笔试和口试，他还是会在要求的关于俄国文学的作文考试中败下阵来，程式化的评语是"未充分阐释主题"。犹太学生即使满分也不保证可以入学，十足的卡夫卡式作风。莫斯科物理科技学院的简章中写着："入学成绩对是否录取我院不产生决定性影响"。除了极少数例外，对落榜提出申诉没有成功的机会。应试者不被理会是最好的结局，最糟的情况是被斥为"蔑视主考官"。

在这种背景下，当时互不相识的两位勇者申德罗夫（Valery

Senderov)和莎伯托夫斯卡娅，决定做些事改变这种悲惨的境况。申德罗夫是莫斯科名校"第二高中"的数学老师，研究函数分析；莎伯托夫斯卡娅发表过多篇探讨数理逻辑的重要论文，曾在技术研究机构从事程序设计和数值计算工作。1978年7月，两人偶然在莫斯科大学主楼的楼梯上相遇，那里力学数学系正在举行入学考试。他们的目的是协助口试未过关的学生写信给审议委员会进行申诉。申德罗夫有一个更远大的目标：与同事卡涅夫斯基（Boris Kanevsky）一起合作，记录下力学数学系入学考试中的种族歧视，偏见和不公。申德罗夫与一位不及格的学生谈话时，一位主考官冲出来质问他，随之发生的口角很快演变成扭打；警卫也来了，然后申德罗夫被强行带离现场。如同最近在海法以色列理工学院召开的悼念莎伯托夫斯卡娅的会议中卡涅夫斯基所描述的那样，这个事件标志了一项雄心勃勃的危险事业起始，也就是创建"犹太人民大学"。

友人和仰慕者对莎伯托夫斯卡娅的印象各不相同：她说话大声、精力充沛、对人要求严格，同时又是性情温和、热心肠、乐观、具有十足勇气和决心的人。她在念小学一年级时就爱上了数学，虽然她也曾打算开始音乐生涯，学习数种乐器，但对数学的那份热爱从未减少。她的先生穆奇尼克（Ilya Muchnik）后来写道，作为教育家，"她有能力将她的看法传授给各式各样的人"。她能唤起几乎所有与之打过交道的人对其研究主题的欣赏，包括为其设计数学游戏的小学生、工作了一整天而疲惫不堪的成人夜校生，以及天资聪颖却未获准进入莫斯科大学就读的高中毕业生。

莎伯托夫斯卡娅与穆奇尼克在一场有关控制论的研讨会上相识，会上有一篇论文讨论如何用计算机作曲。莎伯托夫斯卡娅曾在音乐学校学过10年小提琴,而穆奇尼克打算用计算机统计犹太民谣中的音乐片段数据,彼此立刻产生好感。约一年后的1961年夏天,他们决定结婚,并搬进了一间6平方米的房间。房内有个暖炉,厕所在院子里。他们居住在环境恶劣的蜂窝状建筑中,每栋楼里都住着三四户儿孙众多的犹太家庭,三代同堂。邻居间的通用语言是犹太语。隆重的婚礼在庭院中举行,大家唱着犹太民谣,莎伯托夫斯卡娅拉着小提琴伴奏。

婚后,莎伯托夫斯卡娅为几家技术研究机构做工程类的工作,勉强糊口。她不喜欢自己这种日复一日的例行公事,但勉力为之。但当她的女儿开始上高中后,情况发生了变化。莎伯托夫斯卡娅开始怀疑,女儿学校那些犹太孩子毕业后是否能继续升学。她开始痛苦地意识到犹太孩子面临的绝境,他们当中即便是最有天赋的人也几乎没有希望进入一流学府就读。莎伯托夫斯卡娅自己足够幸运,能在1950年代中期就读力学数学系,那段时期斯大林(Joseph Stalin)已过世、赫鲁晓夫(Nikita Khrushchev)时代刚开始,不歧视犹太人。但到了1970年代末,情况急转直下。莎伯托夫斯卡娅决定全力帮助那些有数学天赋的高中毕业生实现他们的雄心壮志。她帮助他们准备力学数学系的入学考试,协助被拒绝者书写必要的信件,向审议委员会提出申诉。

与此同时,申德罗夫和卡涅夫斯基秘密撰写了"智识种族灭绝"的经典报告,记录他们关于力学数学系落榜犹太应试者的调查结果。数理经济学家波尔特罗维奇(Victor Polterovich)搜集莫斯科数学和物理优秀的高中生进入莫斯科大学力学数学系就读的统计数据。1979年,47名非犹太学生中有40人获准入学,而40名犹太姓名的学生中只有6人上榜。这是已经进行了自我选择后的结果,许多犹太学生根本没有提出申请。犹太姓名的应试者被问到的都是令人苦恼的难题，导致学生落榜或驳回申诉的理由同样令人发指。波尔特罗维奇写了一份"可能被视为犹太学生申请莫斯科大学力学数学系备忘录"，由申德罗夫和卡涅夫斯基分发。但莎伯托夫斯卡娅做得更多，她决定在家为那些被拒学生教授基础数学，恢复部分希望和公平。

对相关委员会提出的申诉失败后，落榜的学生别无选择，只能去职业学校就读，如冶金学院、师范学院、铁道工程学院及石化和天然气工业学院等。他们将打下坚实的应用数学基础，但对所接受训练的职业范围以外的世界却难一窥堂奥，纯粹数学仍然遥不可及。

莎伯托夫斯卡娅拒绝接受这种现状。1978年秋天，她在自己家中开始一项雄心勃勃的空前事业，创办"犹太人民大学"。莎伯托夫斯卡娅以前的同学维诺格拉多夫，15年前在莫斯科大学力学数学系取得博士学位，现在是该校的教授，他为初始课程设计了非标准化的进阶学习计划，并与以前及现在的博士生一起，教授这些初始课程（因为与其他教员存在理念上的差异，维诺格拉多夫几个月后便离开了。他们争论的焦点在于莎伯托夫斯卡娅的大学是否应该只教数学，还是应该成为更广泛的反对苏维埃政权的斗争的一部分）。这所大学刚开始时是一个约有12名学生的读书小组，但关于大学成立的消息迅速传开，当时，除了一个放在站不稳的三脚架上的儿童黑板之外，什么设施都没有。后来有了一块比较好用的黑板，但无法从莎伯托夫斯卡娅（这时已离婚）所住的廉价公寓的狭窄楼梯中搬上去，最后从五楼的窗户吊了进去。莎伯托夫斯卡娅是这项特殊事业全面的精神领袖。她自己并不授课，但她请已是著名数学家的老同学帮忙,在她的大学里讲课。这个非正式机构对所有人开放,但绝大多数学生和教师是犹太人。

这所大学不缺有才华的教师,它所招募到的都是最高水平的师资。在莎伯托夫斯卡娅的公寓及后来的其他授课场所,该大学的课程与莫斯科大学力学数学系一二年级的本科课程一致。维诺格拉多夫、申德罗夫、申恩(Alexander Shen)和齐勒温斯基(Andrei Zelevinsky)教微积分,富克斯(Dmitry Fuchs)教微分几何和线性代数,巴黎出生、美国长大的俄国数学家索辛斯基(Alexey Sossinski)讲授近世代数,菲金(Boris Feigin)开设拓扑学和交换代数的课,金兹伯格(Victor A. Ginzburg)教线性代数,马里诺夫(Mikhail Marinov)——在申请以色列入境签证后,他成为了一名建筑工人——教量子力学和场论,卡涅夫斯基负责操办研讨会。总共有21人在这所大学任教。世界各地的大学如果具备莎伯托夫斯卡娅的犹太人民大学这样优质的师资,一定会感到骄傲,这些教授分文不取,他们无私从事这项危险的工作,纯粹是出于人性尊严,为了纠正错误,以及对数学的热爱。甚至曾经有一位"客座"教授米尔诺(John Milnor)在造访莫斯科时前来授课。

关于地下大学的传言四处散播,学生人数也愈来愈多。莎伯托夫斯卡娅狭小的公寓很快就装不下旁听生了,他们开始使用其他场地,不管是否已得到许可:小学教室、大学法律系没人使用的自习室、化学大楼、人文学科大楼、石化和天然气工业学院等。1979年,犹太人民大学成立第二年,约有90名学生。莎伯托夫斯卡娅包办一切大事小事:安排会议、打电话告知学生课表和上课地点、在课下分送茶水和自制的三明治。她安排进行的一项重要的危险工作是,偷偷准备并印制和分发讲义。讲义是用复写纸打字,手写添加方程式，然后影印。没有人敢问如何及在哪里印制这些讲义，因为未经许可进行复制，在苏联被视为严重的罪行。1980年，上课时间增加为一星期两次，星期六留给3场演讲和一次研讨会。

即便有些师生是众所皆知的苏维埃体制不同政见者，如申德罗夫，这所大学的老师仍十分小心，避免提及任何政治议题。但大学发展得太成功，当局无法坐视。尽管没有任何政治意图，这所大学的创办还是严重违抗了苏维埃体制。当局不能容许一所非官方的独立机构蓬勃发展，挑战它这唯一权威。犹太人民大学的存在，被当局视为一种对抗政府的行动。末日渐渐逼近了。

在这所大学创建的第5年初，莎伯托夫斯卡娅被传唤到克格勃办公室接受审讯。据悉克格勃人员一直参加研讨会等，以观察是否有异常情况。他们一定明白犹太人民大学没有进行破坏活动，但他们从不明白莎伯托夫斯卡娅的大学是什么样的机构，也不理解为什么有人分文不取也愿意教数学。1982年的一个夏日，申德罗夫、卡涅夫斯基和一名叫格尔策尔（Ilya Geltzer）的学生被捕的消息传来。另一个年轻人格尔苏尼（Vladimir Gershuni）和他们一起被捕，后来被强行禁锢在精神病院。他们分发传单，抗议苏共要求忠诚的公民在星期六的列宁纪念诞辰日做无偿"义工"。申德罗夫和卡涅夫斯基是众所皆知的苏维埃政权异议者，但他们一直严格地把数学与政治隔开。然而，他们及格尔策尔与莎伯托夫斯卡娅的大学之间的关系，给了当局求之不得的借口。

莎伯托夫斯卡娅再次被传唤，他们要求她作出不利于申德罗夫的证词。后者断然拒绝了，她的独立精神让她绝对藐视当局的权威。几天后，悲剧发生了。国立莫斯科大学室内管弦乐团的巴士将她的遗体送往墓园,她从学生时代起就是这个乐团的第一中提琴手。她的骨灰后来埋在犹太墓园。

莎伯托夫斯卡娅的死意味着犹太人民大学的结束。申德罗夫被指控煽动和鼓吹反苏维埃活动,被判处7年徒刑,长时间待在禁闭室,仅靠粗粮维生,导致身体极度虚弱,甚至无法起床。苏联改革之后,戈尔巴乔夫(Mikhail Gorbachev)政府释放了他,这时他已经坐了5年牢。卡涅夫斯基被判刑一年两个月。在一些留下来的教师的努力下,研讨会继续进行了几个月,但没有莎伯托夫斯卡娅的支持和引导,大学的精神消失了。1983年春天,这所学校终于关上了不存在的门。"犹太人民大学"在运行的4年间,教出了约350名高等数学领域的学生,产生约100位"毕业生",其中一些人后来成为专职数学家和著名机构的教师,分布在美国和以色列。但莎伯托夫斯卡娅给予校友的不只是数学教育:在面对不公、歧视和看似无法克服的困难时,她给了他们希望,教导他们进行反击。

23 艾哈德教授不回答

◆ 摘要：任何教职员工名单上都找不到他的名字，回信地址与任何办公室不相符，发给他的演讲邀约收不到回复……这位羞怯的数学家是谁？高深论文的神秘作者竟是一台计算机！

数学教授有时被认为是怪胎，这是有充分原因的。以罗格斯大学的艾哈德（Shalosh B. Ekhad）教授来说吧，他所发表文章的清单让人印象深刻，单单过去10年间，他就发表了数十篇论文，部分是与他人合作发表。他最重要的成就之一是完成了所谓的宇宙定理的证明。普林斯顿大学数学系教授康韦宣称曾证明了这项吊诡的猜想，不幸的是，在有人能够验证这项证明之前他把证明过程弄丢了。于是艾哈德投入精力证明这项定理，不久得出了他自己的崭新证明。艾哈德从此成为数学界响当当的名字，世界各地的同行不断引用他发表的文章，主要关于他在组合数学上的证明。

然而，关于艾哈德有一件事情很奇怪，没人弄得清楚是怎么回事：任何大学的教职员工名单上都找不到他的名字；而他在发表文章最下面注明的回信地址也与罗格斯大学任何办公室不相符；发给他的研讨会邀请或专题演讲不是收不到回复，就是由一位秘书礼貌地回绝；若有研究生请求由艾哈德教授担任博士论文指导老师，照例被打回票。

这位羞怯的数学家是谁，如此躲开人群？熟知希伯来语的读者也许会注意到，Shalosh B. Ekhad 代表"three in one"，也就是三位一体。很快地，网络上散布的谣言宣称，这位神秘的数学家背后是一位企图改变全世界信仰的传教士。但如何借由深奥难解的有关组合数学定理的论文，完成大众信仰的转变？尽管本书讨论的是数学家，不负责侦探工作，但这件事远不只是耐人寻味、悬而未解的谜团，因此当"他"听到艾哈德的合作者之一、同样来自罗格斯大学的柴尔伯格将出席在希腊米克诺斯岛上举行的研讨会时，立刻采取行动。他不计成本，赶搭下一班飞机飞往那座阳光普照的地中海小岛。这个会议最终证明是同业者的专业研讨会，来自世界各地的专家聚集在此交换意见。这位"他"希望拉拢一下柴尔伯格，最终的目标则瞄准艾哈德。

刚开始时柴尔伯格努力伪装自己，他穿着短裤和凉鞋，那正是在希腊度假胜地的合宜打扮。但T恤上的名牌Logo很快泄露了他的身份。掩饰被拆穿之后，他露出了马脚，说叫艾哈德的人根本不存在！高深组合数学论文的神秘作者不过是一台计算机！

1987年，柴尔伯格拥有了第一台个人计算机，那是AT&T制造的机器，在贝尔实验室3号大楼B通道的1号房间开发成功，所以顺理成章地标示为3B1。柴尔伯格对他的新玩具深感骄傲，立即用母语把它命名为艾哈德。

对柴尔伯格来说，3B1不只是一个玩具，它很快成为他的同伴和朋友，他教它如何找出并证明数学恒等式。柴尔伯格与宾州大学的威尔弗（Herbert Wilf）合作，提出一个让计算机精确找出及证明恒等式的算法。他们共同的研究成果获1998年美国数学学会颁发的斯蒂尔奖。

艾哈德很快超越了柴尔伯格高标准的期待。柴尔伯格需要做的只是输入一些初始指令，然后他就可以离开，让3B1"嗡嗡""嗞嗞"地运行几小时或几天，然后吐出结果。"艾哈德发现了已知恒等式的新证明，还提出了一些全新的恒等式。"柴尔伯格明显带着父亲般的骄傲说。对与自己的研究共生共存的数学家而言，有些成果很优美，其他可能就略差些。但无论优美程度如何，这些成果多数非常有用。"一些既不优美又没用的"，柴尔伯格干脆地说，"直接忽略它们。"

艾哈德的"教父"对他的弟子怀有极大的期望，他预测将发生范式转换。他认为，未来的计算机将能找出基本关系式，从而远远超越人类的能力。"只要几十年的事，愈来愈多的原创数学研究单用计算机就能进行。"柴尔伯格说。他显然很享受这种挑战的乐趣。21世纪人类数学家引以为傲的许多定理，到时看起来会毫无价值。不过，柴尔伯格也承认，这种趋势会大幅强化教导的重要性。因此，对于非计算机数学家，显然仍有值得期待之处。

24 雅痞数学家

◆ **摘要**：数学能够理想化日常生活中所见的事物，帮助我们了解自然现象，数学的表述方式远比文学的方式更精确。数学，将走向何方？

斯梅尔是当代最多产的数学家之一，无疑也是最耀眼者之一。除了获颁1966年菲尔兹奖，他也因反越战抗议行动和与他人共同发起1960年代末的雅痞运动而闻名。有一次，他甚至被众议院非美活动调查委员会传讯。他也曾与美国国家科学基金会发生纠纷，因为他公开宣称，他的一些最佳研究成果是在里约海滩上完成的。

2007年5月，他与弗斯滕伯格（Hillel Furstenberg）共同获得沃尔夫数学奖。斯梅尔在耶路撒冷参加颁奖典礼时，同意接受采访，畅谈自己的工作和事业。

——马吉德（Andy Magid）

斯梅尔教授，为什么数学对您这么重要？

喔，这个问题很难回答。或许我与其他数学家不同。我认为数学是我要学习的重要事物之一。全面看我的话，是一名科学家，但也带有一点艺术家的成分。所以数学不是生活中唯一激励我的事物，绝对不是，但我的确领悟了数学中的美，它优雅，而且能够理想化你在日常生活中所见的事物。了解周遭事物一直是过去40年来激励我的因素。

所以数学是一种文化努力？

嗯，作为广义的科学，我认为数学没有太多的文化性。研究数学的传统动机是了解物理，同时也了解经济现象等等。我现在试着了解人类视觉，希望发展出某种类似视觉皮层的模式。或许结果会证明存在着一些普适定律，帮助我们了解人类如何学习和思考。这就是数学帮助我们了解自然现象的例子。

为什么说，相对于文字描述，数学可以更有效地解释现象？

数学是一种形式化的思考方式。用数学来表述远比用文字更精确，它采用更明确的方法——如量值——表述关系。甚至模糊性也可以用概率纳入数学当中。我经常使用概率——以传统的数学方式，因为当研究从物理学转到视觉和生物学时，必须将某种模糊性纳入考虑范围。

数学之所以如此有用，是因为相比于其他，利用数学可以更容易地找出普适定律。它帮助我们提炼出主要概念。借助公式和符号，我们能看清普适现象和规律。这个提炼的过程也帮助我们了解普遍的概念。牛顿曾给我很大的启发，看到落下的苹果和行星运动,他能明白它们是同一种现象。我希望有一种语言能解释我们所看见的一切,而且这一切是广义上的同一种现象。

开普勒猜想在被证明之前,就被认为是正确的,许多人也相信黎曼猜想是正确的。为什么严谨的证明对数学还这么重要呢?

许多人相信某件事,并不表明它就是正确的。我比较赞成严谨证明大的问题。另一方面,我不太认同证明是数学中最基本事项这种想法。数学中更重要的或许是主要体系之间的联系、概念及这些概念的发展。证明是其中重要的一部分,但并非我的研究重点。我持严谨的态度,努力让事情正确无误,但有时了解主体结构似乎比证明更重要。我关注数学之间、且最终是真实世界各部分之间的关系。

您接受计算机证明吗?

对我来说,证明不是数学的根本,所以可以接受计算机证明。计算机证明或许不像结构化的概念证明那么好,但可以接受。

您的生涯涵盖4个领域:拓扑学、动力学体系、数理经济学和计算科学。为什么您后来不再研究拓扑学?

我的确在1961年转换了研究主题。虽然我不再研究拓扑学,但我没有彻底改变,我公开承认这一点。我证明了五维和更高维度的庞加莱猜想,之后就有点虎头蛇尾。三维和四维的证明仍未完成,但这个证明——我没说我一定对,似乎只是特例。所以我觉得,了解两球体的离散变换动力学比弄懂庞加莱猜想更让人兴奋。

您当时相信庞加莱猜想是正确的吗?

喔,不,一点也不。我甚至找到过一个反例,不过这个反例行不通,里面有个错误。每当我求解数学问题时,我都从正反两面进行研究,因为这样会相互促进。如果只考虑一面,就不会得到这么正确的观点。大多时候我们不应该有先入为主的想法,有时你应该说:"嗯,如果这是不对的,那怎样证明呢?"反复验证是定理证明中很重要的一部分。

不再研究拓扑学之后,您做什么研究工作?

在此之前好几年,我一直研究动力学,关于动力学的重要问题有一些自己的想法,我开始解决这些问题。后来我在电路理论、物理学和力学方面也做了一些研究。

您为何对经济学产生兴趣?

嗯,我参与的一些政治活动以及与一些马克思主义者的接触,让我对经济学产生很大兴趣。一天德布鲁(Gérard Debreu)来找我——他后来荣获诺贝尔经济学奖——问我有关均衡的数学问题。我告诉他沙氏定理,这个定理与他的研究有关。从此我们建立起友谊,我从他那里学到很多,他也从我这儿有所收获。虽然我们从未共事过,但常常一起讨论问题。事实上,我帮助他拿诺贝尔奖:是阿罗(Ken Arrow)[①]和我向诺贝尔奖委员会提名授予他经济学奖。

然后您离开经济学,进入算法领域。

是的。几年以后,我得到找出经济均衡的算法。我不想要模

[①] 美国经济学家,1972年诺贝尔经济学奖得主,二战后新古典主义经济学的代表人物。提出了"阿罗不可能定理"。——译者

拟,我只想找出一种抽象的数学算法,让其他人模拟它。在供需一定的情况下,找出经济学上的均衡价格。我在普通的经济学背景下开展研究。斯卡夫(Herbert Scarf)提出了另一种算法,我认为我的算法更快,也更合乎常理。由此产生一个问题:哪种算法比较好?为了弄明白为什么一种算法优于另一种,我开始向计算科学发展。

您的算法是用来描述经济体运作的吗?

不,不算是。这里有两个问题。一是该经济体如何运作,如何调整价格。对我来说,这是经济学里最大的未解难题。我耗费多时,但还是没有答案。另一个问题是,若参数改变,经济代理人如何找到变化着的均衡?如何用数字明确表达这种均衡?所以我提出了这个理论、这个算法,来解决这个问题。

您的目标是帮助集权经济找到均衡吗?

我从未坚决主张过集权经济。我在学生时代参加过越战示威,也是名共产党员,但我不是因为越南或俄国的经济才这样做。我对经济所知不多,而且我也不抱幻想。当年龄渐长,我放弃了马克思主义。在很多年时间里,我体验世界,智识不断成熟,了解周围发生的事。我对马克思主义计划经济的观点完全不感兴趣。

后来,我开始对市场感兴趣,但我不是资本主义制度的信徒,完全不是。可以说,这些年来,我相信以市场为导向的理论。所以当我着手研究算法时,我受到市场经济的启发。如果市场达到了一种均衡,我们如何找到这个均衡?均衡可以用方程表示,因此我提出算法来解这些方程。

您现在进行什么研究?

在以色列(出席沃尔夫奖颁奖典礼)这段时间,我将做3场演讲。在魏茨曼研究所(Weizman Institute)我将谈视觉的数学。这是某种视觉皮层的模式,但更具普适性。后面我将去海法大学,讲的是数据,也就是数据几何。我们审视所有的数据点,希望找到潜藏在里面的某种几何学,所以我会回到拓扑学方面开展一些研究。数据是我们努力去了解的主要事物,但我考虑的是数据几何,或者是数据拓扑。这些不完全是图像识别——我的第一场演讲与图像识别有关。所有这些稍微有些交叉,但它们都不相同。

然后我将在贝尔谢巴演讲,主题是鸟群。鸟群是动物学中的一大主题,有许多人从事相关的观察研究。假设地上有一群鸟,然后它们突然全部飞到空中,以同样的速度一起飞行。这种现象与控制论有关。机器人技术的研究人员希望让微型机器人彼此沟通,这与鸟群一样,所以人们想了解鸟或机器人是如何实现这类共通现象的。当一种语言出现的时候,情况类似,如何通过感觉实现理解上的一致呢?在经济学中,对共同价格体系的认可是价格能够施行的必要条件。所以这又回到了我的经济学老问题:人们如何达成对价格体系的共同认可?

您研究数学已达半个世纪,您认为数学将走向何方?

我的感觉是数学会远离传统的物理学领域。物理学曾经是数学的一大领域,数千年来激发了众多数学灵感。但数学家似乎太专注于物理学。我认为数学领域内的改变会比物理学大得多。就像我所做的研究,就遇到如视觉问题以及其他来自生物学、统计学、工程学、计算科学,尤其是运算等的问题,它们会影响数学的变化方式。所以,数学将走向何方?它在很大程度上将脱离物理学,转向我刚才提到的许多学科。

应用数学有许多领域,纯粹数学呢?

我谈的不是应用数学,我不相信这种二分法。我说的是利用数学来了解这个世界。牛顿研究数学,发展微积分和微分方程是为了了解引力定律。他做的是应用数学吗?我想不是。他做的是纯粹数学吗?也不是。这就是我认为的那种数学。数学已经不是150年前的样子,里面有更多来自计算科学、工程学和生物学的问题。但它是名副其实的数学,而不是数学应用。

25 手足恨深

◆ **摘要**：伯努利家族在两个世纪的时间里产生过至少8位知名数学家，然而手足之情却被怀恨的敌意破坏殆尽。两位数学精英的敌对，激发出更高的科学成就。

2005年8月16日，瑞士巴塞尔开展纪念活动，纪念雅各布·伯努利逝世300周年，一位世界上最著名的数学家之一。伯努利的父亲是一名香料商，还拥有市议员和法官的显赫身份，而他则是这个显赫家庭的长子。17—18世纪期间，令这个家族引以为傲的是，至少有8位家族成员成为世界级知名数学家。虽然小雅各布很早就显露出对数学的浓厚兴趣，但一开始还是遵从父亲的期望——将来担任神职——而恭顺地研读神学。然而，这无法阻止他偷偷追求生命中的两个真爱：数学和天文学。

伯努利又年轻，又受过良好的教育，在当时他居住的日内瓦，人人都抢着请他当私人教师。能够请到他教导孩子的富贵之家都觉得自己荣幸之至。不再教孩子之后，按照当时的风气，伯努利出发到欧洲各地旅行。他造访了法国、荷兰和英国，并成功地与著名的科学家建立起联系。返家后,伯努利在巴塞尔大学教授力学,空闲的下午就撰写数学论文。

他的科学研究成果没多久便受到大家的认可,5年后他获任巴塞尔大学数学系教授,并且终其一生任职于这个位置。他最著名的学生就是他的弟弟约翰,约翰和他一样有天分。约翰一开始也是依循父亲的期望,从事另一项职业——就他的情况来看——医学。但就像雅各布一样,约翰对数学的兴趣从未减弱过,而且很幸运地有哥哥雅各布做自己的秘密导师。两人开展合作,进一步发展和革新了几年前由牛顿和莱布尼茨发明的微积分。

不幸的是,手足之情很快被怀恨的敌意破坏殆尽,兄弟反目招致的公众关注,几乎和他们作出数学重大发现时一样多。当约翰四处炫耀自己的成果,同时公开诋毁兄长的成果时,雅各布开始反击,宣称约翰所做的不过是复制自己先前教给他的东西。约翰还击,就这样你来我往。这一部分的伯努利家族史读来让人失望,因为这两位都是杰出人物,凭借各自的努力,成为不仅是那个年代而且是永远的数学精英。雅各布显然很自卑,而两兄弟都非常渴望被赞赏。但谁知道呢,或许正是他们之间的敌对,激发出这两兄弟取得更高的成就。

雅各布最重要的著作是《猜度术》。这本书在他逝世8年后的1713年出版,预示了统计学和概率论时代的来临。早在1689年,雅各布就提出了"大数法则",主要观点就是一个现象的概率等于它在多次重复实验中出现的频率。借由这个法则,雅各布首次将概率定义为一个介于0与1之间的数,由此为概率这个概念提供了数学基础。在此之前,概率主要被当作哲学或法律争论的同义词。

早在1690年代,雅各布就逐步完成了该书的主要部分,但一直没有足够的时间完成全书。到逝世时,他只完成该书的前三部分,包括他的概率组合与应用理论在靠运气取胜的游戏上的实际应用。第四部分应该是如何将理论应用到法律、政治和经济决策中,可惜没有完成。有好几年时间,德国和法国的科学家力促约翰着手完成并出版兄长的手稿,但手足竞争在雅各布死后并未消散,雅各布的遗孀和儿子对约翰仍怀有很深的戒心,不让他靠近手稿。就约翰来说,他要让大家知道,他有比编辑兄长的作品更好的事可做,反正他也不特别在乎哥哥。最终,为亡夫博得更高声名的期望占了上风,雅各布的遗孀满心不甘地让伯努利家另一个兄弟的儿子、曾是雅各布秘书的尼可拉斯·伯努利阅读了丈夫著作的主要内容。历经漫长的岁月,雅各布的这部分手稿终于得见天日。这个世界因此更加丰富多彩。

26 热爱数学的外交官

◆ **摘要：** 外交官巧遇科学家，重燃对数学的狂热，但外交与数学令人兴奋的组合还不足以满足外交官的智识雄心。他的国际象棋赛局以平局收场，因为他得离开去处理紧急外交事务。

虽然许多门外汉认为数学是一本应该妥善保管起来的秘密之书，但也有人会发现一些有趣的难题，这些难题太引人入胜，让人忍不住想挑战一番。费马大定理就是这样的例子。几世纪以来，证明这项定理成为无数专业和业余数学家的终极挑战。直到1994年，普林斯顿大学教授怀尔斯才解决了这个难题。他证明：$a^n+b^n=c^n$，若 n 大于2时，a、b、c 没有正整数解。

费马大定理即所谓的丢番图方程，这种方程只容许整数解。费马方程只是无数这种方程式中的一种。19世纪的德国数学家高斯毫不讳言地指出，他对费马大定理兴趣不大，他可以毫不费力地迅速写下一连串类似的方程式，这些方程式都让人很难确定是否存在整数解。他的哥廷根大学的继任者、数学家希尔伯特抱同样的看法，后者明确表示缺乏兴趣，说费马大定理不过是个"特殊且显然无关紧要的问题"。

有些丢番图问题是要找出同时满足数个方程式的整数解。例如，找出6个整数a、b、c、d、e、f，使得方程式$a^k+b^k+c^k=d^k+e^k+f^k$在k等于2、3、4时都成立。

1951年，一位意大利数学家朝解开这个难题迈进了一步，虽然只是一小步，他证明这6个数不可能都是正整数。接下来约半世纪时间，没有听到任何关于这个问题的进一步讨论，直到2001年才发现了一组解（这里只能透露a等于358，b等于-815）。问题依然存在，没有人知道这是否为这些方程的唯一解，是否还有其他解存在？又过了3年，2004年，这个问题解决了：不是只有一组解，事实上存在无限多组解。

令人意外的是，在《伦敦数学学会通报》(Bulletin of the London Mathematical Society)发表这项证明的作者乔杜里（Ajai Choudhry）并不是职业数学家，他是印度驻文莱大使，1953年出生于印度北部的北方邦（Uttar Pradesh），年轻时便以精于数学而闻名。对年轻的乔杜里来说，数学职业生涯似乎是他理所当然的选择。当他以所有学科成绩优异地自大学毕业时，23岁的乔杜里决定放弃学术界而进入外交领域。接下来的11年里，这位大有可为的年轻人全心全意地投身于印度外交事务。因为职务需要他必须四处远行，数学不可避免地逐渐消逝为儿时的记忆。在德里服务过一段时间后，乔杜里先后被派往吉隆坡、华沙、新加坡、黎巴嫩和文莱。

在一次驻华沙大使馆的外交聚会上，这位印度外交官巧遇波兰国家科学院的数论家申策尔（Andrzej Schinzel），不过几分钟的交谈重燃了乔杜里昔日的热情及对数学的狂热。幸运的是，外交工作让乔杜里有充分的空闲时间钻研丢番图方程。乔杜里一鼓作气，在接下来的几年间，他在科学期刊上发表了至少45篇论文。因为证明了一项关于整数七次方的定理，他还获颁了一个奖项。但即使这种外交与数学的完美结合似乎也太微不足道，无法满足这位外交官的智识雄心。他利用闲暇时间仔细研究国际象棋。在这个领域，一如既往地，乔杜里成为顶尖人物，成为国际象棋大师。1998年，他获选为与卡尔波夫(Anatoli Karpov)进行车轮战对弈的30名对手之一，卡尔波夫当时为国际象棋卫冕世界冠军。乔杜里的赛局以平局收场，因为他得离开赛事去处理一件紧急外交事务。原因就这么简单。

纯粹主义者认为，乔杜里证明有无限多组解存在不过是件微不足道的小事，虽然证明称不上非常简单容易，但也没有用到任何高深的数学知识。乔杜里借由一些变换，首先将其与椭圆函数联系起来，椭圆函数是费马定理中重要的一部分。然后从这一点开始，乔杜里仅仅三级跳就得到了结论，即存在无限多组解。但只要看看乔杜里提出的一个范例，就可以明白这些解一点也不简单。乔杜里提到一组解，其中 a 等于 230 043 367 232 999 423。

27　485次的名字

◆ **摘要:** 数学王子以数学为终生事业,对数学的重大贡献不胜枚举,并为爱因斯坦的相对论做好了准备工作。但对这位史上最重要的数学家来说,痛苦的经验远超美好的事物百倍以上。

2010年2月,数学界纪念高斯逝世155周年。高斯被后人称为"数学王子",他还在学走路的时候就已经拥有了足够的数学知识,指出父亲在计算雇工薪水时发生的错误。上小学时,他显露的数学天赋让老师也大感惊奇。如今,人们理所当然地将他视为史上最重要的数学家之一。

然而,他的天分被发掘和培养全靠运气。在19世纪的德国,一个班级有多达五六十名孩童的情况很普遍,所有这些学生的年龄、禀赋程度不一。对教师来说,让这么一大群小孩遵守秩序就已经是项艰巨的任务,更别说教导他们了。而这些负担过重的教师如果还能准确发现其中天赋异禀的学生,一定是大功一件了。事实上,高斯的老师的确看出这个小男孩早慧,他让不伦瑞克-沃尔芬比特尔公爵(Duke of Braunschweig-Wolfenbuettel)注意到高斯,而后者给予了他特别的关注。

公爵为高斯提供奖学金,让他在不伦瑞克、黑尔姆施泰特和哥廷根等地求学。17岁时,高斯作出了第一项重大的数学发现:正十七边形可以用圆规和直尺画出来,这个难题自古希腊时代起就困扰着数学家。高斯对自己的研究成果雀跃不已,从此决定以数学为终生事业,不再继续研读哲学——他人生中的另一挚爱。

1807年,高斯被任命为哥廷根天文台第一任台长。虽然他已经在全欧洲建立起声望,他未曾考虑过接受其他地方有利可图的教授职位,他始终忠于哥廷根,坚守岗位至去世。至于他的个人生活则令人鼻酸,很早便蒙上悲剧色彩和丧亲的阴影。在第三个孩子出生后,他深爱的妻子乔安娜(Johanna)就去世了,接着是女儿,然后是小男婴路易(Louis)随即相继过世。丧亲之痛让高斯心烦意乱,陷入重度忧郁,从此不曾完全康复。多年后,年老的高斯写信给友人这样说:"没错,我的人生拥有很多世界上其他人会羡慕的东西。但是,相信我,痛苦的经验……超过任何美好的事物百倍以上。"

高斯对数学的重大贡献不胜枚举,包括数论、统计学、分析、微分几何、概率论以及其他领域。足以证明一切的是,《数学百科全书》提到他的名字不下485次,加上"高斯的"这个形容词,会发现提到这位著名数学家的次数高达1370次。但高斯不只是一位数学家,他还精于天文学、物理学、测地学、光学和静电学。1833年,他与同事物理学教授韦伯(Wilhelm Weber)一起,建了世界上第一台电磁电报机,将相距一千米远的高斯在天文台的书房与韦伯的办公室联系了起来。

只要看看他众多卓越成就中的一项,就能评判高斯对现代科学发展的重大影响。这项成就已经成为20世纪最重要的科学进展之———广义相对论——所不可或缺的因素。

这是怎么发生的？

1828年，高斯受命勘测汉诺威王国。那是个非常呆板的机械化工作，有贬于高斯的身份地位。但如果高斯没有把握住这个机会，推动曲面数学取得了几项重要的进展，他就不是杰出的数学家了。在接下来的20个夏天里，无惧恶劣的气候、帮不上忙的助手、老出故障的设备，以及无数个夜晚栖身于昏暗肮脏的小旅馆，高斯尽可能精确地绘制汉诺威地图，成果非凡——这里不是指汉诺威地图，而是指高斯基本发展出了一门崭新的数学学科——微分几何。

长久以来，高斯一直怀疑，基于欧几里得五大公设①的几何学不是唯一的真理。这些公设认为，任意两点可用一直线连接，而每条直线都有平行线。尽管这些命题在平面上说得通，在曲面上却不成立，例如地球，别忘了高斯就是在测量地球表面。下面的例子或许可以说明这一点：纽约自由女神像与巴黎埃菲尔铁塔之间最短的线，在所谓的大圆②上。现在，找出刚好位于自由女神像北方10公里的一点，以及另一个刚好位于埃菲尔铁塔北方10公里的一点，这两点之间最短的线还是在一个大圆上。但这两条线并不平行。拉直这两条线，并让它们沿着两个大圆延展，它们会相交两

---

① 欧几里得五大公设为：公设1：由任意一点到任意一点可作直线；公设2：一条有限直线可以继续延长；公设3：以任意点为中心及任意距离可以画圆；公设4：凡直角都相等；公设5：同一平面内一条直线和另外两条直线相交，若在某一侧的两个内角的和小于两直角，则这两直线经无限延长后在这一侧相交。——原注

② 在通过球心的平面上与球面相交的圆，称为大圆。——译者

次：一次在索马里外海某处，另一次在太平洋某处。

高斯称一曲面上两点之间最短的路径——相当于一平面上的直线——为测地线。他的一位名叫黎曼（Bernhard Riemann）的学生以这个观念为基础，进一步发展了微分几何。这门新学科具有浓厚的数学趣味，实用价值却很低。20世纪初，爱因斯坦开始关注这个学科。爱因斯坦在1905年明确阐述狭义相对论后，接下来的十年时间里努力钻研微分几何。高斯和黎曼完成的准备工作为爱因斯坦提供了必要工具，让他得以在1916年明确阐述广义相对论。

1687年，现代物理学创始人牛顿明确阐述了他的运动定律。其中第一运动定律是任何物体都保持静止或匀速直线运动状态，除非有外力作用其上，迫使它改变这种状态。爱因斯坦修正了这项定律，将直线改为测地线。爱因斯坦在他的思想实验中得出结论，空间因质量与能量的存在而弯曲，因此，一个既未被推也未被拉的物体会沿着一条四维时空中的测地线运动。

28 改正数学错误与修缮屋顶有关?

◆ **摘要**：数学往往会自我修正，错误不会一直存在，它们早晚会被发现。但更正有瑕疵的论文为什么让人想起共产主义？修正数学错误又与修缮漏水的屋顶有何相干？

毕斯(Daniel Biss)是杰出的数学系学生，他在少不更事的20岁年龄时以最优秀的成绩自哈佛毕业，然后马上转往麻省理工学院学习并取得博士学位，紧接着拿到克雷基金会(Clay Foundation)的研究奖学金。他的早期成名建立在两篇文章基础上。2003年，他在备受赞誉的期刊《数学年刊》和《数学进展》(Advances in Mathematics)上发表了讨论"格拉斯曼流形"的里程碑式的重要论文。

光明的前程似乎就在眼前，但突然间消息传来，这位前途无量的数学家离开学术界转往政坛。这位助理教授参加选举，成为伊利诺伊州第17选区的民主党州众议员。"我觉得从政比研究数学更能服务于社会，"毕斯后来如是说。

说实话，当时毕斯身上的数学光芒已经黯淡了不少。位于俄罗斯圣彼得堡的斯特克罗夫研究所的数学家姆涅夫(Nikolai Mnev)

曾经仔细检视毕斯的证明,发现了一个细微的错误。对姆涅夫的指正,毕斯回应道,已经有这个领域的专家提醒过他这个问题,并很快就会做出修正。纽约州立大学宾汉顿分校的安德森(Laura Anderson)正在解决这个问题。

然而,好几年过去了,在这个问题上,不见安德森、毕斯或其他任何人发表关于那个错误的修正。而毕斯也没有撤回他自己的证明。姆涅夫一再要求澄清这一错误,却没有得到明确的回复。事情停滞不前。毕斯发表他的证明时,《数学年刊》的编辑是普林斯顿高等研究院的麦克弗森,他也选择保持沉默。被激怒的姆涅夫决定让大家知晓这件事。他写信给朋友说,毕斯是个好家伙,他的指导教授是卓越的数学家,刊登证明的期刊很严谨。但显而易见,这个体系根本无法处理这起没有先例的事件。

2007年9月,姆涅夫灰心丧气,他在网络上贴了一篇两页的说明。首先,他对让大家注意到这个严重的瑕疵表达遗憾,但他认为那是他必须做的。尽管他揭露的错误使得毕斯的证明不成立,4年过去了,毕斯还是没有撤回那个证明。姆涅夫认为这才是更令人担忧的地方。因为其他还没有注意到这个错误的数学家,已经开始在这个错误证明的基础上继续发展。很快地,发展理论的许多努力就会徒劳无功地浪费在这个错误的结果上。

又过了一年,毕斯终于承认他的证明无法修正。2008年11月11日,他终于提交了一份勘误给《数学年刊》,一个月后又给了《数学进展》。在这两封信之间,毕斯遭逢了坏运气:他以1774票的细微差距,在他选区的选举中落败。

这应该是一连串不幸事件的结尾了。期刊过了一段时间才刊登那份勘误。要这位年轻作者承认他的错误已经很痛苦,而两本期刊发现，要坦承自己容易犯错显然更痛苦。直到2009年3月，毕斯寄出他的勘误信后4个月，而且外界开始要求解释，期刊才撤下它们网站上这篇有瑕疵的证明。

幸运的是，总是有人看到事情光明的一面。在上述例子里，这个人是《数学年刊》前编辑麦克弗森。"真是了不起"，他表示，"数学往往会自我修正"，错误不会一直存在，它们早晚会被发现。而姆涅夫对这整件事有什么看法？他花了好几年时间想更正这些有瑕疵的论文却未竟其功。他以一种幽默的揶揄口吻写道，这让他想起共产主义时代，如果想修漏水的屋顶，更好的做法是联络党报《真理报》(*Pravda*)的记者，而不是通知物业管理部门。

第五章

具体与抽象

有趣的数学故事:

◎利用纽结理论,你可以算出领带有几种不同打法吗?

◎怎样绑鞋带最省力?

◎爱国者导弹发生了什么致命错误,以致无法拦截飞毛腿导弹?

◎俄罗斯方块不仅是迷人的计算机游戏,也是著名的数学问题。

◎著名数学家费马的猜想,竟然是错的!

◎数学家索姆提出的"突变"理论,被各行各业引用后,竟变成一场灾难!

◎对称或不对称,哪一种才是理想的状态?

29 魔术师的"结"

◆ **摘要**：科学家对纽结理论也很有兴趣。两位剑桥的物理学家研究优雅男士在领带上需要花费的工夫，他们发现有不少于85种打领带的方式。

公元前333年，亚历山大大帝(Alexander the Great，公元前356—公元前323)劈开戈尔狄安结(Gordian knot)①的时候，一定不了解这项恶劣行径的数学意义。同样，童子军、登山者、渔夫或水手在打结时，也不会关心此过程中牵涉到的高等数学知识。只有科学家才会因为一个错误而立即注意到"结"这个东西。下面就是事情的经由。

苏格兰科学家开尔文勋爵(Lord Kelvin，1824—1907)于临终前

---

① 戈尔狄安是公元前4世纪时小亚细亚地区的一个国王，他用一根绳子把一辆牛车的车辕和车轭系了起来，然后打了一个找不到结头的死结，声称谁能打开这个难解的结，就可以称王亚洲。到了公元前333年，亚历山大大帝攻入小亚细亚，为了向部众及敌手证明自己征服世界的使命必将达成，一刀砍开了戈尔狄安城中宙斯神庙前牛车车杆上的戈尔狄安结。——译者

相信,原子是由微小的管子组成,这些管子会相互交缠,然后在以太中高速移动。在普遍接受开尔文勋爵的这个理论约20年之后,这项理论被证明是错的,但这个错误的信念却让另一位苏格兰物理学家泰特(Peter Tait, 1831—1901)兴起了将所有可能的纽结做分类的念头(数学中的纽结与日常生活的结不同,它们的自由两端是彼此连接在一起的;换言之,纽结理论中的纽结全部是封闭的环)。

一种肤浅的分类方式是,将两条绳子的交叉数作为纽结的分类标准。然而,这种分类法没有考虑到一种可能性,亦即两个看似不同的纽结其实可能是相同的,也就是透过绳子的挑、扯、拉、拔(但不能剪断或解开),可以把其中的一个纽结变成另一个纽结。因此,如果一个纽结可以"变形"为另一个,这两个纽结就是等价的。泰特很直觉地发现了这个概念,尝试在他的分类法中只考虑真正不同的纽结,而这些无法再被拆解为其他组分的纽结称为素型纽结。

1974年,纽约律师佩尔科(Kenneth Perko)发现了泰特分类法的错误。他在客厅的地板上进行研究工作,最后终于把一个有10个交叉的纽结,变成另一个被泰特列为不同类型的纽结。

现在我们了解的是:有3个交叉的纽结只有1种;有4个交叉的纽结也只有1种;有5个交叉的纽结有2种;有1个直到10个交叉的纽结则共有249种。超过这个范围之后,每类纽结的个数会迅速增加,有1个至16个交叉的不同类型的纽结总共有1 701 935种之多。

数学中的纽结理论一直关乎一个核心问题:两个纽结到底是不同的,还是其中之一可以不经剪、接绳子而变形为另一个纽结。这种变形必须通过德国数学家赖德迈斯特(Kurt Reidemeister,

1893—1971)所发现的3种基本操作来实现。另一个相关问题是，看起来像是纽结的一团绳子，实际上是否可能是"不打结"的，因为我们可以利用赖德迈斯特的基本操作来解开它。魔术师就是利用这种"不打结"的细绳，以看似神奇的手法解开乱七八糟的结，让观众惊叹。

后来的数学家开始忙着寻找能够明确归类的不同纽结的特性，称其为"不变量"，并用它来区别不同的纽结。普林斯顿高等研究院的詹姆斯·亚历山大（James Alexander, 1888—1971）发现，多项式很适合用来对各种纽结分类：如果多项式不同，相对应的纽结就不同。很遗憾的是，不久这个论点的逆命题被证实不成立，因为不同的纽结可能会有恒同的多项式。一些数学家在研究不同的分类系统，另一些则仍在寻找如何将恒同的纽结从一个形式转变为另一个等价形式的可行方法。

这个问题真的与童子军、登山者、渔夫或水手以外的人有关系吗？在数学的分支中，纽结理论是理论发展先于考虑应用的例子之一。一段时间后，纽结理论的实际应用才逐渐浮现，纽结也在日常生活中找到了用处。化学家及分子生物学家对纽结特别感兴趣。举例来说，他们中间有些人研究长条形DNA分子如何缠绕才能挤进细胞核里，如果我们把典型的细胞放大至足球大小，DNA双螺旋链的长度约有200千米。众所皆知，长链总是倾向于自发地扭曲缠绕在一起，而科学家感兴趣的是DNA链是哪一种纽结，它们又如何解开。

对这个议题感兴趣的当然还包括理论物理学家，20世纪末时，量子力学显得无法与万有引力兼容。到了1970—1980年代，量子物理学家提出了弦论作为这个难题的新解答。弦论的基本论点是，基本粒子是挤在高维空间里的微小的弦（所以开尔文勋爵的错误猜想不一定完全错误），而在这种情况下，这些弦很明显地会相互交缠。这让纽结理论又有了另一个应用空间。

此外还有一群人，其中包括科学家，对纽结理论也很感兴趣，就是每天早上打领带的男士。剑桥卡文迪许实验室的两位物理学家——芬克（Thomas Fink）和毛勇（Yong Mao，音译），研究优雅男士在早晨上班前及傍晚赴宴前，在领带上需要花费的工夫，他们发现有不少于85种打领带的方式。但并非所有方式都能符合传统审美标准，就像你知道的，即使看似公认的例行行为，执行时还是要考虑诸多因素。比如，对称是优雅领带结的绝对必要条件；然后，熟谙时尚的男士都知道，打领带结时只能移动较宽的那一端；最后，领带活动端向右与向左移动的次数应该大致相等。因此，很遗憾，想遵守上述规则的时尚绅士将无法利用全数85种可能的打领带方式，这些遗憾使我们只剩下10种领带结法可以选择。

30 怎样绑鞋带最省力?

◆ **摘要:** 波尔斯特证明,假设鞋的每个鞋带孔都会影响鞋带的张力,那么鞋带最短的绑法是每隔一个鞋带孔交叉一次鞋带,而不是每次都交叉。

大约有一个世纪的时间,关于纽结的数学理论都在处理"把单位圆嵌进三维空间"这个问题,纽结的数学定义是"三维欧几里得空间中封闭、分段的线性曲线"。数学上的纽结理论是拓扑学一个分支,专门研究理想化的弦,并假设它们无穷细。除了数学家感兴趣,纽结理论甚至一度吸引了门外汉的注意,因为线与绳子都是肉眼可见的实物。纽结理论涉及三维空间也是它的有利之处,如果有人将纽结理论放到四维空间中,那么所有的纽结(都是用一维空间的线打成的)立刻就会变成"不打结"的。

物理学中的纽结理论与数学中的纽结理论刚好相反,处理的不是无穷细的抽象概念,而是真实的绳索,有一定的直径或厚度。举例来说,研究物理纽结理论的科学家感兴趣的是,在现实世界中可以打出哪些类型的结,或是打出某个特定的结需要多长的绳子。

目前的想法是，打结所需的绳索长度可能是衡量其复杂程度的标准之一。因为像DNA之类的绳状物体大小有限，相较于抽象的数学理论，物理纽结理论能提供更多科学问题的实际答案。

面对真实的结时，绳子的布局极端重要。在数学纽结理论中，所有可以通过拖、扭、拉而互相变换的纽结，都被归类成等价的。但在物理理论中则不然，绳子的精确定位具有关键的重要性，绳子的配置中如有任何偏离，无论多小，都会出现一个新结。换言之，只要拉扯一个结就会产生一个新结，每个结的外观都有无穷多种，这就是这个看来简单的问题至今却依然无解的困难所在。

以最简单的三叶结或单结为例，直到最近都没有人知道一条直径1英寸（0.0254米）、长度12英寸（0.3048米）的绳索，是否可以打成一个三叶结（在纽结理论中，绳子的两端必须相连，亦即绳子形成一个封闭环，因此三叶结会成为一个苜蓿叶结）。

通过简单的思考就会发现，长度只是宽度 π 倍（π 大约等于3.14）的绳子不足以打出任何结，只够把两个自由末端连起来形成一个紧密的环（长度沿绳子的中心轴线测量），根本不会有剩下的长度来打一个真正的结！因此，π 是结的下限。然而，知道这个事实仍无法回答多长的绳子才够打一个苜蓿叶结的问题（这正如建筑工人被问到需要多长时间完工时，他们的回答总是："那么一根绳子有多长呢？"这个答案的真正意义是："谁知道？"）。

为了可以进一步解答这个问题，纽结理论家想出了一个聪明的主意。他们设计了一个描绘纽结的计算机模型，并假设斥力沿着绳子分布，因此绳子之间会相互排斥，使得结自动变形为绳子间相互距离为最远的模式。绳子若有多余部分，很快就可以看到，然后以拉扯的方式除去。数学家依据这种方式及类似动作，持续寻找打结所需的最短绳长。

1999年,4位科学家成功算出了绳长的新下限。他们证实即使绳子的长度是直径的7.8倍(即2.5乘以π),仍然不够打一个首蓿叶结。几年后,另外3位研究者再度证出,即使长度与直径之比增至10.7仍然不够。直到2003年,任教于北卡罗来纳大学的中国科学家刁远安才想出了原始问题的解答,而这个解答是否定的:他证实即使长12英寸、直径1英寸的绳子,仍不足以打一个首蓿叶结。同时,他还创造了一个公式,可以计算出打一个有1850个交叉的纽结所需的最短绳长。

后来这位中国科学家设法进一步提升首蓿叶结的条件。他指出,最短需要14.5英寸的绳子才够打一个特定的结;另一方面,计算机模拟显示需要16.3英寸。很显然,真正的答案就落在这两个数字之间。

让物理纽结理论家伤脑筋的另一个问题是有关传说中的戈尔狄安结的神秘而又复杂的形式。由于亚历山大大帝无法解开传说中神秘而又复杂的戈尔狄安结,只好用剑把它劈开。戈尔狄安结到底是什么样子?长久以来,人们猜想这个结是趁着绳子还湿的时候打的,然后让它在太阳底下晒干,如此一来,打了结的绳子便缩短至最小长度。到了2002年,波兰物理学家皮朗斯基(Piotr Pieranski)及瑞士洛桑大学生物学家斯塔夏克(Andrzej Stasiak)发现了这种类型的结。借助计算机模拟,他们创造出了一个绳长过短而无法打开的结,并在提供给媒体的声明稿中说:"这个紧缩后绳圈的交缠方式,将无法用简单的操作,使它回复至原来的圆形状态。"

研究过计算机模拟的结果后,这两位科学家又有了另一项完全意外的发现,这项发现可能造成深远影响。他们定义了结的"分支数":每次绳子的一股由左至右绕过另一股时,分支数就加1;每次绳子的一股由右至左绕过另一股时,分支数减1。让他们大吃一惊的是,他们拿来计算的每个结,平均分支数(从各个视角看到的分支数字平均)都是 $\frac{4}{7}$ 的倍数,而至今还没有人能对这个现象提出合理的解释。记得前面提过,"弦论"是把基本粒子形容为微小、可缠绕的弦,因此一些科学家怀疑,基本粒子的定量特性可能就存在于这个"结量子"的神秘特质之中。

物理学的结在日常生活中应用十分广泛,如绑鞋带。澳大利亚蒙那什大学的数学家波尔斯特(Burkard Polster)决定,他要把这件日常琐事当作严密的数学分析对象。他所用的准则包括鞋带长度、捆绑的牢固程度以及结的紧密度。波尔斯特证明,假设鞋的每个鞋带孔都会影响鞋带的张力,那么鞋带最短的绑法是每隔一个鞋带孔交叉一次鞋带,而不是每次都交叉(准确的交叉次数是鞋带孔为奇数或偶数的函数)。

用这种方式绑鞋带当然不会太牢固,如果脚背的张力是个重要因素,那么传统的鞋带绑法当然最佳:每次鞋带穿进鞋带孔都交叉一次。另一种也很传统但可能较优雅的办法是:先拿起鞋带一端,再从最底下的鞋带孔直接穿至对侧最上端的鞋带孔,然后再用鞋带的另一端,以平行方式由下至上依序穿过两侧鞋带孔。

穿好鞋带后,鞋带两头如何打结比较好?大多数人会打一个双结,而圈圈只有装饰功能。但事情并不像你一开始想象的那么简单明了,其实打结的方法有两种,两者的差异显而易见。第一种是祖母结,就是在鞋带两端的同向交叉两次。每个男童子军及女童子军都知道这种结不牢靠,在游乐场里也可以看到明证,因为妈妈们总是不时弯腰帮孩子绑鞋带(难怪魔术粘扣这么流行,但遗憾的是,它剥夺了孩子最刺激的学习体验)。另一种较紧密也较牢固的绑法是所谓的方结。这种结和祖母结很像,只有一点不同,就是先以一个方向交叉鞋带打第一个结,然后轮到第二个结时,把两个圈圈向相反的方向交叉。

31 失之毫厘,差之千里

◆ **摘要**:蝴蝶拍动翅膀在空气里所引起的小小涡流,可能导致地球另一端的飓风。仅仅因为进位换算时的微小误差,就导致爱国者导弹连的操控计算机拦截伊拉克发射的飞毛腿导弹失败,造成了悲剧。

电子计算器是很精准的运算工具,从来不会出错——至少我们都这么认为。但事实上,电子计算器常常发生错误,只是我们没有注意到罢了。举例来说,拿出一个袖珍计算器(有"平方"及"平方根"按键那种),然后依下列指示操作:一、先按数字10;二、然后按"平方根"键;三、再按"平方"键。正如我们所预期的,屏幕上出现答案"10",因为10的平方根的平方当然还是10,至此一切顺利。现在再试试这个例子:一、先按数字10;二、然后按"平方根"键25次;三、再按"平方"键25次。依我们的预期,这次的结果应该还是10,但屏幕上显现的却是9.992 397 4之类的数字。幸而通常没有人会在乎0.008这么微小的误差。现在重复前面的实验,但分别按33次"平方根"与"平方"键,结果得到的却是类似5.573 243 6的数字,与真正的答案(当然是10)相去甚远。

每一台数字计算器或多或少都会有这种情况,发生的原因是一个数字可以有无限多位小数。以 $\frac{1}{3}$ 为例,用小数形式来表示,小数点后面就会跟着无限多个3。但有个很大的问题是,计算器只能储存有限量的数字,计算机的一般规则是截去15位后的数字,因此在真正的数字与显现或储存的数字之间存在非常微小的差异。

通常我们可以忍受些许误差,因为日常生活中小数点后二、三位的数字并不难应付。但尽管如此,有时舍入误差仍可能导致灾难,例如1991年2月25日海湾战争期间,位于沙特阿拉伯达兰的美国爱国者导弹连因为拦截一枚伊拉克发射的飞毛腿导弹失败,让该导弹击中了美国部队营房,造成28名士兵丧生。这桩悲剧事件的起因正是时间换算失误,在把以 $\frac{1}{10}$ 秒为单位的时间换算为计算机储存用的二进制数时准确度不足。更明确地说,经历的时间是先经过系统内部时钟以 $\frac{1}{10}$ 秒为单位测量后,再换算为二进制数储存,然后得出的结果必须再乘以10,才能产生秒数。这个计算流程是用24位处理的,而 $\frac{1}{10}$ 这个二进制中的无穷小数,在被截去24位后的数字以后,会导致微小误差,这个舍位误差再乘上以 $\frac{1}{10}$ 秒为单位的庞大数,就造成了致命的后果。

1992年4月5日,德国大选日的傍晚,石勒苏益格—荷尔斯泰因州的德国绿党人士个个兴高采烈,因为距离绿党进入州议会的5%门槛只剩毫厘之差。午夜过后不久,冷酷的现实敲醒了他们,选举的最后结果公布了,绿党沮丧地发现他们只得到了4.97%的选票。整天计算选举结果的程序本来仅列到小数点后一位数字,而上述计算结果在四舍五入后是5.0%。这套特殊程序已经沿用了好几年，没有人想过在这个关键时刻却关掉了四舍五入的功能（如果不称之为程序错误的话）。总之，那次绿党未在议会中占有一席之地。

1996年6月4日，无人驾驶的火箭亚利安娜五号（Ariane 5）从法属圭亚那①的古鲁岛发射升空，但在40秒后就爆炸了。火箭偏离了飞行航道，必须由地面控制中心引爆，软件的错误使得制导系统误判了一个四舍五入的数字。

1982年，温哥华股市引进一个新指数，并将起始值设在1000点。不到两年时间，尽管股票的平均市值上涨了约10%，但这个指数几乎降了一半。这个差异同样由舍入误差导致，这个系统计算指数时，股价加权平均数在小数点后保留的位数太少了。

然而，有一次在一个特别的情况下，舍入误差却造就了重要的发现。1960年代的某一天，麻省理工学院的气象学家洛伦茨（Edward Lorenz, 1917—　）正忙着观察计算机上的气象模拟。他在忙了一阵子后想稍事休息，于是停止了执行程序，草草记下了中间结果。喝完咖啡后，洛伦茨回到桌前，把刚刚记下来的结果重新输入计算机，继续执行模拟。但后来计算机上出现的气象预测，却与他依据先前模拟结果所做的预测大不相同，这让他吃了一惊。

思考了一段时间后，洛伦茨才了解发生了什么事。到咖啡店之前，他抄下了在计算机屏幕上看到的数字，那些数字都是3位小数，但计算机中储存的数字却是8位小数。洛伦茨发现，他的计算机程序后来使用的数字是四舍五入后的数字，由于气象模拟涉及

---

① 原文为法属新几内亚，有误。——译者

几项非线性的运算,这么快就出现误差并不令人意外。非线性表达式(如平方或平方根)就是有这种恼人的性质,一下子就会把最细微的错误放大好几倍。

洛伦茨的发现奠定了所谓混沌理论的基础,现在混沌理论已经是众所皆知的概念了。这项理论后来衍生出了声名大噪的蝴蝶效应。蝴蝶效应一般是指蝴蝶翅膀的动作可能导致地球另一端的一场飓风。蝴蝶拍动翅膀在空气里引起的小小涡流,代表的只是小数点后第30位数字的变动;然而,气象的非线性特性却能将这个细微的空气振动扩大10亿倍,逐步增强为飓风。

我们可以用比较乐观的方式来看待这件事,因为另一只蝴蝶同样也可以拍拍美丽的翅膀,就此阻止一场飓风的发生。这种反向蝴蝶效应的数学模型,已经被应用于心脏病学。在恰好的时刻做轻微的电击,可以修正混乱的心跳,预防心脏病发作。

32 不愿面对的真相

◆ **摘要**：人们热爱追逐危险活动，因为对大众而言，一个事件带来的是利益或损失无关紧要，一般民众对这两种情况总是抱持相同的态度。

"风险"是我们每天不管走到哪里都会遇到的状况，不过并非每个人都知道该如何适当地处理它的后续结果，并了解个中含意。只要看看在赌场中挥金如土的家伙就会明白，当他们走进赌场时，难道没有注意到昂贵的装潢吗？难道不知道那些华丽的装潢成本来自他们的荷包吗？为什么有那么多的屋主即使知道有地震的风险，仍不愿为自己的不动产投保？还有最让人匪夷所思的是，为什么许多人为财产投保了失窃险及抢劫险，却还是愿意冒着输钱的风险，把钱花在每个星期的彩票上？

人们热爱追逐危险活动（如蹦极、三角形翼滑翔或赌博等）的一个原因是，这些惊险活动可以刺激肾上腺素分泌。人们在进行这些活动之前，也不会花太多时间来分析风险。而人们宁可不考虑风险的部分原因是统计学家发现，要把他们的研究结果传达给一般人困难重重。这种情况的严重程度,促使英国皇家统计学会决定在他们的期刊《社会统计学》(*Statistics in Society*)中以专刊探讨,主题是:如何告知大众真正的风险程度?

事实上,计算风险活动的期望值很容易,只要按个键,就可以得到想要的数值,并做出正确的决策,我们只需要把可能的损失乘上意外事件发生的概率即可。但遗憾的是,这两个因素中常常有一个或两个都很难用数字表达。例如,行人被掉落的花盆砸到的概率是多少?在这个例子里,财务的损失又是多少?或者,你认为一个孩子的生命价值多少?

即使损失和概率都可以精确量化,大多数人也不想注意。例如,在轮盘赌中,所有的因素都已知,仍然无法阻止忠实的赌徒下注。他们就是会忽略小球只有2.7%的概率掉到0那一格。认为轮盘赌全靠运气,他们赢钱的机会很高。赌徒们忘记了,赌场中不仅装潢是由赌客支付的,连落入赌场主人口袋的大笔利润都是靠这个小小的"0"赚来的。

对大众而言,一个事件带来的是利益或损失无关紧要,一般民众对这两种情况总是抱持相同的态度。例如,瑞士地震学家算出,瑞士平均每120年才会出现一次里氏6级以上的地震,不过没有人能够预测到会在哪一年发生地震;事实上,瑞士每年实际的地震概率差不多是0.8%。

现在假设,一般家庭房屋包括内部的价值为50万美元,把这个数值乘以概率0.8%,那么若每年的保费为4000美元,是否合适?当然不合适,因为就算发生超级大地震,你的房子也不一定会全毁。接下来应运而生的问题就是,这个世纪大地震会摧毁$\frac{1}{10}$还是$\frac{1}{100}$的房子?假设是后者,每年40美元才算是合适且公平的保险费。

悲观的人担心下一个地震已经迟到，因为前一次的地震发生于1855年；而乐观的人则认为明年什么事也不会发生，因为从有记忆以来就没发生过什么事。但这两种想法都是错的，这些人可以和其他怪人归为一类，包括那些因为小球已经连续落入黑格8次，而坚信下一次转盘的结果一定会是小球落在红格里的轮盘赌客。

相较于私人生活，公众领域里有更重要且影响深远的决策。在个人日常生活里，我们只需决定要不要买保险就好；但很遗憾的是，即使是政治人物也不太注意统计的成本效益分析。核能电厂辐射外泄的预期风险，真的比建造、维修煤矿或水坝所造成的死伤风险高得多吗？当里根总统（President Reagan）决定投资900万美元进行退伍军人症研究，而反对投入仅100万美元从事艾滋病病毒医学研究时，他的决策是否可能受到对同性恋者的歧视影响？

事实的真相是，政治人物就像一般人一样，会受到公众舆论左右。出动海岸巡逻队，以大量直升机和救生艇进行渔船搜索及救援行动时，所能获得的选票远比把危险的公路弯道改直更多。在瑞士也是一样，政府准备了庞大的搜救设备，以便随时援救落入冰河裂缝的少数登山者，与此同时，都市里每年都可能有几十个行人因为过马路而丧命，而这不过是因为没有预算造天桥。但从政治正确来说，我们实在不应该问太多关于成本与效益的尖刻问题，毕竟阿尔卑斯山是瑞士的国宝，必须确保人们能安全前往，所以花再多成本也没关系。统计学家能做的事，就是为政治人物和经理人提供必要的信息，而做出正确决策就是后两者的事了。

33 俄罗斯方块的数学秘密

◆ **摘要：** 有超过百万人把他们宝贵的时间浪费在计算机游戏俄罗斯方块上，但俄罗斯方块远远不只是迷人的计算机游戏，也是著名的NP问题之一，它的解需要大量的计算机运算时间。

15年来，有超过百万人把他们宝贵的时间浪费在计算机游戏俄罗斯方块上。玩游戏的人必须把屏幕上方落下的各式砖块安置在下方版面上，而游戏的最终目标是通过砖块的左右移动及旋转，把版面铺满，尽量不要留下空格，直到砖块铺至屏幕最顶端为止。

然而，一群麻省理工学院的计算机科学家发现，俄罗斯方块远远不只是迷人的计算机游戏。2002年10月，德迈纳（Eric Demaine）、霍恩贝格尔（Susan Hohenberger）及利本-诺埃尔（David Liben-Nowell）指出，俄罗斯方块属于一类著名的问题，它的解需要大量的计算机运算时间。这类问题中最著名的是"旅行推销员问题"：有个推销员希望以最短的路径造访几个城市，而且每个城市都只到访一次。这个问题可以用计算机来解答，但所需的运算时间，将随着城市数目的增加而呈指数增长。因此，这个问题被归类为所谓NP问题。NP问题与P问题不同,P问题所需的计算机时间递增速度慢得多。如果一个问题解答所需的时间与多项式成正比,即是多项式级的,就称其为P问题(多项式的英文第一个字母是P)。

理论上,NP问题也可以在多项式级时间内解出,但需要一部所谓的非确定性机器(nondeterministic machine)来协助完成,NP一词来自非确定性多项式(Nondeterministic Polynomial)的缩写。然而诸如此类的机器现在并不存在[例如量子计算机(quantum computer)],也可能永远不会出现。因此,计算机科学家仍在寻找能在多项式级的时间内解出NP问题的算法。[我们只能猜想这种算法可能已经存在,只是尚未被发现。或者美国中情局(CIA)、英国军情五处(MI5)、以色列摩萨德情报局(Mossad)早就用它来破解密码,只是不肯泄露机密?]

不过还是有一些让人感到欣慰的事,就是研究NP问题时,至少可以在多项式级的时间内验证可能的解答。举例来说,寻找829 348 951的素因子就属于NP问题,但验证7919为其素因子之一则属于P问题。你必须做的是,把较大的数字除以较小的数字,然后验证它们可以整除,这点在多项式级的时间内可以做到。

1971年,上述问题的解答首次有了理论上的进展,多伦多大学计算机科学家库克(Stephen Cook)证明,所有NP问题在数学上都是互相等价的。这表示只要有一个NP问题可以在多项式级的时间内解出,那么所有NP问题都可以在多项式级的时间内解出。个中隐含的意义是,所有NP问题都属于P问题。计算机科学家以一个简单的式子来表达这种关系:P=NP,而该等式是否成立尚未有解答。许多科学家已经着手处理这个问题,克雷基金会也提供了100

万美元奖金给正确解答出这个问题的人。

今日的计算机科学家距解出P=NP问题还有一大段距离,同时他们也得分出一些精力来解决其他问题,如俄罗斯方块。麻省理工学院研究人员发现俄罗斯方块是一个NP问题。他们的证明方法是将俄罗斯方块简化为所谓的三分问题,后者是自1979年来广为人知的NP问题。

在三分问题中,必须将一组数字分为三群,每群数字的总和都相等。德迈纳、霍恩贝格尔及利本-诺埃尔的证明由一个非常复杂的俄罗斯方块状态着手,先证明从这个状态开始,填满游戏界面就等于是解出三分问题,由此,俄罗斯方块也就名列NP问题的长串清单之中。此外,微软窗口操作系统中的游戏"踩地雷"也属于NP问题,2000年,英国伯明翰大学的凯(Richard Kaye)曾证明,踩地雷属于NP问题。

然而,这并不能让我们更接近基本问题的解。只有找到一种算法,能在多项式级的时间内在扫雷游戏中探出地雷,或者填满俄罗斯方块界面,才能得到100万美元的奖金。现在,这个问题依然存在:P=NP?

34 群、大魔群与小魔群

◆ **摘要**：有限群的分类是20世纪最重要的数学成就之一，其重要性可媲美破译DNA或提出植物分类法，而之所以能完成这项重大任务，则是联合了全球数十位科学家的努力。

代数的"群"是由元素（如整数：-3, -2, -1, 0, 1, 2, 3, …），以及一种运算组成，这种运算（如"+"）能够结合两个元素。

元素要组成群的必要条件包括下列4项：

1. 两个元素结合之后也必须属于这个群。
2. 两次相继运算的顺序不影响结果。
3. 群中必须有一个零元素。
4. 每个元素都有逆元素。

因此，整数"在加法下"可以组成群；偶数也是，因为两个偶数相加还是偶数，4的逆元素是-4。在这两个例子里，0是零元素，因为任何数字加上0之后都不会改变；但奇数无法组成加法的群，因为两个奇数的和不是奇数。

整数与偶数是含有无限多元素的群,但也有由有限数目的元素组成的比较小的群。"钟面群"就是一个例子,这个群中包含了1至12的整数,如果我们选择群中的数字9,然后加上8,则时钟上将会显示5(在本例中,12是零元素,因为其他数字加上12会保持不变)。

有限群的分类是20世纪最重要的数学成就之一,其重要性可媲美破译DNA或18世纪林耐(Carl von Linné 1707—1778)提出的植物分类法,而之所以能完成这项重大任务,则是联合了全球数十位科学家的努力。

1982年,美国数学家高伦斯坦(Dan Gorenstein)宣布已经成功地分类了全部的有限群。高伦斯坦与全世界的群论学家密切合作,曾经发表了500篇之多的文章(加起来约15 000页),他证明了共有18个有限单群族和26个不同种类的散在单群,难怪这个定理被称为"巨大定理"。

回溯1960年代,大多数专家认为这项工作要到21世纪才能完成。不过有些新发现的罕见群,无法归类至当时已发展的系统中,这些群被称作"散在单群"(sporadic simple group)。这个名称中"散在"一词的由来,是因为它们罕见;至于"单",则是……呃,这个词与通常简单的概念毫无关系。

大约在同一时期,苏格兰格拉斯哥大学数学家利奇(John Leech)正在研究所谓高维格。我们可以将数学中的格想象成铁丝网,而围在网球场四周的铁丝网就是二维格;放置在游乐场中的攀登铁架则是三维格。三维格在结晶学中扮演重要的角色,例如能够说明原子的实体排列。但利奇并未满足于二维及三维空间,他找出了24维的格，并以他的名字命名为利奇格（Leech lattice）。他开始研究这种格的性质。

几何物体最重要的性质是"对称性"。就像一个对称的骰子，无论绕着哪个轴旋转，看起来都不变；同样，利奇格也可以被扭转、旋转、翻转（尽管是在24维空间里），且永远维持类似的样子。如果某个物体有一个以上的对称性，它就可以绕着一根轴旋转，再绕着另一根轴旋转，然后再绕着第一根轴反向旋转，一直下去。正因该物体是对称的，所以每次旋转后看起来都一样。接下来，我们可以"加上"旋转，一个接着一个旋转，而且不会改变这个物体所呈现的外形；然后，我们还可以反向旋转，亦即绕着同一个轴，朝相反方向转动。

我们知道，"对称性"满足"加法律"，而且每个旋转都有一个逆旋转。这两项性质刚好满足群的定义要求（零元素是"不转"），所以对称物体的旋转可以被视为一个群的元素，群的实际性质则视特定物体本身而定。

这是不同数学分支学科交叉的许多例子之一，在这个例子中交叉的是几何与代数，此外，数学家也可以用代数工具来处理对称领域的几何问题。利奇猜想格的对称群极为有趣，但他很快发现自己没有掌握分析群论的必要技巧，他设法激起别人对这个问题的兴趣，不过最终没有成功。最后，他转而向剑桥的年轻同行康韦求助。

康韦在利物浦长大，父亲是一名老师，他在剑桥大学取得了博士学位，并担任纯数学课程的讲师。但他很快就陷入重度忧郁，几近崩溃，无法发表任何研究成果。其实康韦并不怀疑自己的能力，但如果一直无法发表文章，又如何向世界证明自己的能力？因此，利奇的格的问题来得正是时候,刚好成为他的救星。

康韦不是有钱人,为了贴补微薄的收入,这个忧郁的数学家必须担任学生的家教,因此所剩的研究时间不多,几乎没有时间陪伴家人。不过,利奇提供的机会是这位年轻剑桥数学家期盼已久的踏脚石,他不会轻易放过。一天晚餐时,他还慎重地向妻子解释说,接下来几个星期他会忙于研究一个非常复杂的重要问题,所以每个星期三必须从下午6点工作到半夜,每个星期六则必须从中午做到半夜。但出乎康韦意料的是,他只花了一个星期六就解决了问题。正是在那天下午康韦发现了能够描述利奇格的群,就是一个当时尚未被发现的散在单群。

结果,那个刚被发现的群就被称为康韦群。康韦群拥有的元素数量惊人:8 315 553 613 086 720 000个,不多也不少。数学界对康韦的突破感到惊讶,因为它让全世界对有限群分类的努力又向前迈进了一大步。对康韦来说,更重要的是,他借由这个贡献激发了自信心,改变了他的数学生涯,更因此被选为英国皇家学会会员,此后一直工作在数学研究的尖端领域。1986年,他接受了普林斯顿大学的教职。

讲个题外话,康韦群并不是最大的散在单群,后面还有所谓大魔群(monster group),1980年密歇根大学的格里斯(Robert Griess)发现了这个散在单群。它有将近10^{54}个元素,数量比宇宙里的粒子还多。大魔群描述的是196 883维空间中格的对称性。此外,还有所谓小魔群,"仅"有$4×10^{33}$个元素,但仍比康韦群大。事实上,即使是平时面对古怪问题仍不失冷静的数学家,也会觉得散在单群非常怪异。

35 费马的错误猜想

◆ **摘要**：从几个数字中就得出所有费马数都是素数的结论，未免太大胆，而且实际上，这个费马猜想也是错误的，这对我们这些凡夫俗子有当头棒喝的效果：原来著名数学家的猜想也会出错。

当数学家在钻研纯数学领域的某个学科时，有时也会在另一个学科中获得意外回报，著名数学家费马（Pierre de Fermat, 1601—1665）关于数论的一些研究成果，就是最佳范例。虽然过了150年，数学家高斯才找到数论中费马陈述的一个几何应用：用直尺及圆规作正多角形图。费马的声名并不仅仅是来自众所周知的"最后定理"，那个定理一直只是个猜想，直到1994年才被怀尔斯证实。

费马成年后在法国图卢兹担任地方行政官，直到退休。显而易见的是，他的工作并不忙碌，因此这份闲散的职业才让他有足够时间，去追求自己的数学梦想。费马与修道士梅森（Marin Mersenne, 1588—1648）保持通信，分享对数学的热爱，相互讨论数论方面的问题。梅森大部分的时间被 2^n+1 型的数字占据，而费马猜想，如果 n 是2的幂次，那么这个数字一定是素数。从此能表达

为 $2^{2^n}+1$ 的数字,就称作费马数。

费马并未对自己的猜想提出证明(事实上,他的许多证明都遗失了,其中有些证明也可能不够严谨,但他仅靠类比及天才般的直觉推论就能得到正确结果)。对于费马数,他只知道第0个及之后的4个:3,5,17,257,65 537。再下一个费马数是 $2^{32}+1$,这个数字在他那个时代实在太大了,无法计算出来,因此未被检验出是否为素数,但前5个费马数的确只能被1及数字本身除尽。不过,从几个数字中就得出所有费马数都是素数的结论,未免太大胆,而且实际上,这个费马猜想也是错误的,这对我们这些凡夫俗子有当头棒喝的效果:原来著名数学家的猜想也会出错。

将近一个世纪之后,瑞士巴塞尔的数学家欧拉找到了反例。1732年,他指出对应于 $n=5$ 的费马数(等于 4 294 967 297)是 641 和 6 700 417 的乘积,因此并非所有的费马数都是素数。好了,现在我们要问:哪些是,哪些又不是?

寻求解答的努力并未停歇,到了1970年,$n=6$ 的费马数也被证明是合数。现在全世界有许多志愿者愿意提供他们闲置的计算机时间,来测试费马数是否为素数。2003年10月,费马数 $2^{2^{2\,478\,782}}+1$(这个数字大到如果要写下来,需要一个长度为数千光年的黑板)被宣告是合数。

遗憾的是,被测试过的数字之间有很大的间隔;事实上,前250万个费马数中,迄今只有217个被检验过。而且与费马的预期相反,除了前5个外,其他没有一个是素数。由于再也没有找到是素数的费马数,因此又引发一个刚好与费马猜想相反的新猜想:除了前5个费马数之外,其他所有的费马数都是合数。新猜想和旧猜想一样,没有被证明出来。没有人知道费马素数是否超过5个;是否有无限多个费马合数;或者除了前5个以外的所有费马数都是合数。

现在来看看几何应用。

1796年,哥廷根大学19岁的学生高斯,思索着只用直尺和圆规能画出哪些正多角形。当然,欧几里得已经画出了正三角形、正方形与正五角形。但是2000年过去了,人类在这方面并没有更多的进展,没人知道可不可以画出正十七角形。年轻的高斯证明了可以画出所谓的正十七角形,他对此极为满意。除此之外,高斯还证明了角数等于费马素数或等于费马素数乘积的正多角形,都可以用直尺和圆规画出来(说得更确切些,这个理论对角数翻倍或再翻倍的多角形也成立,因为角一定可以用直尺和圆规来平分)。

接下来,又证实了也可以画出对应下一个费马素数的257角形。还有一个叫作赫米斯(Johann Gustav Hermes, 1846—1912)的人,花了10年时间写出如何画出正65537角形的说明,现珍藏于哥廷根大学图书馆的箱子里。

高斯怀疑如下陈述的逆命题也可能成立:可以用直尺和圆规画出来的正多角形的角数,一定是费马数的乘积。这个猜想的确是正确的,但却不是高斯证明出来的。这项荣耀落在法国数学家万茨尔(Pierre Laurent Wantzel, 1814—1848)身上,他在1837年提出了证明。

高斯一生中有无数重要的数学发现,但他仍认为十七角形的作图是最重要的。基于对这项年轻时的发现的高度评价,他表达了想在墓碑上刻画这个图形的愿望。石匠虽然知道整个故事,却拒绝了这个要求,因为正十七角形太接近圆形。最后,高斯出生的城市不伦瑞克竖立了一个纪念碑,上面的石柱便是以十七角星装饰。

36 突变理论大滥用

◆ **摘要**：当社会科学家与其他"软"科学的代表人物，开始对托姆的新理论感兴趣时，事情就变得无可救药，突变理论的尊严就此荡然无存。突然间，人们在每个角落都觉得发现了托姆的突变。

每年自然灾害造成的损失高达数十亿美元，如果有个数学理论可以协助解释、预测甚至避免这些重大事件，一定可以大大减缓我们的恐惧，降低损失。事实上，大约30年前就已经发展出了这种理论，但是很遗憾，它辜负了人们对它的期待。1970、1980年代，所谓的"突变理论"经历了短暂的一生，迅速地崛起、出名，然后销声匿迹。虽然如此，这个理论仍然值得我们认真看待。突变理论不仅能解释传统的自然灾难，也可说明即使基本参数缓慢改变，自然界中又会如何产生突发的变化。

事实上，日常生活中就可以观察到与突变理论相关的现象。以厨房中正在煤气灶上慢慢加热的茶壶为例，水中的气泡会逐渐增多，然后突然（刚好在100摄氏度时发生了完全不同的事）开始沸腾，水变成水蒸气，亦即水开始汽化——物理状态发生突变。

突变理论的另一个应用领域是结构的稳定性,例如当桥梁承受的重量愈重,变形的程度就愈严重。这种变化通常难以察觉,但到了一个关键点时,灾难就发生了——桥梁坍塌。决定这些和其他灾难的变量非常少,多数情况下,这些所谓控制变量的变化并不会造成可见的反应。但只要其中一项变动稍微超过了关键点,灾难就会发生,这就是所谓压垮骆驼的最后一根稻草。

突变理论是法国科学家托姆(René Thom)提出的,他逝于2002年10月25日。1923年,托姆出生于法国东部的蒙彼利埃,第二次世界大战爆发后,先与哥哥同住在瑞士,几年后回到法国。他在1943年至1946年间就读巴黎的高等师范学校,那是所专收顶尖学生的精英学校。当时托姆还不是数学家,考了两次入学考试才进入该校。但不久托姆就写出了杰出的博士论文,在1958年获得数学家的最高荣誉——菲尔兹奖。

几年后,托姆成功地证明了一个令人惊讶的定理。他尝试对"不连续性"进行分类,并且发现不连续性中的间断可以区分为7类。这项惊人发现显示,所有自然现象都可以被简化为少数几种情境。

托姆将不连续性称为"突变"。如同所有公关专家都知道的,名字代表一切。自此之后,突变理论变得脍炙人口,但遗憾的是,托姆的理论有时落入错误的人手里。他探讨这项问题的主要著作(虽然一般人可能看不懂)成了畅销书,但很多人买来只是为了放在书架上,其实一个字都没有读。

其他学科的数学家也注意到了托姆的研究;坦白说,托姆自己也觉得他的研究成果应该被运用在物理学以外的学科。但当社会科学家与其他"软"科学的代表人物(他们通常不做定量研究)开始对托姆的新理论感兴趣时，事情就变得无可救药了。

突变理论的尊严就此荡然无存。突然间，人们在每个角落都觉得发现了托姆的突变。心理学家把狂躁病人突然爆发的愤怒诊断为突变，语言学家在语音演变中找到了突变，行为科学家在狗类的攻击行为中看到了突变，金融分析师在崩盘的股市中侦测出了突变，社会学家将监狱暴动解读为托姆的突变，历史学家则认为革命应该归于这类突变，运输工程师相信交通阻塞也可以说是突变，甚至连达利（Salvador Dali, 1904—1989）的一幅画也受到突变理论的启发。

刚开始数学家很高兴看到他们的学科受到其他领域专家的瞩目，但结果并不美好。专家（或自认为专家的人）相信他们可以准确预测这种不连续性的时间。他们以为有办法发展出预言下次股市崩盘准确时刻或内战爆发时间的能力，那只是时间早晚的问题。但事情的演变超乎预期。1978年，数学家聚斯曼（Hector Sussmann）和萨勒（Raphael Zahler）在哲学期刊《综合》（*Synthèse*）上发表了一篇毁灭性的批评，抨击那些把突变理论运用到社会与生物现象的错误尝试。他们指出，数学理论只有存在于物理学及工程学领域的权利。

然后，有一天，突变理论消失了，在学术文献中都找不到了，就像它探讨的突变一样突然无影无踪。这个理论要是不那么受欢迎就好了，当初它真的应该遵守犹太密传学派卡巴拉的教诲。卡巴拉是一个神秘的学派，其教义只传给成年的男性，所以过度热心的门外汉根本没法胡作非为。这种做法也会有益于突变理论吧！

37 一点都不简单的简单方程式

◆ **摘要**：探讨这种问题的数学分支称为数论，这门学科有一个恼人的特性：看起来很简单！乍一看，问题的陈述似乎相当容易，但深入钻研之后，才发现它有可怕的难度。

大多数幼儿园的儿童都能应付整数，而分数就显得比较困难些了，这些可爱的小朋友进小学2年后才能学会处理分数。但无理数是另一回事，处理不能表达为两个整数之比的数，才是真正困难的开始。

方程正好相反，找出方程的无理数解相当容易，麻烦的是那些解必须为整数的方程问题。探讨这种问题的数学分支称为数论，这门学科有一个恼人的特性：看起来很简单！乍一看，问题的陈述似乎相当容易，但深入钻研之后，才发现它有可怕的难度。

约1700年前，住在亚历山大的希腊数学家丢番图（Diophantus, 246—330），被誉为代数之父，据说他创建了数论。为了表彰他的贡献，未知数为整数的方程，就称为丢番图方程。

丢番图的主要著作名为《算术》（*Arithmetika*），内容包括约130

个问题及其解答；但令人遗憾的是，这本书在391年亚历山大小图书馆的火灾中毁损。多年后，到了15世纪时，找到了原书13册中的6册（1968年时发现另外4册，不过是不完整的阿拉伯文译本）。之后数年，人们都为拼凑这位古希腊数学家的手稿大伤脑筋，到了17世纪才终于有人能够处理这些材料。这个人就是费马，一位闲暇时喜欢玩数学的法国地方行政官员。今日费马以他无人不知的"最后定理"闻名于世（参见第28篇）。

至今仍有一个源自丢番图的问题无人可解：哪些数可以表示为两个整数或分数的三次方之和？我们知道，7和13都是这个问题的解，因为$7=2^3+(-1)^3$，而$13=\left(\frac{7}{3}\right)^3+\left(\frac{2}{3}\right)^3$。但5或35之类的数又如何呢？要回答这个问题，必须熟悉现代数学中最复杂的方法。

现在数学家已找到了判断一个数能否被这样分解的方法，但他们无法提供分解的方法。判断一个数能否被分解为立方和，必须画出这个数字的L函数图形。如果图形与坐标系统x轴上$x=1$这点刚好相交或相切，那么该数就可以分解为立方和形式；如果在$x=1$时的函数值不为0，这个数就无法分解。35就满足这个条件：它的L函数在$x=1$时刚好等于0。没错，35的确可以分解为3^3+2^3。另一方面，5的L函数图形与x轴既不相交也不相切，所以5不能分解为立方和形式。

2003年，德国波恩普朗克数学研究所所长察吉尔（Don Zagier）在维也纳举行了两场关于丢番图立方分解的公开演讲。察吉尔是世界顶尖数学家，主要研究领域是数论，年幼时就被视为神童。1951年，察吉尔出生于德国海德堡，在美国长大，13岁念完中学，16岁拿到了麻省理工学院物理学与数学学士学位，19岁获得了牛津大学博士学位。23岁之前，他已经取得了普朗克数学研究所作为教授任教资格，24岁时成为全德国最年轻的教授。顺便指出：他的天分并不限于数学，例如他会说9种语言。

察吉尔在维也纳哥德尔系列讲座中的一场演讲，被誉为"数论之珠"。另一场演讲被安排在名为"数学·空间"（math.space）的开幕式上，在维也纳博物馆区的特别演讲厅中进行——该场地专供大众化的数学演讲之用。他希望维也纳广大市民有机会接触这个深奥的课题，以取代他们常去的歌剧院和咖啡馆。

察吉尔是个古怪的小子，但当他开始向听众解释自己钟爱的理论时，他的表现却让摇滚巨星相形失色。他在两台投影机间来回不断跳动，操着略带美国口音的流利德语，用数学的解释吸引着听众全部的注意力。即使严重的数学恐惧者也会忘记自己正在聆听的是数学演说，所有人都能感受到察吉尔（有人认为他是波恩的超级大脑）在数学中得到的喜悦。看着他就如同欣赏音乐会上的艺术大师，很难相信像察吉尔这样的数学家，会整天埋首于这门枯燥乏味的学科之中。

38 不对称的奇迹之美

◆ **摘要**：围绕着黄金分割的迷思，很明显也属于幻想及神话的范畴。黄金分割只有在19世纪才被认为是理想的比例，当时浪漫主义者追溯它直至备受他们仰慕的中世纪时代。

数千年来，对称的符号、图案及建筑物一直吸引着男男女女。在史前时代，工匠就创造出了对称的首饰，这可能是来自人体与动物身体的灵感启发。人类所创造的最古老的对称艺术品是在乌克兰发现的一个手镯，这个手镯饰有复杂的图案，年代可追溯至公元前11 000年。古代建筑也有大量对称的案例，例如吉萨金字塔（公元前3000年）与巨石阵（公元前2000年）的石头排列方式。但对称性并非艺术领域独有，也不是只在建筑物上才看得到。科学家声称他们的领域中也有对称性，一旦科学家开始工作，通常是由数学来提供表达方式及探索自然现象的工具。

在初等几何学中有3种广泛存在的对称性：

第一种是类似字母M或W的图形，称为镜面对称：左右两半各是另一半的镜像，切割两半的线（也就是穿过这两字母正中央的垂直线)称为对称轴。

第二种是像字母S或Z的形状,称为旋转对称:绕着某一点旋转180度后,会与原先的形状重合,该点称为旋转对称的中心。

第三种是无穷的形状或符号序列,如KKKKKKKKK或QQQQQQQQQ,称为平移对称,因为它们的形态经过左右移动(平移)后,仍会与本身一致。

其他还有许多更复杂的对称性,而且不同的对称性可以相互组合。例如,壁纸的花样可以同时有镜面、旋转与平移三种对称性。

2003年夏天,一场名为"对称嘉年华"的会议在布达佩斯召开,来自各地的科学家及艺术家齐聚一堂,进行为时一个星期的跨领域的研讨。他们详细察看了对称的范例,包括蜡染织物、印度雕塑中的塔拉马那比例系统①,以及此类艺术中最重要的埃舍尔的画作。这也是一次机会,可以一劳永逸地解开为何对称性深受我们喜爱的谜团。例如,五角星形向来被视为毕达哥拉斯学派的秘密标志,但事实并非如此。把五角星与毕达哥拉斯学派扯在一起的最早起源,始自毕达哥拉斯死后700年的2世纪。较可靠的来源指出,五角星是所罗门王的封印,之后又演变为六角的大卫之星,现在装饰在以色列的国旗上。围绕着黄金分割(或称神圣比例)的迷思,很明显也属于幻想及神话的范畴。黄金分割只有在19世纪才被认为是理想的比例,当时浪漫主义者追溯它直至备受他们仰慕的中世纪时代。

对称性是不是一种理想的状态呢?大多数与会人士都认为,完全的对称相当无趣。画作、音乐或芭蕾舞之类的艺术必须打破

---

① 印度传统图画与雕像中的测量和比例系统。——译者

其对称性才会显得有趣。佛家禅师也有段话说,只有刻意打破对称性,才能显现出真正的美。对科学来说也一样,许多现象介于对称与非对称之间。知名法国物理学家、诺贝尔奖得主居里(Pierre Curie, 1859—1906)曾说过:"不对称创造了奇迹。"19世纪中叶,巴斯德(Louis Pasteur, 1822—1895)发现许多化学物质有"手性",即这些物质有右旋及左旋两种分子(各为彼此的镜像),但却不能相互代替,就像右手不适合戴左手手套一样。

1960年代曾发生一个左右互换的悲惨例子:药物成分沙利度胺有两种异构物,被用在一个名为Contergan的药物中,一种是右旋分子,一种是左旋分子;其中一种形态是有效的抗呕吐剂,另一种则会导致新生儿畸形。

依据一位与会者的说法,冲击最大的对称性突破发生在100亿至200亿年前。一直处于平衡状态的物质与反物质,其对称性不知何故忽然受到干扰,结果就产生了所谓的"大爆炸"。

39 真正随机的随机数

◆ **摘要：** 产生随机数时有个问题，类似抛掷铜板、骰子、小球及其他物体到空中的方法效率很低。如何在很短时间内产生大量的随机数呢？

在足球场上，为了决定由哪队开球，裁判通常会丢个硬币，看看是字朝上还是花朝上。在赌场的扑克牌桌上，由庄家掷骰子，待骰子静止后，再查看上面的点数。彩票开奖时，气流吹起一堆有编号的小球，这些球飘浮滚动，时间一到，机器吐出一颗球，然后记录它的号码。

我们可以说，这些例子最后的结果纯粹由概率来决定，而人们永远无法预测硬币朝上的是哪一面、骰子的点数，或是小球上的号码。

比较吹毛求疵的人大概会指出，骰子某一边或铜板某一面较重，而微小的重量差异就可能扭曲结果。但是先不考虑这个微小瑕疵，上述物体的确能产生可接受的随机数列，因此对硬币来说是0与1、对骰子而言是1至6、对彩票小球而言则是1至45。

随机数的重要性不仅存在于游戏或体育运动中，这些数在其他领域也是不可或缺的行业工具。以密码学为例，随机数（实际上是随机选出的素数）可以用来加密数据；在工程学或经济学中，随机数能够用来模拟，除了用概率论来计算都市的运输流量，也可以改用模拟来协助测试交通状况。我们还可以写一个计算机程序，当随机选择的数介于16与32之间时绿灯亮，若随机选出的数为奇数时则卡车从左方驶来等，然后执行这项模拟程序数千次，并且由操作人员记录其观察结果，包括是否发生车祸、有没有塞车。

因为随机数常让人联想到轮盘赌，因此这种方法也被称为蒙特卡罗模拟法。即使是最严谨的科学——数学，也能从蒙特卡罗模拟法中受益，例如形状复杂物体的体积就可以用蒙特卡罗模拟法来确定。

然而，用上述方法产生随机数时会有个问题，类似抛掷铜板、骰子、小球及其他物体到空中的方法效率很低，若能一秒钟产生一个随机数就好了。执行高质量的模拟可能需要数百万、有时甚至是数十亿个随机数，这时用计算机来产生随机数是十分合理的做法，毕竟计算机可以在几分之一秒内产生大量数字。但还是有个意想不到的障碍，计算机的最大优势之一是能够不加思索地一再重复执行写好的指令，但这也成为产生随机数串时具有毁灭性的障碍。从任一数字开始，计算机总是依据前一个数字来计算下一个数字，这表示计算机产生的随机数列中会出现某种模式，此时理论上我们应该可以预测出每个数字。用来产生"随机"数的公式可能非常复杂，形成数列的模式也可能很复杂，但终究有个模式。计算机产生的随机数理所当然地被称为伪随机数，即使它们可以通过一套严格的随机性测试，仍然不是真正的随机数。

计算机创造伪随机数的技巧是，必须使用一个随机的起始值，这个数称为种子（seed）。一旦选出种子后，程序就以预先确定的但对使用者而言深奥难解的方式开始执行。它可能依下列顺序计算："取前一个数字的立方根，将结果除以163，然后取出小数点后第7、12及20位的数字"，得到这三个伪随机数后，就可以计算后续的伪随机数，并依此类推。当然，因为这个例子只用到3个数字，因此只能产生不满1000个伪随机数，但只要计算机遇到一个之前用过的三位数，之后的程序就会产生恒同的数列，不可避免地产生了循环。增加伪随机数的位数至15位、20位或更多，可以延后循环发生的时间，但即使最长的伪随机数列，最后也会以循环结束。

无论伪随机数的大小如何，程序开始的信号一定要由计算机外产生，否则流程会总是从同一个种子开始，然后每次都产生一模一样的数列。许多事物都可以作为起始信号，例如计算机操作人员敲下Enter键的时间，或是操作者移动计算机鼠标时无法察觉到（故为随机）的手部移动等。

无论整个流程多么小心，所有由计算机产生的随机数列归根结底都属于"伪随机"。但是科学家仍然认为，他们得到的结果令人满意，随机数产生器的使用也没有造成太多问题。1992年，3位物理学家发现，他们的模拟结果产生错误的预测，导致随后的结论全盘皆错，不禁大惊失色。后面还有更糟的，2003年，两位德国物理学家鲍克（Heiko Bauke）及默滕斯（Stephan Mertens）证明，因为0在代数中的角色特殊，使得二进位随机数产生器产生的0太多、1太少。

随机数专门机构看见了机遇，他们决定不仅是起始值，其他全部数字都要由计算机外部产生。形成的随机数列被放在因特网上，让有兴趣的人随意利用。这些随机数的来源是自然现象，如晶体管的热爆声、放射性物质的衰变、熔岩灯①的漂动、大气中的背景噪声，而这些都是完全、不可否认、无可置疑的随机现象，可以用盖革计数器②、温度计或扩音器加以计量及记录。于是货真价实的随机数诞生了，不再是"伪随机"版本。

---

① 利用热能原理制造光影效果的装饰灯，灯中有类似岩浆的彩色黏稠液体一团团缓慢地向上漂浮。——译者
② 一种辐射探测器。——译者

40 确认素数工程浩大

◆ **摘要**：要证明一个数字是否为素数并不是简单的工作，现有的可证明某个数是素数的算法不是非常耗时，就是只能证明一个正整数是素数的概率的大小。

在保存数字信息的密码体系中，素数是极有价值的商品，例如信用卡卡号在网络上的加密。大多数加密方法的基础都是把两个非常大的素数相乘，而破解加密信息的关键就在于找出此一乘积的两个因子，这是不可能完成的任务，因为要花费的时间实在太长了。即使数值运算最快的计算机，也需要几天、几星期或几年，才能找到一个长达几百位数字的素因子，所以若是用了正确的软件，网络商务使用者就不必担心他们的信用卡卡号会被窃取。只有那些实际拥有密钥的人，也就是知道正确素因子的人，才能解开加密的信息。

使用这种加密方法时，必须确定用来编密码的数真的是素数。如果不是，它还可以被分解为更小的数字时，最后乘积的因子分解就不是只有单一解了（两个非素数6和14相乘等于84，这个乘积可以被分解为不同的一对因子,例如3和28或7和12)。在这种情况下,有些密钥是正确的,有些则是错误的,为了避免混淆,使用之前,必须确认可能的密钥皆为素数。

但要证明一个数是否为素数并不是件简单的工作,现有的可证明某个数是素数的算法不是非常耗时,就是只能证明一个正整数是素数的概率的大小。相关人士莫不渴望能出现一种算法,既迅速,又可以百分之百地确定一个数字是否为素数。

3位印度计算机科学家组成的小组正在进行这项任务。印度理工学院坎普尔分校的阿加瓦尔(Manindra Agarwal)和他的两个学生卡亚勒(Neerja Kayal)、萨森纳(Nitin Saxena),利用并扩充了费马定理,即所谓的小定理,而非比较有名的"最后"定理,来检定数字是否为素数。他们设计好方法后,计算机程序的分析显示出了惊人的结果:检验素数所需的时间不会随着数字变大而呈指数增加,只需要多项式级的执行时间。

这几位科学家在网络上宣布了研究成果,不出几日,全球新闻媒体都注意到了这个消息。他们赞扬这项发现是重大的突破,但这实在有点夸大其词。尽管3人在理论方面的确有些突破,但在数学领域,"只"(就像"只是"多项式级)这个字眼极具相对意味。这位印度教授和其学生提出的算法所需的执行时间,的确是N的多项式,N表示该目标整数的位数。但它与N^{12}成正比,这意味着检验一个30位的素数(就密码而言是极小的密钥),需要30^{12}个运算步骤。

想想迄今已知的100个最大的素数,每个数的长度都超过4万位(目前世界纪录中最大的素数有400万位),我们立即就可以明白,这个算法的发现与实际运用基本上是两回事。

然而，这项意外结果仍在相同领域人士间造成了轰动，3位科学家的确提出了美丽又创新的概念。坦白地说，这项算法在应用上仍然太费时，但它已经打破僵局，专家相信，不久就能找出更有效率的计算方式。先撇开这点不谈，至少大家不需要担心信用卡卡号是否安全，因为他们发现的这个方法不能用于破解加密密码。

第六章

为数学而数学

有趣的数学故事：

◎为什么人人对13这个数避之不及？

◎有一份数学手稿,重要性堪比贝多芬的《第十交响曲》！

◎拉马努金的成就,源自一位伟人的人生小插曲？

◎谁是数学界的莫扎特？

41 面包师傅的一打=13 ?[①]

◆ **摘要**：数字6必定有缺陷，数字12必然是好的，数字13只会招致灾难……任何无稽之谈都可以用数字命理学来佐证，数字是理性科学的前身。

有件众所周知的怪事，就是不管你走到哪儿，总会撞见12这个数字：以色列分12个支派[②]、耶稣有12个门徒、天空分黄道十二宫。因此，有人自然而然地假设，12及所有与这个数字相关的事物都必然是好的。而12加上1得出的数字13，因为打破了这圆满的数字12，所以就会招致灾难。数字7表征了彩虹的颜色数、一周的天数，以及八度音程的音阶数，显然象征着和谐与完美。由此，数

[①] "面包师傅的一打"典故出自13世纪的英国，当时政府规定售卖不足量的话将处以刑罚，面包师傅担心计量不准而受罚，宁愿顾客买一打而给13个。——译者

[②]《圣经·创世记》第49章第28节："这一切是以色列的十二支派，这也是他们的父亲对他们所说的话，为他们所祝的福，都是按着各人的福分，为他们祝福。"以色列王国的12个支派分别由雅各12个儿子的后裔组成。——译者

字6必定有缺陷:重复3个6可得到666,唉!恶魔数字①出现了。任何无稽之谈都可以用数字命理学来佐证,然而数字很神秘也并非一派胡言,本书将告诉你,数字是理性科学的前身。

数字命理学家不厌其烦地诠释数字,预言描述其属性或某种程度上与数字相关的事件。虽然这种嗜好看起来有些古怪,比较适合涉足神秘学的人士,但数字命理学家仍然乐此不疲。如果不祥的数字经过他们快速的乘除运算,简单地重新加以诠释,把最负面的预言进行了180°的扭转,且确定性维持不变,他们会感到非常欣慰。

数学家对此嗤之以鼻。数学家承认12是一个重要的数字,但它的卓越性能主要不是来自它的神秘性,而是因为一项事实:12可以被2、3、4和6(1和12自身更不必提了)整除。12的因子数是10的因子数的两倍,后者除了1和自身之外,只能被2和5整除。这是盎格鲁—撒克逊地区盛行十二进制,以12为基数的原因。古罗马人偏好数字10,因为学童和算术能力较差的商人,用双手就能够算出总数。

到18世纪末,数学家波达(Charles de Borda)、拉格朗日(Joseph-Louis Lagrange)以及拉瓦锡(Antoine-Laurent Lavoisier)充分意识到十进制的优点,他们支持手指计数法,建议法国科学院以十进制作为度量长度和重力的唯一法定标准(波达进一步提出,应该把一天分为10小时,一小时分为100分钟,一分钟分为100秒,但这项提议没有广泛实行)。

让我们回到数字6。在古代,6被视为完美的数字,因为除了它自身之外的其他因子的总和,刚好等于它自己(1+2+3=6)。7和13

---

① 《圣经·启示录》第13章第18节:"在这里有智慧。凡有聪明的,可以算计兽的数目,因为这是人的数目,它的数目是六百六十六。"666因此成为邪恶怪兽的象征,后人将其视为代表魔鬼、不幸、反基督的数字。——译者

又如何？就数学家的观点而言，与6或12相比，7和13没有更好也没有更差，但较有趣。因为除了1和自身之外，它们没有其他因子。这样的数称为素数，它们是构成其余所有数字的"原子"。

坚信数字神奇性的数字命理学家和其他神秘主义者，通常将毕达哥拉斯尊为导师。这位希腊哲学家的确曾设法借助于整数和几何形状之力来了解宇宙。或许我们会觉得许多他所谓的发现过于简单化，但事实上毕达哥拉斯是一位先驱，他的名言"万物皆数"（all is number）是革命性的创新观念。不过毕达哥拉斯关于宇宙的概念仍然极为狭窄，仅限于自然数和分数。当他的学生发现正方形的对角线无法用两个整数之比来表示时，毕达哥拉斯学派的世界观被摧毁了。传说中，发现无理数的人后来被处死。

柏拉图和其后的新柏拉图学派不断尝试利用数字来了解自然和宇宙。3世纪，哲学家扬布里柯（Iamblichus）将新柏拉图学派发展成为一种"算术神学"。从扬布里柯的作品中可以看出，他摇摆于毕达哥拉斯学派的观念与自由联想之间；数字成为神秘的象征符号——数字命理学由此诞生。

大概就在同一时期，名为卡巴拉（Kabbalah）的犹太神秘主义开始盛行。所有卡巴拉文字作品中最古老、最神秘的《创造之书》（*Sefer Yetzirah*）写于3世纪至6世纪间。它以数字1—10以及22个希伯来文的字母诠释宇宙的诞生和秩序。1是神，2是神圣智慧，3是世界认知，接着依次是爱、力量、美等等。卡巴拉的第二本书《光辉之书》（*Zohar*）据说大约完成于13世纪，对犹太神秘主义亦产生重大影响。卡巴拉所用的工具之一是替换法（Gematria），这个词源自希腊语作品中的geometry（几何），不过多数犹太祭司并未认真对待这种方法。这种方法是指赋予希伯来文的字母以一定的数值，借以进行字母、单词和短语的计算。一个文本一旦被简化为一个数值,该数值可以重新扩展成不同的单词和短语。因此,替换法开启了诠释和预言、进而探索文句与思想之间关系的无穷可能性。

令人惊讶的是,科学家和神学家都直觉地认为,数字,而且只有数字才可以恰当地描述这个世界。15世纪德国红衣主教尼古拉(Nikolaus von Kues)写道:"那些对数学无知的人无法真正了解上帝。"当然,他们的直觉如今已经转变为人们的信念,我们知道数学是理解自然的基础。和昔日的数字命理学家一样,现代的自然科学家不断思索观察到的现象,试图建立各类数据之间的联系。

数学向来是科学家必需的基本工具,对这一点自然科学家始终感到讶异。1963年诺贝尔物理学奖得主魏格纳在一篇被广为引用的文章中提到了"自然科学中数学的不合理有效性"。爱因斯坦也扬弃毕达哥拉斯的世界观,问道:"数学是人类思想远远独立于经验之外的产物,怎么可能如此美妙地适用于现实事物呢?"对他来说,这个世界最令人费解之处就在于它是完全可理解的。

相较之下,对信奉神秘主义的数字命理学家而言,事情就简单多了。所有"似真"的事——许多信仰或迷信让人觉得好像真的一样——都可以当作是合理的。这些信奉神秘主义的数字命理学家缺少科学方法,他们认为没有必要利用严谨的实验来确认或驳斥某种理论。

伽利略(Galileo Galilei,1564—1642)是率先反对仅根据自然现象的似真性、神学天启或早期权威的主张来解释自然现象的自然哲学家之一,他要求用实验、观察和推理来证明自然现象。他写道,自然之书是用数学的语言写成的。如今,伽利略的方法被认为是理解我们周遭世界的唯一有效的方法,但在16世纪却被认为完全是异端邪说。

有一位与伽利略同时代的人认同观察的必要性和数学的普遍性,但却沉溺于神秘主义和占星学,这个人就是来自布拉格的开普勒。1594年,23岁的图宾根大学神学专业的毕业生开普勒,以研究当时所知的行星运动开始他的天文学研究生涯,这些所知的行星包括水星、金星、地球、火星、木星和土星。开普勒的目的是为这些行星轨道找出数字规律,这对当时年轻的他极为重要,因为他坚信占星学。终其一生,开普勒都坚信星体深具神奇的力量。因此,就像参加智力测验的学生努力弄懂一系列数字一样,开普勒设法找出他所拥有的数据的规律性。他将数字进行加、减、乘、除,使用因子和常数,并假设有看不见的行星。结果什么也没有得到,完全是徒劳无功。"我浪费了太多时间玩弄这些数字",他后来后悔道。

顿悟的一刻出现在1595年,当时开普勒已是学校老师。他在黑板上画一个几何图形时,突然灵光乍现:行星沿着绕球面的轨道运行,柏拉图多面体①外切于这些轨道球面。开普勒经过缜密计算,验证了闪现的领悟,确认自己的直觉是正确的。值得注意的是,他的误差小于10%,在当时的天文观察的精确度范围之内。一年后,他在《宇宙的奥秘》(*Mysterium Cosmographicum*)一书中发表了这项发现,该书广受专业人士的欢迎。天体之间和谐的交互作用充分证实了毕达哥拉斯的世界观,但有一个小问题:他的发现其实是错的。

几年后,真相大白。开普勒的死对头之一,奥匈帝国皇帝鲁道夫二世(Rudolph II)的皇家数学家第谷(Tycho Brahe),一直对他的

---

① 柏拉图多面体包括正四面体、正六面体(正立方体)、正八面体、正十二面体和正二十面体。——译者

结论持异议。由于开普勒无法获得第谷的那些显然较精确的数据,他没有办法解决这个问题。直到第谷去世,开普勒被指派为他的继任者之后,他才得以接触到这些观测数据。这时,开普勒终于能够分析第谷的行星观测数据,并完成他自己制作的表格。最终他意识到行星的轨道不是正圆,而是椭圆形的,因此,行星并不绕着球面运行。支持开普勒的都说他足够诚实,勇于坦白先前犯过的错误。1609年和1619年,开普勒出版了《新天文学》(A New Astronomy)和《世界的和谐》(Harmony of the Worlds),提出3个观点。这一次,这些观点是正确的,此后它们以他的名字命名为开普勒定律。

在开普勒第三定律中,开普勒将行星绕太阳运行所需的时间与其椭圆轨道轴长联系了起来。他卓有远见地认为,行星距太阳的距离与行星运行速度之间必定有某种数学关联,但是什么样的关联?这是另一项智力测验要解决的问题。数列58,108,150,228,778,1430(行星椭圆轨道半长轴的长度,单位为百万千米),与数列88,225,365,687,4392,10753(轨道周期,以天为单位)两者之间有什么关联?开普勒轻而易举地解决了这个问题。他证实轨道周期的平方除以半长轴的立方,几乎都等于0.04,所有六大行星都是如此。这一次同样未经过任何合理化的推导,他凭借直觉得出了自然界最基本的定律。

开普勒的直觉无论对错,都源自他的深刻信念:上帝依循数字定律创造这个世界。相互套叠的柏拉图多面体,每一个都可以被纳入一个球体中,一个套一个。这样的概念对启蒙时代的自然科学家们来说,就像一变量的平方应该与另一变量的立方成正比一样似是而非。虽然开普勒的第一次假说被证明是其丰富的想象力所虚构出来的,但第二次假说却成为载入史册的重大发现。

很长一段时间,开普勒三大定律只被当作有关数字的珍奇现象。那个时代的自然哲学家都是虔诚的信徒,他们相信那些定律之所以成立的原因——如果确有原因的话,必是将永存于上帝永恒智慧之中的一个难解之谜。直到1687年,牛顿巨著《自然哲学的数学原理》问世,开普勒定律才有了坚实的理论基础。这位英国物理学家提供了数学证明,证实了行星运动不仅遵循神圣的法则,而且必然沿着椭圆形轨道运行。

与牛顿同时代的人没有欣然接受他的引力定律。虽然每个人都了解拖拉马车它就会动,但人们需要具有丰富的想象力才能接受不需碰触拖杆、马车也可以移动到远处这个事实。然而,牛顿的模型仍需要一种神圣的力量来扮演管理者,由他来处理诸如稳定性和能量耗损等问题。直到牛顿的法国后继者、理论力学先驱拉普拉斯(Pierre-Simon de Laplace),才废除了上帝制定世界秩序这个假说。

尽管牛顿似乎理性至上,但信仰虔诚的他却从未停止涉猎秘传科学、神秘学和数字命理学。开普勒的癖好是占星学,牛顿则沉迷于炼金术,而且后半生痴迷于此。他夜夜寻找传说中的"点金石"[①],结果当然徒劳。总之,他曾因混合和倾注有毒物质而导致化学中毒,原因可能是水银。不过,当时钻研炼金术被视为时尚之举,即使自然科学家也是如此。为了阅读《摩西五经》(*Five Books of Moses*)原文,牛顿甚至自学希伯来文。据称上帝的秘密定律隐藏在《圣经》中,他进行了数千页深奥的数字命理学计算,试图从经文中

---

① "点金石"是一种神奇物质,据说能使一般的非贵重金属变成黄金,也可以借此制取长生不老的灵药,也称"哲人石"。——译者

得到科学信息。在花了数百个小时揭开那些定律后,牛顿得出不可避免的结论:世界会在2060年毁灭……而如果不是那时,那一定就在2370年。

与此同时,越过英吉利海峡,在汉诺威居住着莱布尼茨,他与牛顿一样聪明,各方面旗鼓相当。莱布尼茨的智识超前那个时代几十年,在他众多的事例中,最著名的一项是提出了以二进制数字系统为基础的计算器概念。

说到神秘主义,莱布尼茨与他的英国对手也不相上下。对莱布尼茨来说,二进制的0与1数字不只是一种计算工具,它们完全就是了解万物起源的钥匙。1代表上帝,0代表虚无。数值7代表创世纪第七天,也就是安息日,用二进制法写就是111,而这是三位一体的象征……诸如此类。"当上帝进行计算时,世界被创造出来",他写道。莱布尼茨坚持认为二进制不是他发明的,他只是发现了它。他深深折服于二进制,认为借助于这种方法,他可以让已经拥有阴和阳二进制符号的中国人改信天主教。

1869年,毕达哥拉斯世界观再度盛行,当时门捷列夫(Dmitri Ivanovich Mendeleev)提出了一张化学元素周期表,将元素按原子的质量排序。尽管当时少有迹象显示还有其他化学元素存在,门捷列夫高瞻远瞩,在他的周期表中给尚未发现的元素留下了一些空格。在两种人类已知甚久的元素,即原子量30的锌与原子量33的砷之间的空白处,一定存在原子量31和32的元素。门捷列夫坚信这些空白总有一天会被填补。门捷列夫被证明是对的,仅仅几年后镓和锗被发现了,它们的质量和门捷列夫预测的一致。

大约在同一时间,1885年,瑞士教师巴耳末(Johann Jakob Balmer)被卡巴拉完全吸引,在研究数字命理学后,他建立了氢光谱波长的简单公式。30年后，玻尔（Niels Bohr）利用量子力学对此作出了解释。

18世纪末及19世纪初最重要的"数学之光"、后来被称为"数学王子"的高斯从幼儿时期起就对数字深深着迷。关于青年高斯的数学能力流传着许多趣闻轶事，他甚至在会说话之前就能进行精确计算。3岁时，他订正了父亲薪资计算上的错误；8岁时，他能立刻解答出一个别人耗时费力的问题——求前一百个整数之和，让老师大吃一惊。当然，成年之后的他从事更重要的工作。1798年，高斯出版巨著《算术研究》（*Disquisitiones Arithmeticae*），凭借一己之力，将当时称为高等算术的数论研究推向了新高点。他著名的很多年后才公之于众的素数定理描述了素数在整数当中的分布情况。高斯终生都是虔诚的基督徒，他的数字研究与神秘主义毫不相干。对他来说，上帝和数论都是完满且完美的，并以"上帝会算术"表达这个信念。

19世纪末，康托尔（Georg Cantor）彻底改变了数学世界，他创立了集合论，假设无穷有不同的大小。耶稣会士利用他的概念衍生出上帝的存在，宣称唯有上帝才可达到超级无限。康托尔马上表示与这样的诠释保持距离。另一方面，他展开大胆的神学思考，思索所有集合的集合——这种概念甚至不合逻辑，因此他的研究成果得不到普遍好评就一点也不足为奇了。他的对手甚至想办法奚落集合论。柏林的克罗内克（Leopold Kronecker）总结说："上帝创造了整数，其余的工作由人来做。"一位美国数学家补充说，集合论是上帝的理论，最好留给上帝。20世纪初最具影响力的数学家、哥廷根的希尔伯特则持相反意见。他大力支持康托尔，他的一段大声疾呼的言论非常著名："没有人能将我们赶出康托尔为我们创造的伊甸园。"

康托尔花费多年时间研究之前无人理解的事物，又受到敌视，这些遭遇对他产生了很不利的影响，他一生都受抑郁症之苦。康托尔去世前的最后几年在精神病院度过，于1918年去世，而关于他的集合论的争议从未停息。

甚至到了相当近期，也不是所有的自然科学家都对数字神秘主义持嘲笑态度。即便没有任何证据证明爱丁顿爵士（Sir Arthur Eddington）的假设，这位20世纪最著名的天体物理学家之一坚信，宇宙的半径、质量和年龄的数值，以及光速、引力常数等，彼此之间保持着某种和谐的关系，多数同行对这位年长科学家所玩的深奥的数字游戏则报以一笑。

有一个人没有笑，那就是爱丁顿的同胞、科学同事、物理学家和诺贝尔奖得主狄拉克（Paul Dirac）。狄拉克非常迷恋数学之美，他主张，如果要在两个理论中做选择，一个丑，另一个美，那么即便丑的理论较切合实验数据，美的理论最后还是会胜出，并以此来证明毕达哥拉斯世界观的正确性。虽然狄拉克扬弃科学方法，他在以美的方程式表达自然方面所做的探寻，却被证明是非常有用的。在追寻美感愉悦公式的过程中，他得出一个方程式，巧妙地将相对论与量子力学结合起来。不幸的是，这个方程式有两个独立的解，其中之一乍看毫无意义，但因为它太美，狄拉克舍不得放弃。他的坚持是值得的，这个无意义却美丽的解是反物质存在的第一个迹象。"上帝应用美丽的数学创造了这个世界"，他心怀敬畏地这样表示。与此同时，爱因斯坦认为他可以在上帝的宇宙中发现人类的特质，他这样说道："上帝是难以捉摸的，但他没有恶意。"

哲学家和诺贝尔文学奖得主罗素也很重视数学中的美。他写道:"公正而论,数学不仅拥有真理,而且拥有至高无上的美:一种冷峻而严肃的美,就像一尊雕像。"剑桥数论家哈代(G. H. Hardy)坚决主张"美是首要标准,丑陋的数学不可能永世长存"。以此为标准,最完美表现数学美的无疑是瑞士数学家欧拉1748年证明的非凡公式$-e^{i\pi}+1=0$。通过加、减、乘和幂运算,5个基本数学常数被联结在一起,也就是自然对数的底数e、i、圆的周长与直径之比π、1和0等形成一个简洁的公式。

数字神秘主义者想通过数字来理解宇宙,预测未来。在这一点上,他们与科学家同人相去不远。对许多人来说,科学发现通常源自他们毕达哥拉斯式的直觉,而非理性分析。这一点至关重要,虽然他们的同人并不愿意承认这一点。现今的研究者已拥有技术性的统计工具,例如回归分析法,可以客观地寻找数据间可能的相互关联。但这些工具也可能被误用。所谓的"数据采矿者",即现代版的数字神秘主义者,让一切事物都与其他事物产生关联,方法是寻找仅以"后见之明"看来才可能存在的关系,使其似乎可信。然后再提供适当的理论支撑,支持论述的正确性。但这些都是事后诸葛亮的做法。

在这一时期,毕达哥拉斯式宇宙观达到了新的高度。20世纪中叶,图林和冯·诺伊曼预示了电子计算机时代的到来。几年前,沃尔弗拉姆出版《一种新科学》一书,宣称整个宇宙是一台巨型计算机,透过重复执行简单规则的计算生成复杂的事物。人类已从毕达哥拉斯的名言"万物皆数",进展到对应的现代版的"万物皆计算"。

42 小数点后第十五位数字之谜

◆ **摘要**：知道小数点后第十五位数字有什么好处？为什么数学家要花时间做这类计算？只需要一台手提电脑、一套最新商用软件和一种源自17世纪的近似法，你就能解决今日的数学难题。

在数学常数中，π和欧拉数e被视为绝对的明星。其他还有很多常数，但都不及这两个常数出名。如在直角三角几何学中扮演重要角色的李特伍德—塞勒姆—泉常数（Littlewood-Salem-Izumi constant），就是一例。

一些三角函数如正弦、余弦和正切函数等，在物理学、工程学及测量学上得到广泛应用。另一方面，纯数学家则对函数的理论一面更感兴趣。举例来说，把三角函数乘上某个系数后再相加，结果会如何？更多项连续相加之后，总和会不会趋近一极限，或者趋于无穷？在1935年出版的经典教科书《三角级数》（*Trigonometric Series*）中，波兰数学家齐格蒙德（Antoni Zygmund）证明某一连续的余弦函数的和取决于某个参数。若该参数大于一定值，和为有限；若小于该定值，和则趋向无穷。齐格蒙德在证明中提到李特伍德

（John E. Littlewood）、塞勒姆（Raphaël Salem）及泉（Shin-ichi Izumi）3人未发表的研究成果，所以这个值被称为李特伍德—塞勒姆—泉常数。为了求这个常数的精确值，某个积分的值必须等于0，而这正是难处理的部分。因为该积分不完全可解，只能算出近似值。

1964年，当时计算机科学尚处于初级阶段，西北大学两位数学家在期刊《计算数学》（Mathematics of Computation）上发表了一篇短文，称该常数的值介于0.30483与0.30484之间。他们在IBM制造的709数据处理系统——当时最快、最先进的计算机系统之一——上使用近似方法，计算出该积分的"根"，也就是积分值恰为0的值。但不过6个月后，马萨诸塞州斯佩里兰德中心（Sperry Rand Center）的邱吉（Robert Church）对他们的研究泼了冷水。他提交了一篇短文，在文中警告同行，说他们计算出来的数字从小数点后第三位开始就错了。

1964年10月28日，邱吉把文章投稿到《计算数学》。不到6个星期，密苏里州中西研究所的数学家路克（Yudell Luke）、菲尔（Wyman Fair）、库姆斯（Geraldine Coombs）和莫兰（Rosemary Moran）确认了邱吉的研究成果，不仅如此，他们还把邱吉的工作提高了一步。他们以IBM 162科学计算机执行运算，把李特伍德—塞勒姆—泉常数算到小数点后第十五位。

接下来是历时45年的沉寂。2009年，《计算数学》再次刊登了一篇探讨这个常数的论文，文章以符合时代潮流的电子形式发表。在那篇论文中，塞维亚大学的西班牙数学家德雷纳（Juan Arias de Reyna）和荷兰同行、阿姆斯特丹数学与计算机科学中心的范·德鲁内（Jan van de Lune）一起，发表了两人再次计算出的那个常数，精确度大幅提高。他们利用17世纪牛顿和拉弗森（Joseph

Raphson）提出的方法求函数和积分的近似根。借助于这项旧时的方法在最新式机器上的运用，他们用一台手提电脑，在20分钟内，计算出了这个常数到小数点后第5000位上的准确数字。

  有人很可能会问，为什么数学家要花时间或者说浪费时间做这类计算。知道小数点后第5000位数字有什么好处？嗯，让德雷纳和范·德鲁内感兴趣的，不只是更精确的李特伍德—塞勒姆—泉常数值，两人解释说，他们感兴趣的是可以用来执行计算的方法。他们想证明：要解决今日的一些数学难题，只需要一台手提电脑、一套最新商用软件如Mathematica，以及一种源自17世纪的近似计算法。

43 消失的笔记本

◆ **摘要:** 美国数学家在剑桥三一学院图书馆偶然发现一卷拉马努金的笔记手稿,发现这本笔记"在数学界造成的轰动,几乎与发现贝多芬《第十号交响曲》对音乐界造成的轰动一样大"。

印度数学家拉马努金(Srinivasa Ramanujan, 1887—1920)不是普通意义的天才,他仅仅自学数学一年,然后在剑桥的良师益友及研究伙伴哈代的关心和引领下,在不幸而短暂一生中作出了开创性的成果。其中一些成果让几代数学家忙碌一生。

拉马努金32岁疑因结核病过世,去世前两个月,他写了最后一封信给哈代:"最近我发现了非常有趣的函数,我称之为'拟'θ函数,"他写道,"与'伪'θ函数不同……它们成为数学的一部分,如普通θ函数一样优美。随信附上一些范例……"。他为自己的发现取这个怪名字,是因为他认为新发现的函数与19世纪初雅可比(Carl Gustav Jacobi)提出的θ函数有一些相似之处。

在信中,拉马努金提出了17个神秘的幂级数,但他既没有给出定义,也没有说明建立这些级数的方法,没有线索显示为什么他认为这些级数意义重大，他甚至没有指出它们是否存在共性。很可能他向哈代透露了更多明确的讯息，但我们将永远无从知晓，因为信件的前几页已经遗失。然而，由于拉马努金对深奥的数学关系具有异乎寻常的感受力，多数数学家相信，这些函数背后必定隐藏着某种重要的理论。

拉马努金逝世后，他的遗孀将丈夫的笔记本赠给印度马德拉斯大学。笔记本里密密麻麻地记载着他全部的3542项定理。马德拉斯大学随后将这些笔记本转赠给剑桥大学，自此之后，数学家们巨细靡遗地仔细查阅这些笔记，希望能发现更多珍贵的东西。1976年，一位数学家有了意外收获。美国数学家安德鲁斯（George Andrews）在剑桥三一学院图书馆偶然发现了拉马努金的笔记手稿，共138页，此前没有任何人翻看过，这些手稿记录了这位印度数学家生前最后一年的研究成果。这项发现很快以"拉马努金丢失的笔记本"而广为人知。根据一位专家的说法，发现这本笔记本"在数学界造成的轰动，几乎与发现贝多芬《第十号交响曲》对音乐界造成的轰动一样大"。检视这本笔记本时，数学家又发现了两种拟θ函数（1930年代，一位英国数学家独立发现另外3种此类函数）。

在接下来的数十年里，这些神秘的幂级数被应用于多个不同领域，如数论、概率、组合数学、数学物理、化学，甚至癌症研究等，但对这些级数的了解没有取得任何进展。数学家证明了拟θ函数运用的定理，却完全不了解这些神秘事物的真面貌。这些函数在纯数学领域内外都得到广泛应用，可见它们必定属于某个重要的理论，只是尚待发现。

第一次重大突破发生在2002年，荷兰数学家茨魏格斯（Sander

Zwegers)证明拟θ函数是所谓实解析的模形式[①]。实解析的模形式在数论(如费马定理的证明)、代数拓扑、函数论或弦论中扮演重要角色,但根本的问题仍然未解:这些函数源自哪个重要的理论呢?

这时,威斯康星大学麦迪逊分校的布林克曼(Kathrin Bringmann)和小野(Ken Ono)登场了。在他们一系列的开创性论文中,两位数学家证明拟θ函数属于一种新理论,这种新理论将古典模形式与所谓的调和马斯形式[②]联系了起来,后者是现代的模形式通则。由此,拉马努金谜题终于解开了。此外,他的笔记还指出,拟θ函数不是只有既存的20多个,而是有无限多个。在这个理论的指引下,布林克曼和小野才得以证明数论中一些存在已久的猜想,拉马努金手稿的重要性由此可见一斑。

---

① 模形式指数学上一个满足一些泛函方程与增长条件、在上半平面上的(复)解析函数。——译者

② 调和马斯形式是1949年由德国数学家马斯(Hans Maass)提出的实解析特征函数。——译者

44 迂回的数学证明

◆ **摘要**：数学证明不是对就是错，数学没有灰色地带。数学界许多人不接受借助计算机证明定理这种方式，戏称那是暴力法。

开普勒猜想的证明花了400年时间，甚至在那项证明公之于世的6年后，仍然有许多数学家在专心致志地思索这个证明问题。1611年，开普勒提出排列球体最有效率的方式是以金字塔形式堆栈，如同世界各地杂货摊老板堆放西红柿、苹果和柳橙那样，但证明这个看起来显而易见的观点却出乎意料地困难。自到1998年，密西根大学数学教授黑尔斯才借助计算机成功证明了开普勒猜想。数学界许多人不接受这种证明定理的方式，戏称那是暴力法[1]。

普林斯顿高等研究院的麦克弗森，也是著名期刊《数学年刊》的编辑，希望刊登这个证明。依照所有科学文章的发表惯例，他请专家严谨地审查这篇论文。12位数学家仔细研读数百页计算机计算出来的结果，细查和质疑每一个细节。5年后，他们认输了。虽

---

[1] 指——测试所有的可能值，以找出正确解答的方法。——译者

然他们没有发现谬误、缺失或程序错误，但还是觉得不安，因为不可能检查每一行计算编码，重新进行每一步计算机运算，因此，他们无法绝对肯定这个证明的正确性。数学家们又气又累，说他们没法保证这个计算机辅助证明绝对正确。

期刊编辑没有退回这篇在那段时间已经声名大噪的论文，准备采取折中的做法。他们决定刊登这个证明，但附加免责声明，提醒读者计算机辅助证明本身存在的问题。许多同行并不认同这种做法。数学证明不是对就是错，数学没有灰色地带。附加免责声明无异于让人怀疑黑尔斯的研究和他的学生弗格森。

解决这种困境需要明智的决策。期刊编辑最后的解决方式是把论文分成两部分，2005年11月，《数学年刊》发表了第一部分，只讲述证明的策略。第二部分包含较多具争议的内容，2006年在期刊《离散与计算几何》(*Discrete and Computational Geometry*)上以6篇系列文章的形式发表。

虽然《数学年刊》或可说为困境找到了出路，它的做法却不完全一致。2003年，经过7年的等待后，《数学年刊》刊登了3位数学家撰写的一篇文章，描述计算机如何进行百万次运算，以找出一个问题的7个特例。罗格斯大学的泽尔伯格（Doron Zeilberger）拥护计算机证明，认为《数学年刊》有时采用双重标准。但他承认，处理像证明开普勒猜想这样存在已久又颇具声望的问题时，必须设定稍高的标准。

45 条条大路通罗马

◆ **摘要**：走绿色那条街到下一个交叉口，然后继续走绿色的街，接着换蓝色的那条……就这样一直走下去，直到到达目的地。遵循数学指令就不会在街道迷宫中迷路！

如今，驾驶员在街道迷宫中迷路后，常见的做法是打手机给朋友求助，询问如何抵达目的地。他只需要告知自己当下的位置，友人就可以给予指示。但如果连驾驶员都不知道自己身在何处，而朋友却能帮上忙，是不是更好？譬如说，驾驶员迷路了，又看不懂路牌，因为那是用外文写的。让我们再假设，所有街道都用两种颜色标示。那么指路的方式会是："走绿色那条街到下一个交叉口，然后继续走绿色的街，接着换蓝色的那条街。到下一个交叉口时，再走绿色那条，然后继续走绿色那条，接着转蓝色那条街。就这样继续走下去，就到我家。"这整个事件最引人注目之处是，无论从哪里出发，反复依照绿—绿—蓝的指示，驾驶员最终都能到达目的地。友人指路之前，根本不需要问驾驶员当时在哪里。

有没有遵循这种指令就行得通的迷宫呢？这类问题通称"街

道着色问题",源自图论。图形是由许多节点及联结这些节点的边组成的网络,可用以模拟现实世界系统,如因特网(节点代表路由器,边代表这些路由器之间的联结)、航线网络(每个节点是一座机场,每个边是一段航程)或城市道路网(节点表示交叉口,边是从一个交叉口到另一个交叉口的街道)。

想象有一个网络,其中每一个节点通向其他节点的边数相同,此外,每一个节点也可以经其他任一节点到达,路径可能是经由许多不同节点的曲折路径。这里的问题是,是否可以为这种网络的边标以不同颜色,以便根据前述那种简单的指令组合到达目的地。1970年,两位数学家猜想,符合一项技术条件的网络,确实可以用这种方式着色(这项技术条件是,图中所有的回路——也就是会回到同一节点的环——的边数,必须"互质"。这表示若有一个回路包含的边数是3,该图形中其他回路的边数必定不能是6、9、12……)。

然而,这两位研究者无法证明他们的猜想,这个问题几乎被遗忘了近40年。偶尔有数学家找到了特定网络的部分解答,1970年以来,共有16篇关于这个问题的文章公开发表,但直到最近,这项猜想是否正确仍然是个未知数。

2008年,这项猜想被证实的消息出人意料地传遍网络。入籍以色列的数学家特拉特曼(Avraham Trahtman)证明所有满足该技术条件的图形都能以上述方式着色。这项成果不仅仅是在纯数学上取得的智识成就,或许它更大的意义是证明了计算机科学的实用重要性。它说明,在某些情况下,数据输入的错误或其他干扰很可能无关紧要。就像在街道迷宫中迷路的驾驶员打电话求助时不需要知道自己的确切位置一样,计算机程序可以借助简单地重复指令,从不正确状态回到正确状态。

当然,证明存在着一种着色方式能让驾驶员找到通过街道网络的正确路径只是第一步,下一步是找出需要用哪几种颜色为哪些边着色。最近,两位法国数学家提出一套计算机算法,据说能在一段合理的时间内,计算出网络的适当着色方式。

特拉特曼经历不凡。这位现已60多岁的数学家来自俄罗斯乌拉尔山地区的叶卡捷琳堡,曾在乌拉尔州立大学研读数学,后来任教于斯维尔德洛夫斯克理工大学(Technical University of Sverdlovsk)15年。1984年,他因"反苏维埃活动"失去教职,罪名是写了一封公开信抗议当时的斯维尔德洛夫斯克州苏共书记,那位书记的名字是叶利钦(Boris Yeltsin)。

有7年时间,特拉特曼靠打零工写计算机程序勉强糊口,很久之后才又谋得教育研究所的一个教职,1992年他移居以色列。随着苏维埃政权的瓦解,百万犹太人离开苏联前往以色列,其中有许多天资聪颖的数学家,但他们发现很难在以色列7所大学中找到工作。发表过数量可观的数学文章的特拉特曼也是其中之一,他没法在专业领域找到工作。特拉特曼当了两年门卫、代课老师和警卫,最终于1995年,终于获得位于特拉维夫的巴伊兰大学(Bar Ilan University)的教职。

46 数字背后的秘密

◆ **摘要**:英国数学家哈代"人生中一段浪漫的插曲",是让印度数学家拉马努金灵感涌现,揭开隐藏在一些数字或一连串数字中的秘密。

小学生也会分数的乘除,因此,假设每个人充分了解分数的基本算术运算并非毫无根据。然而,高等数学对于处理这个议题仍感困扰。以分数 $1/2, 2/3, 3/4, 4/5, \cdots, n/(n+1)$ 数列为例。现在从这些分数中随机选择几项,把它们相乘或相除,得到的结果还是分数,然后尽可能化简这个分数。现在的问题是,以这种方式得出的分数的最大分子是多少?

过去已经有几位数学家研究过这个问题以及与此类似的问题。2005年,法国两位数学家布勒泰谢(Régis de la Bretèche)和特南鲍姆(Gérald Tenenbaum)与他们的美国同行帕默伦斯(Carl Pomerance)合作,开展了另一项研究,这项研究发表在当年4月的《拉马努金期刊》(Ramanujan Journal)上。

这本期刊以拉马努金命名,一名从记账员变成卓越数学家的印度人。1887年,拉马努金出生在距真奈(旧称马德拉斯)400千米小村庄的一个虔诚的婆罗门家庭里,在早期阶段就展现出了不寻常的数学技能。拉马努金没有接受过任何正式的高等教育,仅靠阅读就精通了从别人那借来的数学书籍,独自习得数学技巧。在印度他多年做着与他的潜质毫不相称的苦工。拉马努金经常疾病缠身,总是一贫如洗,但他投入所有空闲时间研究数学。最后,拉马努金鼓起勇气给英国重要的数学家们写信,并附上了一些研究成果,但他采用的方法太新颖,表达又模糊不清,多数收信人都是著名的数学家,但是他们直接把信给扔掉了,他们认为这位印度职员不是骗子就是怪人。这位寄信人只缺他们看重的教育背景,但有一位教授注意到了他,那就是剑桥的哈代,当时最著名的数学家。他一眼就看出拉马努金所提出的定理非常迷人,而且很快意识到这个来自印度的年轻无名小卒是名杰出的天才数学家,"一个全然具有卓越的独创性和力量之人"。

哈代立刻邀请拉马努金造访剑桥三一学院,但花了好几年时间,哈代才说服这个极为传统的印度人前往英国。身为婆罗门,出国对拉马努金来说是禁止的。最终,师从世界上最好的数学家并且比肩研究的期望占了上风,他在1914年订了船票前往剑桥。拉马努金与哈代之间发展出一种最富成效的合作关系,哈代小心翼翼地引导他的门徒趋向数学的严谨,同时不致扼杀他对数学的直觉。拉马努金待在英国的6年间,这两个个性迥异的人一直合作无间。哈代和拉马努金两人的信念、工作风格和文化都迥然不同,哈代是无神论者,依循严谨证明的传统信仰,而拉马努金则是虔诚的教徒,多半依靠直觉。但两人发展出了深厚的关系,对哈代而言,这是"我人生中一段浪漫的插曲"。这位剑桥大人物能够填补拉马努金的教育空白，但又留心不干扰这位印度年轻人的灵感涌现。拉马努金没有让他失望，在哈代的指导下，不过6年时间，他就取得了惊人的成果。他有一项能力享有盛名，就是能够揭开隐藏在一些数字或一连串数字中的秘密。拉马努金后来成为皇家学会史上最年轻的会员之一，也是第一个获选为三一学院院士的印度人。

但这位印度人在剑桥始终感到孤寂，饱受压力和思乡之苦。没有素食可能也让他苦恼，因为他的宗教信仰只容许他吃素，但当时正值一次大战，新鲜食物匮乏。1919年，他决定不再忍耐，拖着早已因病而孱弱不堪的身体返回了印度，回到一直守候着他的妻子的身边。不久他就过世了，年仅33岁，遗物数量庞大。时至今日，仍有研究者埋头钻研他的笔记，希望发现更多隐藏的宝藏。

《拉马努金期刊》创刊于1997年，一年发行4期，致力于因这位极富才华的印度人而丰富多彩的数学领域。这本期刊无疑是那些探讨高等算术问题文章的最佳发表场所，例如本文开头提到的那类问题。3位作者在论文一开始就提到，在任何情况下，分子最大值必定小于$1 \times 2 \times 3 \times \cdots \times (n+1)$。然而，这是一个非常大的上限，当$n=15$时，得出的值已达20兆。我们所知的是，那个分子必定小于此上限。这项讯息没有太多效用，仅仅更强化了必须限定分子最大边界值的必要性。3位数学家证明当$n=20$时，分子最大值介于1兆至10万兆之间，这是一个相当广的范围。就前一千个分数（$n=1000$）的集合而言，分子的最大值介于大到无法想象的数10^{600}与10^{2000}之间。那些雄心勃勃急于开创事业的数论家努力尝试为这个区间建立更窄的边界。

本文结束之前，让我做个简短的评论，以消弭数学家是思维狭窄的科学家这种错误的假象：撰写上述论文的3位作者之一的特南鲍姆，不仅在法国南锡第一大学（Université Henri Poincaré）任教和开展研究，还以写作闻名。他出版过剧本《三则小品》（*Trois pieces faciles*），还有两部小说《在阴影边缘约会》（*Rendez-vous au bord d'une ombre*）和《日程》（*L'ordre des jour*）。这3部文学作品应该可以改变人们认为跟数学家只能谈数字的刻板印象。

47 素数的秘密生命

◆ 摘要:"任意长度"不等于"无限长度",被迫估算一些"讨厌的"表达式的大小后,数学界的莫扎特找出了素数等差数列的答案。

2004年,两位数学家在网络上发表了一篇论文,他们在文中证实了一项当时尚未得证的素数猜想:存在任意长度的等差数列,所有项皆为素数。等差数列是可表示为 $a+bk$ 的数列,其中 a 和 b 为固定整数,k 为介于0与任一上限之间的整数值。若此数列的所有项皆为素数,我们称其为素数等差数列。数列5,11,17,23,29可写成 $5+6k$,k 为0—4,就是素数等差数列例。现已知最长的素数等差数列有22项,其中一项为 $11\,410\,337\,850\,553+4\,609\,098\,694\,200k$。

早在1770年,法国的拉格朗日和英国的华林(Edward Waring)便研究过素数等差数列。他们感兴趣的问题有二:特定长度的素数等差数列是否有无限多个? 是否存在任意长度的素数等差数列? 1939年,荷兰数学家范德科普特(Johannes van der Corput)证明存在无限多个长度为3的素数等差数列。其他长度的情况仍然未知。尽管数学界有很多人猜测任意长度的素数等差数列确实存在,有效的证明却一直付之阙如。

接下来,27岁的剑桥数学系毕业生格林(Ben Green)和29岁的加州大学洛杉矶分校的同行陶哲轩(Terence Tao)登场了。陶哲轩以21岁之龄取得博士学位,被誉为数学界的莫扎特。他们肯定地回答了上述两个问题:对任意给定长度,都存在无限多个比该长度更长的素数等差数列。

格林和陶哲轩决定先处理由4个素数组成的等差数列问题。他们的做法是把素数嵌入"殆素数"集合中,殆素数是可表示为素数乘积的数。这让他们的工作容易得多,因为已经有合适的数学工具处理殆素数,但他们很快又被困住了。如陶哲轩所述,他们被迫估算一些"讨厌的"表达式的大小。在克服这项困难的过程中,陶哲轩和格林发现,他们的工作进程有些类似于所谓的遍历理论,这是受物理学启发的一种统计学理论。这一洞察促使他们改变了方向,开始用较简单的方法处理4个素数组成的等差数列。更重要的是,这个新方法让陶哲轩和格林将他们的证明扩展至任意长度的素数等差数列。

研究少有一帆风顺,在格林和陶哲轩获得突破性进展之前,他们发现自己又落入困境。他们面对的情况是,必须将任意长度的数列的余项缩为0,这项障碍似乎难以克服。一次和在加拿大工作的英国数学家格兰维尔(Andrew Granville)的偶遇,成为解救他们的契机。格兰维尔告诉他们,他发现戈德斯通和耶尔迪里姆前一年提出的所谓孪生素数猜想的证明有一项错误,他俩掩盖了……一个余项,但一人之失是另一人之得。戈德斯通和耶尔迪里姆失败的方法恰恰成为格林和陶哲轩的工作基础,他们用此方法处理他们的余项,结果成功了。他们做出了正确的估算(戈德斯通可以稍感安慰,他最初对完成那项证明的看法果然是正确的:"无论结果如何,我相信从中可以发现一些有趣的数学。")。

这里要提醒一点:"任意长度"一词绝对不可以与"无限长度"一词混淆。前者仅指对任一给定上限,存在比此上限更长的素数等差数列。从下面的说明可知无限长度素数等差数列不存在的原因:等差数列 $a+bk$(a和b为常数,$k=0,1,2……$)最后到项$k=a$时,将包含一合数,我们得到的项是$a+ba=a(1+b)$。这个数可以被a和$(1+b)$整除。因此,它不是素数。

然而,陶哲轩和格林50页的专业论文并未提到即将会有一些多于22个项的素数等差数列被发现。他们的证明是非建构性的,只证明了任意长度数列的存在,而非如何找出它们。

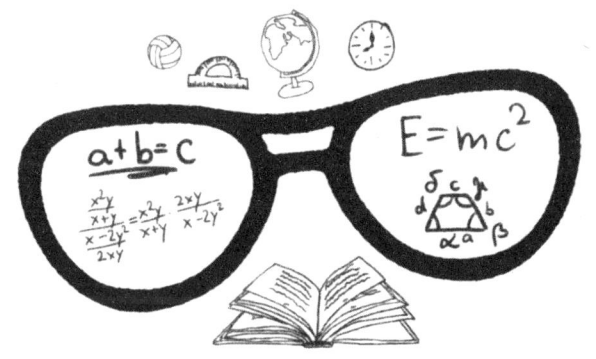

第七章

数学的日常应用

有趣的数学故事:

◎邮票和麦乐鸡块……真的难倒了数学家?

◎你可以用数学理论解决不愉快的排队问题!

◎人行道上该走还是跑?

◎所有形状的桌子都能固定而不摇晃的地方在哪里?

48 邮票、硬币与麦乐鸡块

◆ **摘要**：用不同面值的邮票组合邮资、用确切数量的零钱购物、组合任意盒数购买麦乐鸡块……凡人的问题解决了，数学家的问题即将开始。

有一种感觉非常熟悉，至少对我们这些在电子邮件出现之前已经出生的人来说如此。写好一封信，塞进信封里，封口，然后才想起来，邮局已经关门了。幸好抽屉里有一些邮票，正好可以派上用场，于是问题迎刃而解。但凡人的问题解决了，数学家的问题出现了。他们自问，假定有各种不同面值的邮票，粘在一给定大小的信封上，可以容纳的最高邮资是多少？举例来说，有面值为1、4、7、8分钱的邮票，在一个最多可以容纳3张邮票的信封上，那么信封上的邮资介于1分钱至24分钱之间。

这个所谓"邮票问题"可回溯至1937年，当时德国数论家罗尔巴赫（Hans Rohrbach）在一篇论文中首次描述了这个问题。此后关于这个问题的研究不断涌现，时至今日仍有从不同侧面阐明这个问题的文章发表。这一切都证明了，用最少量邮票组合出一特定邮资的问题并不容易解答。事实上,如同加拿大滑铁卢大学(Waterloo University)的沙利特(Jeffrey O. Shallit)所说的,这个问题极其错综复杂。沙利特证明,随着邮资的增加,计算机用以计算邮票最适配置所需的时间也大幅增加。

印度数学家特里帕蒂(Amitabha Tripathi)在《整数数列期刊》(Journal of Integer Sequences)上发表了一篇文章,研究邮票问题的一个特例。他假定邮票面值以一定值增加。举例来说,以7分钱为增值,有1、8、15、22分钱面值的邮票组合。特里帕蒂提出了一个可以计算最高金额的公式,不高于这个金额的所有邮资,都可以用一定数量的这些邮票组合出来。因此,如果最多能贴10张上述4种面值的邮票,那么所有不高于94分钱的邮票组合都能贴到信封上。

另一个对邮票数量没有任何限制的问题称为"硬币问题"。这个问题与德国数学家弗罗比尼斯(Ferdinand Fröbenius)有关,他以用一定数量的零钱购物这一情况说明这个问题,可用的特定面值的硬币量是一定的。与邮票问题相反,硬币问题让人感兴趣的是下限:在多大金额以上,任何购物都能以可用的硬币支付?英国数论家西尔维斯特(James Joseph Sylvester)在写给英国《教育时报》(Educational Times)编辑的信中,提供了这个问题的答案。如果只有两种硬币 A 和 B,除了1之外,两者没有公因子(因此它们"互质"),那么,所有高于 $A \times B - A - B$ 的金额都可以用这两种硬币支付。举例来说,如果有5分钱和2分钱的硬币,那么总额为4分钱或更高的金额都可以用它们支付。有5分钱和13分钱的硬币时,只有购买48分钱(7个5分钱硬币加一个13分钱硬币)或更高金额的商品时,才能用这两种硬币支付。低于48分钱的许多金额无解。有一个计算机程序可以找出3种不同面额硬币的支付金额下限,而4种或更多种硬币的情况仍然无解，只有估计值。

邮票与硬币问题还有另一种版本："麦乐鸡块问题"。这个问题谈的是麦当劳的鸡块，以6块、9块、20块盒装贩卖。所谓"麦乐鸡块数"是指任意组合盒数而买到（及吃掉）的鸡块数量。举例来说，要买44块鸡块，可以购买一盒20块装，加上两盒9块装，再加一盒6块装，但没有任何盒数组合可以组成如总数为13、22或37的鸡块。现在的问题是，最大的非"麦乐鸡块数"是多少，也就是无法通过组合盒数买到的最大鸡块数？答案是43。任何大于这个数字的鸡块数都可以买到。当麦当劳菜单推出4块装的快乐儿童餐后，最大的非"麦乐鸡块数"降到11。

与邮票问题、硬币问题及麦乐鸡块问题相关的问题，还有找零钱时最高效的硬币组合、一国货币的最适面值等问题。美国有5种不同的硬币：1分、5分、10分、25分，以及很少用的5角。假设所有价格出现的概率相同，一般而言商店老板需要4.7个硬币用于找零。沙利特做过计算，如果铸造18美分币值的硬币替换10美分的硬币，找零钱时所需的硬币数会减少17%。欧洲的情况也一样，增加一种1.33欧元的硬币，可以将找零钱所需的硬币数从平均4.6个减少至3.9个。不过大家最好别去想象结账时柜台上发生的混乱。

49 排队的(不)公平性

◆ 摘要：没有人愿意排队，包括数学家在内，不管排什么队都一样。排队这种不愉快的麻烦事，能用数学理论来解决吗？

没有人喜欢排队，包括数学家在内，即便只要他们愿意，他们可以把关于队伍和排队的专业知识应用到实际中来。排队就是浪费时间，特别在滑雪度假时。瑞士弗利姆斯高山度假区引进新式六人座高速缆椅，就是个恰当的例子。几年前，这种座椅取代了1960年代生产的老旧双人座缆椅和丁字架①。

旧缆椅每小时的总运输量是3450名乘客，而这个最现代化的新型缆椅每小时单程即可载运3200人——当然前提是在运作不出差错的情况下。但在运转的第一年，缆椅总出故障，无法实现缆椅预期的平稳运转时的最大载荷。在新缆椅刚开始运行时，每小时最多只能载运2700名乘客上山，不仅建造商大失所望，而且度假区的旅游局，当然还有滑雪游客也都很失望。

对来到这里的滑雪者来说，不顺当的开始表现为排在缆椅队

---

① 一种利用缆绳运送人员上下山的简易T形装置。——译者

伍后面的滑雪客，比能坐上缆椅的人多，结果是起点站开始排起一列队伍，而且每分钟都在变长。接近中午时，滑雪者必须等上30分钟。如果这时候没人放弃在当天剩下的时间里上山滑雪，队伍每小时还将增加约500人。

关于这烦人的冗长队伍，当然有适用的数学理论。最早发展出相关数学理论的是丹麦数学家厄朗（Agner Krarup Erlang），1900年代初，他在哥本哈根电话公司工作，负责解决这类问题：需要多少线路和多少接线生，才能提供令人满意的电话服务？在检测可能在同一时间打入交换台的电话数时，他发展出一个公式，可以算出所有线路同时忙线的概率。经过后来的几次改进，厄朗的公式也能用于计算平均等候时间，而且时至今日仍然适用。例如客服中心就用以估算所需的电话线路数量。

对于不谙此道者，排队是件很不愉快的麻烦事，不管排什么队都一样。无法描述，也没有避开排队的好方法。喔，嗯？有好方法？每一个队伍都一样？当然不一样，至少对能看出一个队伍与另一个队伍重要的细微差异的专家来说如此。表征排队的一项特性是排队者加入队伍的时间分布：排入队伍的时间是随机且相互独立的吗，就像开进收费站的汽车？抑或排队者以特定规律出现，如同旅客抵达机场安检处，他们到达的时间取决于飞机降落时间？

因此，排队远不只是一大群悲惨的人等候接受服务，排队的一项重要特征是队伍纪律。在人人遵守传统行为规范的国家里，队伍纪律决定了排队者接受服务的顺序。比如，根据排队者到达顺序提供服务，就像交通信号灯由红转绿后，汽车依序启动一样，但也可能以相反的顺序为排队者服务，如人们走出电梯的顺序。服务于等候的排队者还有另一种聪明方式，就是先服务那些需时最少的排队者。这种做法可以让所有排队者的等候时间总和最小。

1961年，麻省理工学院营销学教授利特尔（John D. C. Little）总结出一个数学规律，虽然看似微不足道，后来却证明那是一个非常重要的定律，随即以他的名字命名为利特尔定律。这个定律说明，一列队伍中排队的平均人数，等于他们的平均到达率乘以待在队伍中的平均时间。若每小时有60人加入队伍中，且服务每个人的时间为10分钟，则平均而言队伍中总会有10个人。这个定律的卓越之处在于，不管到达时间、服务时间和队伍纪律发生什么变化，定律都成立。

既然排队涉及人及其行为，需要考虑的变量就不只是等候时间，心理因素也在其中扮演着重要角色，而数学家多半忽略这个因素。机场是很容易观察到这一点的地方，有两个航站楼的苏黎世机场就是最好的例子。第二航站楼有好几个值机柜台，旅客排队时自然会去排最短的那列队伍。但如果你所排的队伍中有一个旅客要求特殊或机票有问题，那就倒霉了，所有排在这列队伍中的人，不得不耐心等待这些费时的作业结束，与此同时，他们沮丧地看着其他队伍迅速向前移动。

机场另一侧的第一航站楼的设计则不同：排一列队伍等候所有的值机柜台，结果每个旅客的平均等候时间比第二航站楼里所需的时间短。令人意外的是，这一结论不一定会促使旅客舍弃第二航站楼而选择第一航站楼（如果旅客可以自行选择的话）。位于海法市的以色列理工学院的4位科学家分析了这个现象。他们发现，多数旅客误以为有多列队伍的排队系统等候时间较短，但这项研究也显示出一个矛盾：虽然感觉要等待比较久的时间，多数受访旅客仍偏好排单列队伍。研究者认为，这可归因于单列队伍的公平本质。显而易见，公平比等候时间更重要。

50 人行道上应该跑还是走？

◆ 摘要：就快赶不上飞机了，但鞋带松了得停下来绑一下，这时是不是应该在自动走道上绑？或者在哪里都没有什么差别？

加州大学洛杉矶分校的数学家陶哲轩是现代数学巨星之一。他在青少年时期就被视为奇才，以12岁之龄赢得数学奥林匹克竞赛金牌（此前已经得过铜牌和银牌）。陶哲轩24岁升任加州大学洛杉矶分校教授，31岁获菲尔兹奖。

现在陶哲轩热衷于博客，他常利用自己的博客阐释授课内容的细节，滔滔不绝地讲述难解的数学问题，但他的博客不是只给同行或进修生看的，陶哲轩也在上面探讨日常事务和日常观察的数学背景。这就是数学之美：它存在于各种生活事件和各个寻常地方。

有一次，陶哲轩发现他快赶不上飞机了，必须从值机柜台飞奔到登机口。大多数机场的设计是，航站楼内的部分通道设有自动走道，以帮助旅客加速前进；自动走道旁则是一般路面。陶哲轩不愿放过探索这个未被关注过的数学难题的好机会，他在自己的博客上问读者下面的问题：如果旅客得稍停一下绑鞋带，他应该在自动走道上绑，还是在旁边地面上绑？此外，如果他只剩一点力气作短暂冲刺，如20秒，且其他路程以恒速行走，那他在自动走道上跑，还是在旁边地面上跑，比较有效率？

当陶哲轩在博客上提出这个问题后，世界各地的人纷纷做出回应，几天之内，陶哲轩就被这些响应淹没了。各种意见和计算结果蜂拥而至，其中不乏搞笑的。有人认为最好继续待在自动走道上，不必绑紧鞋带，等上了飞机再绑；也有人建议不要跑，因为这样可能会撞到其他旅客；还有人提醒在自动走道上绑鞋带很危险，因为鞋带可能被卷入机器里。有个呆瓜强调在走道上一定只能走，因为它叫"走"道（然而这引发又一个疑问：飞机在"跑"道上只能跑吗？）。

当然认真的意见也不少。有读者认为，在哪里绑鞋带、在哪里跑没有什么差别，因为要做的只是权衡一下时间的得失。另外有人将走路所花的时间、奔跑所花的时间和绑鞋带所花的时间进行一番加减乘除，然后把得出的结果与自动走道的速率、走路的速率、奔跑的速率进行一番比较。

当然，只有正确的计算才能得出正确的答案，我们马上就会公布答案，但有些非数学专业人士期望得到通俗解释的答案，而非以数学公式表述的答案。

一位数学家帮了忙。他请读者想象一对双胞胎，阿尔伯特和伯提，两人同时到达自动走道前，各有一只鞋的鞋带松了。伯提在踏上自动走道之前弯腰绑鞋带。阿尔伯特一踏上自动走道，同样弯腰绑鞋带。两人同样绑鞋带、同一时间起身，然后同样继续往前走，但这种情况下，阿尔伯特会领先于伯提。阿尔伯特踏出自动走道时,伯提还在自动走道上,虽然他在接近阿尔伯特,但他再也赶不上阿尔伯特,阿尔伯特做出了正确的选择。于是我们得到这个问题的正确答案:在自动走道上绑鞋带比较有效率。

还有该不该在自动走道上跑的问题。陶哲轩的博客同样吸引了经济学家们的注意,他们觉得自己应该参与讨论。毕竟,变量包括利润、市场占有率、产量等的最优化是他们的谋生之道。他们的结论是,为了尽可能在最短时间内通过最长一段距离,应该尽量把时间花在速度快的区段。如果匆忙的旅客在自动走道上跑,就缩短了花在快速通道区段上的时间,相应就延长了花在慢速区段上的时间。这就是为什么应该在自动走道旁的地面上跑的原因。在经济学理论中,大家早就知道,如果可以选择,工厂应该尽可能把最少的工作安排给最没有效率的机器。

信不信由你,这个结论也可以应用到赛车上。最近,一级方程式的赛车手已获准使用"加速"按钮,随时释放80马力的爆发能量,跑完一圈最多只要6.6秒。陶哲轩在博客中建议赛车手,在慢速直线跑道上按这个钮。

与此同时,普林斯顿大学动力学研究员斯里尼瓦桑(Manoj Srinivasan)发现,人们在自动走道上一般会减速,以保存能量。2009年,这些发现在《混沌》(Chaos)杂志上发表,证实了先前俄亥俄州立大学的扬(Seth Young)的研究结果。扬注意到人们在自动走道上走得比较慢。他认为个中原因是当人们踏上自动走道后,眼睛看到的事物会让他们觉得走得比平常的"步速"快,于是就自然调整为较缓的速度,也就是较不消耗能量的方式。

51 数字9的奥秘

◆ **摘要**：出现在一个数的首位上的数字分布概率是不同的，小数字比大数字更常出现在首位上。1开头的数据最多，9开头的数据最少。各个数字的地位竟不同等?!

常识是很吊诡的，尤其是数学常识。我们会认为股市中1字头的股票价格，应该与2字头的或任何其他数字开头的价格出现机会均等。因此，1至9之间的每一个数字，成为股价首位数的概率必定是11.1%。同样地，我们会理所当然地认为，代表城市人口、物理或数学常数、所有国家国民生产总值等的各种数据中，没有哪个数字成为首位数的概率高于其他数字，但这个假设不正确。在许多物理数据或社会数据的集合中，数字的分布并不相同。

第一个注意到这个惊人事实的是加拿大天文学家和数学家纽康(Simon Newcomb)。约120年前，纽康就留意到，对数表的前面几页比后面的破旧。在计算器出现之前，人们用对数表来做算术计算。他由此推断，相比于后面页面上那些以8或9开头的数，他的同行一定更经常与前面页面上1或2开头的数字打交道。纽康系统阐述这个原理后不久它就被人遗忘了，直到1938年，美国物理学家本福德(Frank Benford)才重新发现了这个原理。

但本福德把这项观察往前推进了一步，他花了几年时间搜集数据，证明这种规律普遍存在。他检验了大量类别迥异的数字集合：原子量、棒球赛统计数据、河流面积、《读者文摘》之类的杂志上出现的数据。每一次他都得到相同的结果：约30%的数以1开头，约18%以2开头，12%以3开头……9字头的数不到5%。这种特殊的现象很快被称为"本福德分布"。留意地方报纸财经版上当天的股票行情，通常就能相当准确地理解这个分布规律。顺带提一下，这种现象与采用何种货币几乎完全无关。把股价的单位换成瑞士法郎或日元，结果相仿。

本福德分布无处不在，不管到哪里都能看到。举例来说，1990年美国人口普查，结果3000个行政区的人口数量符合这个规律，但在找到解释这个现象的原因之前，它仍然只不过是一种令人好奇的现象。直到1995年，杰出的西点军校毕业生希尔(Theodore Hill)才解开了这个谜，他后来在佐治亚理工学院教授数学。他令人信服地解释了首位数字的特殊分布现象。详细探讨他的证明会让我们离题太远，阐明一下这个现象应该足够了。让我们想象一只最初面值为100美元的股票。第一位数字是1。现在假设它的价值以每年10%的速度增长。需要88个月股价才会涨到199美元。88个月中股价的首位数一直是1，但只要52个月股价就会从200美元涨到299美元。52个月中股票价格是2字头。依此类推。只要12个月股价就从900美元涨到999美元，也就是12个月中股价的首位数会显示9。然后整个过程重新开始：股价从1000美元涨到1999美元花88个月，其间股价再一次成为1字头。

这个例子多少与本福德观察到的分布现象相符。从数学上讲,现实生活中的许多数据(这些数据都以某种方式在增长)的首位数字呈对数分布,而非如我们预期的那样均匀分布。首位数字 d 出现的频率 f 由公式 $f = \lg(1+1/d)$ 得出。若 $d = 1$,得到 $f = 0.301$。若 $d=9$,结果是 $f = 0.046$。

一旦这种现象从只是有趣提升到数学定律的崇高地位,专家就开始寻找其用武之地。例如,一位会计学教授详细检查 17 万笔纳税申报数据的首位数字,审查这些首位数字是否呈本福德分布。正常情况下,这些数据与本福德分布相符,不相符的情况通常是由于会计数据有误,甚至可能是造假。无怪乎美国国税局开始利用本福德定律来甄别税务欺诈。计算机科学家也从这个定律获益。小数字比大数字更常出现在数的首位这项事实,或许可帮助设计更高效的计算机。

52 达尔文和爱因斯坦爱写信?

◆ **摘要**:有个寄信人等了30年才等到达尔文的回信,而爱因斯坦的往来书信至少有30 000封。达尔文和爱因斯坦的回信模式,与现今人们利用计算机收发电子邮件的模式相类似。这是真的吗?

达尔文和爱因斯坦都是多产的写信者。今天我们知道达尔文寄出7591封信,收到6530封信。爱因斯坦往来的书信包括至少14 500封寄出的信,以及16200封收到的信。这么多资料,为印第安纳州圣母大学的物理学家巴拉巴西(Albert-László Barabási)和他的学生奥利维拉(João Gama Oliveira)提供了丰富的分析数据。在分析达尔文和爱因斯坦回复特定信件所花的时间后,他们发现,这两位卓越人物回信的模式,与现今计算机使用者收发电子邮件的模式相类似,但这项研究结果很快引发质疑。

爱因斯坦回复了约四分之一的来信,其中约一半是在10天内回信。达尔文回复了三分之一的信件,其中三分之二在10天内回信,但有一个异常的数据值得注意:一位寄信人等了30年才等到达尔文的回信。这项研究中较有趣的一点是两人在这两种极端之间的行为。巴拉巴西和奥利维拉发现,这两位科学家回信之前的时间,可用所谓的比例定律说明:在 τ 天内回信的概率 $P(\tau)$,符合幂次定律:$P(\tau) \approx \tau^{-\alpha}$。令人吃惊的是,两人的参数值 α 非常相似:达尔文是 $\alpha=1.45$,爱因斯坦是 $\alpha=1.47$。

更让两人惊奇的是,巴拉巴西和奥利维拉发现,这种形态与今日电子邮件通信模式很相似。在先前的研究中,巴拉巴西和同事随机选择一些人的电子邮件进行统计,发现它也符合幂次定律。根据研究者的说法,这种现象可以用下面的事实来解释,也就是无论采用书面方式还是电子方式,人们根据邮件的重要性排列优先级,然后,他们依据"排队理论"回信,先回复高优先级的邮件,然后是次优先级的。排队理论的一项结论是,回复时间遵循上述比例定律。

这项研究在享有盛誉的《自然》(Nature)杂志上发表后,各方反应不一,从持保留态度到断然反对的都有。美国伊利诺伊州艾凡斯顿西北大学的阿马拉尔(Luis Amaral)认为,那些推论根本就是胡说八道。他与两位同事分析了巴拉巴西先前的研究,得到的结论是,"对数正态分布"更适合描述观察到的回信时间。值得注意的是,这样的分布不符合"排队理论"。接下来《自然》杂志的编辑火上加油,确证奥利维拉和巴拉巴西所用的实证数据经过了平滑处理,而论文中却没有提及这一点。

另外有一个结论也尚待厘清。描述收到讯息与回复之间等待时间的参数 α,对电子邮件来说只有1.0。根据奥利维拉的理论,这意味着爱因斯坦和达尔文回信的速度比今日使用电子邮件的人还快。奥利维拉解释这项违反直觉的结论时说,因为分析数据时使用不同的时间单位：电子邮件用秒计算，信件以天为单位。还有，电子邮件的观察期限是80天，而信件是30年。这些小细节把研究过程弄得一团糟，难怪专家质疑研究结果。然而，德国吉森大学的邦德（Armin Bunde）认为，这些结论并没有十分违反直觉。他指出，那些结果是可以解释的，现今传送的电子邮件数量远多于多年以前寄送信件的数量。与一般书面通信相比较，许多无关紧要的电子邮件回复前的漫长的等待时间，影响了整体等待时间。邦德的解释似乎让人更有理由怀疑这项研究，而不是支持它。

总体而言，巴拉巴西和奥利维拉的论文没有获得有力的支持。即使在"不发表论文就完蛋"的压力下，科学家要做的仍不仅仅是得出研究结果。将现有的可能有趣的数据输入计算机，让机器快速处理大量的数字，然后对公众发表经过平滑处理过的粗略的研究结果，这样做是远远不够的。

53 哪个桌子不摇晃？

◆ **摘要**：三脚桌绝对不会摇晃，方桌却可能既摇晃又倾斜。只要地面没有任何地方有超过35度的斜角，不仅是方桌，所有长方桌都能站稳而不摇晃？

每个人在人生的某个时候，大概都有因为花园里的桌子摇摇晃晃而气恼的经历。那一定是张4条腿的桌子，3条腿的绝不会有这种问题。为什么？因为空间中3点确定一平面，这就是3条腿的桌子不会摇晃的原因。一个由3条无论什么长度的脚支撑的桌面，在空间中总能"明确定义"。因此，即使桌面可能不是水平的，3条腿的桌子也绝对不会摇晃。不幸的是，4条腿的方桌可能既摇晃又倾斜。问题是，是否可能调整方桌摆放方式，让它用4条腿稳稳地站在地板上。

这个问题至少1970年就有人提出，当时英国数学家芬恩（Roger Fenn）首次证明了如下定理：一个表面无论多么高低不平，其上皆存在位于同一水平面上的4个点，联结4点会形成一方形。无论方形多大，这个定理皆成立。以日常用语来说，这个定理说明的是,无论地面多么不平,一张任何大小的方桌都能稳定地水平站立。唯一要注意的是,桌腿必须够长,才能让桌面不受地面凹凸的影响。一年后,萨克斯(Joseph Zaks)在路易斯安那州召开的一场会议中演示,三脚椅可以在椅面保持水平的情况下,立在高低不平的地面上。

然而,两项证明都有一个缺点,它们都是所谓的存在性证明,只是说明椅子有3个不动点、桌子有4个不动点,没有提到这些点在哪里或如何找到它们。

这就是巴里托姆帕(Bill Baritompa)、勒文(Rainer Löwen)、波尔斯特(Burkard Polster)和罗斯(Marty Ross)这几位数学家,以及日内瓦欧洲粒子物理实验室物理学家马丁(André Martin)开展研究的起点。2005年,他们发表文章证明,只要地面倾斜不超过35°,不仅是方桌,所有长方桌都能如前述方式那样站稳而不摇晃。他们借助"均值定理"来证明这一点。这个定理指出,若桌子的一条腿悬空于地面上方某个位置,现在要把它插入地面的一个位置,则在从前一个位置转到后一个位置的过程中,必定桌腿会碰到地面上的某个点。结论是,摇晃的桌子可以经由旋转来达到稳定状态,但这个定理还是有缺陷:无法保证桌面在不摇晃时是水平的。

上述问题是德国数学家特普利茨(Otto Toeplitz)提出的二维问题的三维版。他探讨的问题是,是否任何封闭曲线都包含4个可以连成一正方形的点,这个封闭曲线可以很复杂,但不能自我交叉。顺带一提,特普利茨受纳粹迫害,1939年移居耶路撒冷,一年后便在当地过世了。

1911年,特普利茨在瑞士刊物《瑞士博物学家协会索洛图恩会议记录》(*Verhandlungen der Schweizerischen Naturforschenden*

Gesellschaft in Solothurn）上提出这个问题，并展开研究。他告诉读者说，他和他在哥廷根的学生已经证明，所有凸曲线，亦即所有无凹陷的曲线，至少能包含一个正方形。自此之后，数学家一直在研究这个问题。1929年，俄国数学家史尼雷尔曼（Lew Schnirelman）提出了凸曲线和凹曲线也就是曲率一定的无凹陷和凹陷的曲线的证明。

不幸的是，史尼雷尔曼的证明有个错误。数学家、犹太法典学者古根海默（Henry Guggenheimer）发现了那个错误，他在苏黎世瑞士联邦理工学院获得数学博士学位，后来到布鲁克林教授数学和犹太神秘主义教义。古根海默修正了那个错误，1965年在《以色列数学期刊》(*Israel Journal of Mathematics*）上发表了正确的证明。

然而，这个问题仍然让数学家着迷，许多人如以往一样忙于研究问题的不同版本。例如，三角形、平行四边形、菱形、五边形或其他多边形能否由曲线产生？甚至不在一个平面上的空中曲线，也被拿来研究。1991年，英国数学家格林菲斯（Brian Griffiths）证明，空间中某些曲线包含偏斜正方形的四个角，这种正方形四边等长，但不在一个平面上。

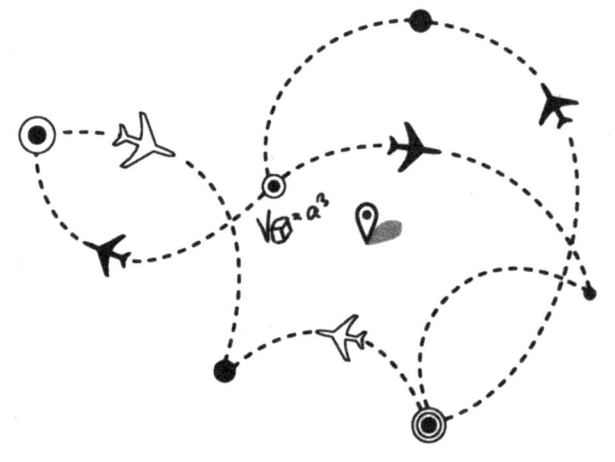

第八章

头脑体操

有趣的数学故事：

◎按照爱因斯坦告诉我们的方式登机！

◎信天翁远程猎食飞行会误入歧途吗？

◎为什么人群中有5%的人患有"计算失能症"？

◎标准化测验是政治问题！

54 依爱因斯坦的公式登机

◆ **摘要**：数学家根据爱因斯坦相对论中的一个公式建立了登机模型。它告诉我们，不要管登机广播了。完全不要划位，让乘客随意登机选择座位，比依序从后往前登机有效多了！

显而易见，只有当航空公司的飞机载客运行，公司才能赚钱。因此，周转时间，也就是飞机降落与起飞之间待在地面上的那段时间应该愈短愈好。除了清洁飞机、检修保养和加油之外，周转时间还有一项重要的考虑因素是乘客就座的速度。数百位乘客登机所花的时间，可能导致大延误，延长飞机滞留地面上不产生效益的时间。这就是为什么航空公司要寻找更高效的方法，让今日航空器承载的愈来愈多的乘客迅速入座。在缩短登机时间的策略中，乘客进入机舱的顺序扮演着至关重要的角色。

根据5位以色列和美国数学家的看法，许多航空公司现行的措施并非最佳策略。它们的措施是，先让后排乘客登机，然后依序让前排乘客入座。一个典型的例子是，先召集第25—30排的乘客登机，然后是第20—25排，以5排为单位，逐步朝机头方向移动。这种方式背后的思想是,不会有前排的乘客阻塞走道,因而让其他乘客无法到达后排。

这种做法看似有道理:毕竟,一桶啤酒也是从底部开始往上注满的。但直到近期,仍然没有数学模型可以验证这个程序的有效性。系统工程师采取权宜之计,借助计算机进行仿真模拟,而结果让人对传统登机方式产生了怀疑:或许从后往前登机不像我们以为的那么有效率?

对专家来说,仰赖仿真模型绝不是让人满意的方法,他们需要的是一个数学模型,这个模型可以明确计算出用不同方式登机所需的时间长度。最后他们建立了一个模型,但它出乎意料的复杂。5位数学家利用了爱因斯坦相对论中的一个公式来建立这个模型,当时这个公式从未应用于物理学之外的领域。班固利恩大学的计算机科学家巴赫梅(Eitan Bachmat)在分析计算机硬盘输入输出队列[①]时,突然想到了这个公式。

巴赫梅和同事发展出来的模型,考虑飞机客舱、登机方式、乘客和乘客的行为等参数。结果表明,最重要的变项涉及3个参数:一位站立乘客及其手提行李所阻塞的走道长度(如40厘米),乘以一排的座位数,再除以两排之间的距离。若一排有6个座位,各排之间的距离约80厘米,结果是3。这个数字表示在趋近指定座位时,某一排的乘客在最终入座前,会占据3排的走道空间。

问题立刻变得显而易见:如果坐在第25—30排的乘客一起登机,半数走道会被完全堵住;而且多数乘客要等到在他们前面的每一个人都就座后,才能到达他们的指定座位。根据这个模型,坐满

---

① 队列是一种先进先出的线性表,加入数据时从队列的尾端加入,取出数据时从队列的前端取出。——译者

机舱所需的时间与乘客数成正比。

这种困难的情况是可以避免的,做法是让第30排、27排、24排的乘客先登机,接着是第29排、26排、23排的乘客,然后是第28排、25排、22排的乘客,依次类推。以这种方式登机的乘客,不会在走道上妨碍彼此。然而,要实施这么复杂的措施,难度相当高。(有一种实行方式是利用不同颜色的登机牌,例如第30排、27排、24排是红色,第29排、26排、23排是蓝色,依次类推。那么广播时只要说"持蓝色登机牌的乘客请登机"。)

令人意想不到的是,数学家的计算证明,如果航空公司让乘客以随机方式登机,登机时间会大幅缩短,根本不需要登机广播了。更让人惊讶的是,这个模型指出了一种更有效率的登机方式:干脆不要座位号,让乘客随意登机,随意选择座位。用这种方法,或者说不用任何方法,乘客登机就座所需的时间仅与乘客数的平方根成正比。

但好消息还不止这些。如果从后排开始,坐靠窗位子的乘客先登机,接着是中间座位的乘客,最后是靠走道座位的乘客,登机时间甚至还能再缩短。然而,这种方式可能对举家出行的旅客或团体旅客带来不便,他们将被暂时分开。

一种极端优化的登机策略是,先让坐飞机一侧靠窗位子的乘客登机,接着是坐飞机另一侧靠窗位子的乘客,然后是中间位子的乘客,最后是靠走道位子的乘客。

55 选好走的路一样堵?

◆ **摘要**：网络新增一个通路，网络整体效率可能不增反减。开通新的连接道路，并不能如预期的那样疏解交通堵塞，反而会造成彻底混乱。直到废除那条路后，才恢复原有的平静。

从苏黎世飞往旧金山，旅客通常取道纽约，在纽约转乘飞往西海岸的国内航班，但如果这段旅程的北美段客满，这段航线又因为拥塞不已而无法加开航班，航空公司可能选择让乘客在芝加哥转机。一旦这个选项超额预订，公司还可以把乘客再转到原来的航线。显而易见，在这一段航程开始之前，必须决定好是在纽约还是在芝加哥转机。现在，为了让自己能更灵活应对，航空公司在纽约与芝加哥之间开设了转机航班。因为旅客有了更多的出行选择，因此可以说，这些航班缓解了飞航网络的压力。而且，这样做还节约了成本，更有效地分配载客量。

这听起来合乎逻辑又可信，不幸的是，这并不总是对的。由于价格、成本、载客量等因素的影响，新增航线可能让运输状况更糟。1969年，德国数学家柏拉斯(Dietrich Braess)在《论交通规划的悖论》(On a paradox of traffic planning)一文中,首先讨论了这种现象。这篇文章以德文撰写,而令人意外的是,直到2005年,《运输科学》(Transportation Science)期刊才刊出该文的英文版。自此之后,街道交通网、因特网,以及通常情况下任何形式的网络中出现的这种矛盾状况,便以那篇文章作者之名称为"柏拉斯悖论"。这个悖论指出,网络新增一条通路,网络整体效率可能不增反减。举例来说,1969年斯图加特市中心开通一条新的道路,但并未如预期的那样疏解交通拥塞,反而造成更大的混乱。直到那条路封掉后,才恢复该有的平静。1990年,纽约封闭42街后,有效减少了阻塞。

"柏拉斯悖论"是博弈论的一个例子,1994年和2005年的诺贝尔经济学奖得主都研究博弈论这个经济学分支。在博弈中,只关注自身利益的选手不得不根据他人的选择来做选择。在所谓"零和赛局"中,一位选手赢,另一位选手就输,但"柏拉斯悖论"与"零和赛局"无关。如果飞航网络的价格体系某种程度上取决于某一特定航线上的旅客数,那么很可能出现新增一条航线后所有竞争者皆输的情况。

让我们假设有条马路塞车,而与该马路平行的另一条则车流顺畅。让我们再假设现在新增了一条马路,连接那条阻塞的及与之平行的顺畅马路。可能发生的情况是,有足够多的驾驶员决定改走那条原本顺畅的马路,造成其堵塞,而原来那条马路上的车子又不够少到不再塞车的程度。现在,阻塞马路不是一条而是两条,没有任何人得到好处。事实上,与原先相比,会有更多的驾驶员被堵塞在动弹不得的车流中。如果每个驾驶员开始时决定走那条塞车的路,到了交叉口后才考虑是走另一条平行马路还是继续往前开,这时就会出现上述悖论问题。

再回到空中交通,以下略微简化的情况可以呈现问题的原貌。假设这两条飞往旧金山的航线载客量都为400人,也就是共有800人从苏黎世前往旧金山。只要这两条航线——一条经纽约,另一条经芝加哥——正常运行,所有的乘客都能到达目的地。然而,因为某种原因,纽约与芝加哥之间新辟了一条航线。可能因为价格便宜、抵达时间便利或为了累积较多里程数,100位旅客决定选择较复杂的苏黎世—纽约—芝加哥—旧金山航线。这100位旅客迅速掌握时机,订好了机位。因此,400位从苏黎世起飞的乘客中,有100位改从纽约转机到芝加哥,于是让苏黎世—芝加哥—旧金山航线只剩下300个机位。结果到达旧金山的乘客不会超过700人:300人经纽约,400人经芝加哥。引进一条新航线反而造成了瓶颈。只有取消新增的转机航班,才能再次让到达旧金山的旅客数为800人:400人经纽约,400人经芝加哥。

专家认为,"柏拉斯悖论"只有在罕见的特殊情况下才会发生。另外,我们可能会认为,旅客很快就会感觉到,单单改变他们的航线没有任何好处,还会造成其他旅客的困扰。因此,未来他们遇到类似情况时应该不会再犯同样的错误。然而,这同样没有事实根据。亚利桑那大学心理学家拉普普(Amnon Rapoport)以博弈论的实验测试闻名,分析受测者是否会从他们先前所犯的错误中得到教训。在实验情境中,他为受测者提供数十条航线,与上述例子情况类似。在没有开辟转机航线时,交通稳定并很快达到均衡,每条航线均约有半数受测者选择,但一旦开辟转机航线,受测者就选择他们认为更好的航线,因而造成阻塞。

56 班机飞巴黎……以及安克雷奇

◆ **摘要**：多数旅客根本不知道新几内亚的莫尔兹比港市的机场，但如果这个机场的航运中断，大部分国际航空交通网会与世界隔绝。在航空运输网的"小小世界"里，不起眼的机场可能扮演着相当重要的角色。

现今我们几乎可以飞往世界的任何角落，尽管有时得迂回绕行。中停和转机对常搭机的旅客来说是家常便饭。旅客所问的主要问题是，他们得转机几次？2005年5月，《国家科学院院刊》(*Proceedings of the National Academy of Sciences*)刊登了西北大学工程教授阿马拉尔所做的研究，这项研究分析了2000年11月一个星期间的全球航班数量。研究对象是全世界800多家航空公司提供的50多万个航班。27 051个直飞航班连接3883个城市，所有城市配对中只有0.18%有直航班机。其他超过1500万个连接，都有中途停留。

这项研究发现，全球航空连接网络显示出，少数空运中心拥有许多连接航班，而绝大多数机场只有少量连接航班。在这方面，国际航空网络与其他网络,如因特网或社交网络等并无二致。它还进一步显示出,航空运输网是个"小小世界":旅客从任一城市到达其他城市,平均要搭乘4.4个航班。然而,还有复杂得多的情况:最艰苦的旅程是从巴布亚新几内亚的瓦苏飞往马尔维纳斯群岛的普莱森特山,途中至少需要停留15次。

然而,从网络凝聚性的角度来看,最繁忙的机场并不总是最重要的。芝加哥欧哈尔机场被认为是全世界最繁忙的机场,每小时有超过100个航班起降,但它只能直飞其他184个城市。与此同时,巴黎的机场(戴高乐机场和奥利机场加起来)可以直飞250个城市,接下来是伦敦,242个城市;法兰克福,237个城市;阿姆斯特丹,192个城市;莫斯科,186个城市。这个罗列了744个城市的列表末端是那些只有一个直飞航班的,例如直布罗陀、埃及的阿布辛贝和希腊的米克诺斯岛。

但直航数量不是衡量机场重要性的唯一标准,了解全球航空运输网还需要知道另一项重要特性,也就是由一机场连接的两城市间航程最短。巴黎再度夺冠,有297个城市之间的航行需要在戴高乐机场或奥利机场中转。信不信由你,我们发现排在第二位的是阿拉斯加的安克雷奇!虽然这个遥远的北方城市只能直飞39个城市,但它的国际机场是连接两城市的至少279个最短航班的中转站。虽然世界上大多数旅客根本不知道新几内亚的莫尔兹比港市的机场,但它在最繁忙机场中却名列第七,排在非常繁忙的法兰克福、东京、莫斯科前面。它是217个最短连接航班的中转站。另一方面,有2491个机场不连接任一最短航班。因此,如果莫尔兹比港市机场的航运中断,大部分国际航空交通网会与世界隔绝。但若伊比利亚半岛南端的机场停止运转,几乎没有人会注意到。

众多最短连接航班经过的机场是网络的关键部分,因为它们是世界整个航运网络的结点。从经济学的观点来看,必要之务是确保这类站点不中断运转,而且不被一家航空公司或航空联盟控制。

对这项研究感兴趣的不只是赶时间的旅客。阿马拉尔认为,它的重要性在于探查机场在传播传染病上扮演的角色,如2003年的SARS以及后来的禽流感。这篇论文说明,在流行病的研究中,航班数量不一定是最关键的变项。美国、欧洲、日本最繁忙的机场不一定是病毒传播的跳板。因此,为了预防流行病传播而设置屏障时,相对不起眼的机场扮演的角色可能比法兰克福、芝加哥或多伦多重要得多,最好密切注意安克雷奇和莫尔兹比港市。

57 虚拟的远程飞行

◆ **摘要**：对南大西洋鸟岛上的信天翁猎食行为的研究至今已被引用170次，但两次虚拟的远程飞行，让这项研究彻头彻尾错了。建立在草率统计数据上的大量后续研究，不幸也误入了歧途。

2007年，发表在《自然》期刊上的一篇文章，强烈质疑该刊之前刊登的一些文章。然而，编辑没有要求之前那些提出错误研究的作者撤销他们的结论，而是让他们发表一篇低调的修订稿，伪装成理论的进一步发展，当作新的结论。

原来的研究考察了生活在南大西洋鸟岛上的信天翁的猎食行为。研究者在鸟的脚上装上记录器，记下脚湿的时间。鸟脚湿的时候表示它们正在水里游动，寻找鱼类或贝类；而当鸟脚干的时候，表示鸟儿正在飞行觅食。取回记录器时，研究者将飞行时间长短依频率排序，进行统计分析。结果显示，一般而言，信天翁是短程或中程飞行，但偶尔也会在空中停留一段非常长的时间，超过70个小时。

短程飞行可用所谓的布朗运动解释，与液体中的悬浮微粒受到液体分子随机撞击时发生的现象类似。尽管从前到后、从左到右的猛烈撞击会彼此平衡，但微粒的位置与其原始位置之间的平均距离，会随时间的平方根而增加。1905年，爱因斯坦提出布朗运动的理论预测，当时他还没有提出相对论。

信天翁研究这个案例的重点在于是少数几段非常长的时间。这让研究者认为鸟儿猎食一段时间后，会开始一段远程飞行，以寻找新渔场。一旦发现新的猎食区，它们又会以布朗运动的模式觅食。由此产生的飞行分布，也就是布朗运动式的飞行被一些非常长的旅程干扰后的分布，名为雷维分布，以法国数学家雷维（Paul Lévy）的名字命名。雷维分布与布朗运动之间的差异很重要，因为尽管以布朗运动方式进行的生物或物体的前进只取决于时间的平方根，但根据雷维分布，移动的生物或病原体却可以很快行进较长的距离。

这个对信天翁的研究至今已被引用了170次，引发了大量的后续研究。这些研究表明，豺、大黄蜂、鹿、浮游生物、猿，甚至渔夫，寻觅猎物时都遵循雷维分布描述的行动模式。很快又有人提出了理论解释。研究者根据模拟实验和理论思考，认为雷维分布是在大范围内搜寻稀缺食物最有效的策略。因此，研究者认为，信天翁、豺、大黄蜂和其他生物的行为可以用进化论来解释：动物发展出符合雷维分布模式的觅食策略，是因为这种策略让它们获得最佳的存活机会。

只有一个暗藏的不利因素：那篇信天翁的研究文章彻头彻尾是错的。那些随后关于大黄蜂、鹿、海豹和其他动物的研究，也不正确，因为它们都基于错误的数据。当然，理论家对这个现象提出的进化论解释，也完全与现实不符，看起来也毫无道理。

英国南极调查局的生态学家爱德华兹（Andrew Edwards）决定更仔细地检验这些数据。他了解到，在每一个案例中，测得的每只信天翁的第一次和最后一次飞行时间都特别长。只要从统计数据中排除这两次飞行，剩下的飞行时间就不再符合雷维分布。

爱德华兹仔细检查后发现，信天翁的"飞行时间"是从记录装置连接到计算机那一刻开始计时的。然而，实际上还要过一会才把记录器装到信天翁的脚上。此外，在飞走之前，鸟儿有时会在巢里待上相当长的一段时间。而鸟儿返巢之后，也要过一阵子才会取下装置。所有这些停止时间，都被研究者测量为飞行时间。没有这两次虚拟的长程飞行，就没有任何支持雷维分布的统计证据。

在关于鹿的研究中，同样有这些不一致的情况。研究者忽略了这些动物在出发寻找新的草场之前，会花一些时间吃草及消化食物。这些"处理时间"也被记录为迁移时间。在蜜蜂的案例里，数据为从一朵花到下一朵花的飞行时间，而不是寻找其他花床的时间。依此类推。雷维分布很可能是一种有效的觅食策略，但既有的研究完全无法证明生物因进化而采取了这种策略。

所有事实公之于世后，信天翁研究的作者与爱德华兹合作，发表了一篇新论文，文中承认远程飞行实际上并不存在，而那是雷维模式不可或缺的证据。然而，研究者没有羞愧得躲起来，而是非常严肃地宣布他们的新成果：剩下的数据符合所谓"伽马分布"。然而，他们较为适当的做法应该是：收回他们之前那篇错误的文章，并且谦卑地道歉，因为无数研究者曾因他们草率的研究而误入歧途。

58 左脑计算

◆ **摘要**：约5%的人算术计算能力不足,甚至完全不会计算。这种令人苦恼的"计算失能症"的成因仍是个谜。科学家通过在实验对象的脑部制造干扰,得出了惊人的发现。

总人口中约5%的人算术计算能力不足,甚至完全不会计算。这种令人苦恼的症状俗称"计算失能症"。患者多半无法形成数字或数量的概念,在测量和时间、空间的推理上有困难,很难看懂时刻表或地图,跟不上舞步,算不清找零。这种失能表现为阅读障碍或动作协调障碍,经常到了晚年才被诊断出来,但也有可能终生不被发现。它与智商完全无关,许多患有这种症状的儿童和成人在人文学科和语言方面表现突出。5—7岁的儿童难以认出简单的数列或数型,或无法正确地比较数量时,可能就患有计算失能症。

造成计算失能症的潜在脑功能障碍始终未有定论,这种令人苦恼的疾病成因基本上仍是个谜。究竟是基因、遗传,还是后天造成的残疾?是否起因于神经系统?由伦敦大学学院7位科学家组成的一个团队,在以色列神经学家科亨-卡多什(Roi Cohen-

Kadosh)的带领下,设法寻找引发计算失能症的脑部区域。最后,他们在右顶叶找到了。根据专家的说法,这项发表在《当代生物学》(Current Biology)期刊上的发现,可能有助于计算失能症的诊断,并且通过补救教学的方法来改善这种症状。

研究者对9名实验对象进行了研究,其中5位患有计算失能症,4位受测对象没有这种症状。受测对象会在一个计算机屏幕上看到两个数字,一个"2"和一个"4",其中一个字形比另一个大。实验时,受测对象必须迅速决定两个数字中哪一个比较"大"。当然,这样的问法让问题含糊不清,科学家必须更明确地表述他们的意思。有时他们要求指出字形较大的数字,有时询问的是数值较大的数字。然后,他们记下实验对象按下按钮答题所需的时间。

科学家利用核磁共振摄影术测量血管中的血流,结果显示,进行测试期间,实验者有较多血液流经所谓的顶叶,也就是脑部掌管数字和尺寸大小思考的部分。与研究的预期一致,当数值较大的数字形状也较大时,非计算失能症的实验者反应时间较快。而当形状尺寸与数值大小不一致时,"正常的"受测对象的反应时间较慢。对患有计算失能症的实验对象而言,两种情况下他们的反应时间都很慢。

到目前为止,这些实验结果不是太让人意外,与预期结果差不多。这项研究真正的价值在于接下来的发现。就在受测对象评估数字时,科学家利用一种特殊仪器,在其顶叶用一道零点几秒的电流进行干扰。这种技巧被称为经颅磁刺激,科学家在受测者脑部形成一个磁场,借此干扰受影响区域的神经元活动。

实验带来了惊人的发现:在经颅磁刺激引起神经元活动中断期间,非计算失能症参与者表现出与患计算失能症者同样的行为,但只有干扰发生在右顶叶时才会产生这种现象。当在左叶进行干扰实验时,没有发生异常情况。显而易见,右顶叶受干扰会引起计算失能症。

苏黎世儿童医院神经科学家库齐安(Karin Kucian)认为,这项研究为诊断和治疗儿童的失能症提供了重要但只是间接的信息。关于计算失能症,整个神经元网络都发挥作用,尽管右顶叶也包括在内,但它并不是单独起作用。与英国团队的研究结果类似,库齐安的研究团队证实,患有计算失能症的儿童的右顶叶的灰质(脑细胞)较少。同时她还发现,脑部其他区域构造和功能的差异对数学活动也有至关重要的影响。

59 丧失语言本能

◆ **摘要**：实证研究已经证实左脑是语言的优势脑，而解决数学问题的必备条件是拥有语言技巧。但研究团队证明，即使因左脑受伤而失去沟通能力，仍保有解答计算问题的能力。

人们普遍认为，解决数学问题的必备条件是拥有语言技巧。1920年代，美国语言学家和工程师沃尔夫（Benjamin Whorf）首先提出一个论点，认为精通语言是其他认知能力的先决条件。这个论点被称为"沃尔夫假设"，自此成为认知科学的基本信条。现今最著名的语言学家之一、麻省理工学院的乔姆斯基（Noam Chomsky）强力支持这个假设。他也认为只有掌握语言能力，才可能拥有更高的认知功能，例如计算。

当然，这并不是什么新观点，神经科学家多年前就已经知道左脑是语言的优势脑，因而我们会觉得解答算术问题时左脑也应扮演必要的角色。实证研究已经证实了这个假设，当人们解答认知问题时，血液会流向左脑。

然而，2005年，英国雪菲尔大学和海莱姆郡医院的4位科学家提出证据,宣称情况与所谓的沃尔夫假设正好相反。由心理学家、神经科学家和传播科学家组成的研究团队发现,人们即使因左脑受伤而失去沟通能力时,仍保有解答计算问题的能力。他们测试了3位患有"语法型失语症"的患者,他们无法理解语言或不能以正确的语法方式说话。这种痛苦折磨通常由中风或脑部受伤造成。

这3位参与研究的患者当中,一位是前大学教授,他几乎无法与外界沟通,既不能说也不能写。3人仅能勉强说出电报式的句子,没有动词和介词、系词。举例来说,他们无法区别下面两个句子:"猎人杀了狮子"和"狮子吃了猎人"。要他们造出像"杀了狮子的猎人很愤怒"这样的句子是完全不可能的。然而,令人意外的是,尽管有严重的语法障碍,这3位患者都有计算能力,虽然无法理解文字数字,如"三"或"二十五",但能正确辨认出阿拉伯数字。

为了在测验中解答数学问题,患者必须在计算情境里应用那些他们无法在日常语言中使用的句法规则。测验结果十分惊人:虽然受测对象无法分辨谈话或书写句子中的主语与宾语,但却能正确计算12-5和5-12这类算式。举例来说,尽管他们没办法理解用逗号分开的从句结构,却能正确解答如36/(3×2)这类算式。含有各种括号的算式,如3×[(9+21)×2],他们也能正确计算。这些算式类似于谈话或书写句子中的双嵌入从句结构,即使是博学的读者,想理解这样的从句结构也常面临相当大的困难。发表在《国家科学院院刊》上的这项研究首次证明,在成熟的认知系统中,懂语法不是进行数学计算的先决条件。显而易见,不是非得把数学表达式转变为语言形式,才能理解或解答它。

还有一个问题,为什么测量流经脑部的血液循环,表明了解答数学问题的活动发生在语言区域?科学家怀疑,儿童可能需要语言技巧以及相应的脑部区域才能获得数字的概念,这也可能就是那个区域后来被用于数学推理的原因。总之,语言机制可能只与记忆相关,是一种"备忘录"。脑部其他区域可能才是负责做计算的特定能力的地方。

60 信息超载

◆ **摘要**：狂轰滥炸的信息是现代人沉重的负担，找出人类信息处理能力的极限很重要。研究者得到的结论是，人类解读量化数据的能力，在一个问题涉及4个变项时达到极限。

我们当中许多人发现掌握和处理数据很困难。我们经常觉得自己被日益增加的信息洪流所淹没，而那构成了如今生活中很大的一部分。所以我们将很难记的11位数的电话号码存在手机卡里。那些用表格呈现的数据让人难以理解，所以改用图形表示。金融经理人必须实时作出瞬间决策，同时要密切留意6块屏幕上显示的股市数字，他们仰赖听觉信号：当证券交易所发生特别事件时，便有特定的音乐声响起，以提醒他们注意。

尽管有这类"备忘录"，今日狂轰滥炸的信息还是成为现代人沉重的负担：数字与图形如此无情地攻城略地，许多人完全无法弄懂它们。因此，确切找出人类信息处理能力的极限是很重要的。在任何给定的时间里，人类心智可以处理多少信息和多少变项？几位澳大利亚心理学家，包括哈福德（Graeme Halford）、贝克

（Rosemarie Baker）、麦克瑞登（Julie McCredden）和贝恩（John Bain），在《心理科学》（Psychological Science）期刊上发表了一项研究，指出即使经验丰富的人也无法同时处理超过4个变项的问题。

实际展开研究之前，4位科学家必须克服一个难题，就是如何量化人脑可以同时处理的信息。碰巧人类遇到复杂的问题时，会寻求策略来减少处理负载。举例来说，经验丰富的面包师傅会把奶油、糖和蛋整合为一个单一认知表征，从而将记忆用于留存其他细节。

因此，科学家必须避免研究对象利用记忆的花招来浓缩信息。反之，他们要求这些人解读直方图，这种以图形表现数据的方式，经常用于描述不同变项之间的关系。在试图解答特定问题之前，研究对象必须先理解和处理图形中的所有变项。

这项研究招募到30位志愿者。他们是心理学和计算机系的毕业生，有解读数据的经验，他们需要根据条形图上所呈现的情况回答问题。最简单的范例之一是"人们喜欢新鲜蛋糕还是冷冻蛋糕；对巧克力蛋糕的喜爱程度大于还是小于胡萝卜蛋糕？"。这个问题包含两个变项（新鲜对冷冻、巧克力对胡萝卜），所以需要用4个长条把信息呈现在图形上。结果一如预期，所有参与者都能准确分辨长条的相对高度，做出正确反应。

为了让问题稍微困难一些，研究者又增加了一个变项，即蛋糕上的糖霜。这样有了3个变项（新鲜对冷冻、巧克力对胡萝卜、糖霜对无糖霜），需要解读有8个长条的条形图。结果还是很好。参与者正确回答了近95%的问题。

脂肪含量是这个蛋糕制作过程增添的又一项因素，使得问题更为复杂。每增加一项特性，长条数加倍，参与者现在必须处理至少16个长条所包含的信息。结果表明,对一些参与者来说,问题已经过于困难。平均而言,受测者只能正确解答三分之二不到的问题。

最后,参与者必须解读5个变项,也就是有32个长条的图形。这一次他们只答对约一半的问题,这个结果一点也不让人意外,这大约相当于受测对象随机乱猜获得的正确率。

研究者得到的结论是,人类解读量化数据的能力,在一个问题涉及4个变项时达到极限。因此,一般而言,推理和决策的策略在任何时候都不应该处理超过4个变项的问题。比较复杂的工作应该细分成小部分。根据这几位澳洲科学家的说法,各领域佼佼者所拥有的特殊专业才能,显然包含将复杂问题细分成小部分的能力,而每个小部分问题不超过4个变项。

61 废除分数学数学？！

◆ **摘要**：数学教学"改革派"与"传统派"激烈交锋。"改革派"大声疾呼废除纸笔算术；"传统派"认为长除法有助于学生依靠数学的方式思考和形成概念。而两派都同意一点：测验是政治问题。

自2500年前，毕达哥拉斯在萨摩斯岛的沙地上画出他的三角形，教育者一直在寻找教导门生数学的最佳方法。一个恰当的例证是，2006年夏天在马德里举行的第25届国际数学研讨会上，聚集的与会专家在讨论中小学所用的不同教学法时，不可避免地出现意见分歧。"改革派"考虑社会和技术进步，反对"传统派"提倡的纸笔算术。激烈交锋连番而至，专家们情绪高涨，甚至连最基本的算术运用也被波及。举例来说，纽约州立大学水牛城分校的罗斯顿（Anthony Ralston）是早期的"改革派"，他大声疾呼废除教室中的纸笔算术。尽管他承认心算在正确认识数字的发展中不可或缺，但仍坚持心算能力利用计算器也能轻易获得。

耶路撒冷希伯来大学数论家德沙利特（Ehud de Shalit）则持反对意见，他坚决主张应以传统方式教授数学。他认为老师必须让学生从小就掌握必要的工具，能够熟练操作数学对象，如数字、图形和符号。他引用的例子是运用纸笔做长除法，德沙利特认为，必须要教小学生做这种算法，因为他们在日常生活中少不了它。他完全明白，这类计算用计算器来做更轻松，但长除法有助于学生依靠数学的方式思考和形成概念。根据德沙利特的看法，长除法是教学的宝贵财富，主要不是因为它的实用价值，而是因为它会增进人们对十进制的理解，并可解释算法的操作。为了论证"改革派"的提议实际上很荒谬，德沙利特反诘道："我们是否应该连分数也完全废除掉？"分数可借计算器轻易地转换成十进制数，所以被视为该废弃的东西。他警告同行，这将是走下坡路的第一步。没有计算器帮忙，学生很快就再也不知道3/7比1/2大还是小。

是否要在教室中使用计算器和计算机这个议题，不是"改革派"与"传统派"较劲的唯一症结点。他们还利用机会大展身手，讨论教导学生数学技巧的最佳方式。罗斯顿认为，应该让学生自行发展他们觉得最自在的方式。德沙利特迅速驳斥说那是幻想，10岁的孩子不可能自行发现被认为是古代印度人和阿拉伯人最重要成就的一些数学方法。因此，他希望老师透过训练和练习课程，专注于经过千锤百炼的标准方法。只有精通标准计算方法后，才可以让学生发挥自主的精神，例如交换被乘数。

不过，德沙利特稍微放宽了他的严格做法。标准技巧不是最重要的，当然也不是教授数学的唯一方向。为了解决实际问题，其他能力也是必要的：学生应该能区别相关或不相关的数据，知道如何聪明地选择最相关的变项，而且能将乏味的叙述转变成代数公式。这些能力是不可或缺的，即使在用未经训练的技巧解题之前就应具备。举例来说，在几何学中，用算术进行实际计算之前，必须先依比例绘图，拆分对象，而且能找出隐藏的条件。

两派都同意一点：测验是政治问题。他们一致认为固定的标准化测验妨碍了老师的工作。"传统派"主张，标准化测验确有用处，但它必须一开始就说明那些测验在测试什么，评估学到的知识还是未来的潜力？评估演算技巧还是创意思考？一项测验是用来作为大学入学考试，还是用以分析不同的学校或教学计划？

而"改革派"则认为，标准化测验是十足的祸害。为了强调这一点，罗斯顿引用了2002年美国"有教无类"联邦法。教学计划的成败以标准化测验的成绩来衡量，老师受压力，迫使他们努力提高学生做例行操作的能力，而不是让学生发展解决问题的能力。因此，学生可能拿到较高的测验成绩，却没有获得数学能力。罗斯顿坚信，测验只可以应用于诊断目的，帮助判断特定的教学方法是否成功。

第九章

游戏、礼物与娱乐

有趣的数学故事:

◎用计算机玩魔方,能玩出什么花样?

◎当政治与数学方阵扯上关系以后……

◎当爱情用数学计算以后……

◎说谎游戏应用于信号传输以后……

62 魔方转几下？

◆ **摘要**：它的创造者没有全然把它描述为玩具。自从它出现后，数学家就想方设法胜过别人，不断提出更精准的步数界限。利用更强大的计算机，魔术方块不断创造惊奇。

鲁比克方块一开始就称为魔方，是一种三维机械益智游戏产品，1974年由匈牙利雕刻家和建筑系教授鲁比克（Ernö Rubik）发明。它被普遍认为是世界上卖得最好的玩具，售出35 000万个，在世界各地一直有人狂热追随，YouTube上约有40 000个教学影像和快速解法的视讯片段。它的创造者并没有全然把它描述为一种玩具，而认为它是"一件艺术品"。魔方在纽约当代艺术博物馆赢得了永久展品的一席之地，而且不过两年后就被编入《牛津英语辞典》。

典型的魔方是由26个小立方体组成的三阶形式。每一层的立方体都能转90°或180°。转动270°就不用说了，因为以数学的观点来看，这相当于反向转动90°。单独扭转任何一层，魔方就会成为近4300万兆个可能状态中的一种。要完成这个益智游戏，玩家必须把魔方回复原状，使6面中任何一面的9个小面呈现同样的颜色。

即使是熟练的玩家通常也只要解开难题就感到满意了,但高手却想用最少的转动次数完成游戏。把魔方从最混乱的状态回复原状所需的最少转动次数目前还不知道,然而,在相当长的一段时间里,我们知道至少需要转动17次才能回复原状。另一方面,伦敦的数学家齐苏伟德(Morwen Thistlethwaite)证明,即使最混乱的魔方,也能通过52次转动解开——如果你知道怎么转的话。

让最混乱的魔方回复原状所需的最少步数,人们只知道介于17与52之间,这让数学家不愿罢休。正因如此,自从魔方问世以来,数学家就想方设法胜过别人,提出更精准的步数界限。最后下限提高到20步,而最好情况的上限降到27步。然而,这种相对缩小了的范围也不能让数学家满意。只有上下限重合时,我们才能确切知道需要转动多少次,才能让魔方从最复杂的状态回复原状。只有到那时候,数学家们才能安心。

2007年,美国东北大学两位计算器科学家古柏曼(Gene Cooperman)和昆克尔(Dan Kunkle)证明,26步就足以将任何魔方回复原状。他们的研究是真正的杰作,不仅刷新了魔方骄傲的历史纪录,也体现了多学科的巧妙结合,包括组合数学、代数学和计算器科学,而后者同时使用了软硬件。

古柏曼和昆克尔把问题分成了两部分。在第一步中,他们只考虑那些转半圈(即转180°)就可解开的状态。依魔方的标准来看,这种状态的集合非常小,只包含663 552种。考虑魔方的各种不同对称形态后,这个数字可以进一步减少到15 752种。这两位科学家计算得出,这些状态中的任一种,最多用13步都可以回复原状。

完成任何转半圈可解开的状态后,他们接着分析转四分之一圈(即转90°)可解开的状态。663 552种转半圈后的状态中的任一种,对应于转四分之一圈可解开的65兆种状态(65兆乘以663 552等于前面提到的4300万兆)。古柏曼和昆克尔用120台处理器根据计算机程序运算2.5天,得出结论:16步就可以让最混乱状态的魔方,回复到663 552种已知的转半圈即可解开的状态之一。

所以最多需要16步加上13步,就可以把任意的魔方转变成任何转半圈即可解开的状态,然后回复原状。然而,这个结果比之前得到的最低下限27步还多了2步。哪里可以改进?嗯,古柏曼和昆克尔通过计算机程序发现,只有14 352种状态需要29步回复原状。14 352对计算机来说是个小数目,计算机可以一个个仔细检查这些状态中的任意一种,然后发现,在任一种情况下,不需要超过26步也都可以解开。由此,他们创造了新纪录。

这是2007年底的情况,接下来的形势发展更迅速。2008年3月,斯坦福大学毕业的数学家罗克奇(Tomas Rokicki)在互联网上发表了一篇文章,指出只要25步就够了。他同样把问题分成两个子问题。第一个子问题考虑20亿种状态,每一种——也就是第二个子问题——都与其他200亿种状态有关。然后他删除大量重复的状态,最后用一个工作站来进行运算,历时1500个小时。

在3个月后的6月,罗克奇再度开展研究。程序与前次相同,只是这一次他使用索尼影像工作室的超级计算机,在制片空隙进行程序运算,从而把上限降到23步。后来,他又利用更强大的计算机开展运算,在8月宣布上限已经降到22步,与最高下限20步只有2步之差。计算过程耗时近50年的时间,计算机同样由索尼影像工作室捐助。实际上,尽管计算过程解决了超过2兆5000万亿种的魔方状态,记录中没有一种状态需要22步抑或21步才可解开。但在撰写本文之际,实际上20步已足以解开的证明仍付之阙如。

63 数独的数学原理

◆ **摘要**：这个游戏席卷全球市场，吸引老少各族，所需要的只是一支铅笔。解开数独谜题不需要数学头脑，但它提供精神食粮，甚至对老练的数学家亦然。

在英国，它们已占据所有主要报纸的固定版面。在美国，它们受到华尔街银行家和欲望主妇的欢迎。而在日本，过去20年里，它们一直有一群忠诚的追随者。当然，我指的是数独，一种数字谜题。这个游戏席卷全球市场，吸引老少各族，所需要的工具只是一支铅笔。数独游戏的目标是用1至9的数字填满一个9×9的网格，让每一个数字在每一列、每一行和每个3×3的子网格中，恰巧只出现一次。为了增加问题的难度，网格的81个格子里有些已经填上数字。解开数独谜题不需要数学头脑，但它提供精神食粮，甚至对老练的数学家亦然。

在杜勒（Albrecht Dürer）1514年创作的铜版画《忧郁》（*Melencolia*）中，我们发现了一个简单的现代数独谜题的古老版本。这幅画作右上角有一个所谓的拉丁方①,方阵中填入了数字1至16。如果观赏者愿意做些基本的算术运算,他们就会注意到,在所有行、列和对角线中,数字总和都是34。

然而,神奇之处不限于此。图中在四角、中心方格、两侧成对格子,以及其他四格组合里的数字加起来,总和也都是34。面对这么神奇的东西,再看到最下面一行中间两个格子里的数字15和14——正好是杜勒创作这幅版画的年份,也就不足为奇了。其实,拉丁方的起源可以回溯至比这个日期更早的年代。就我们所知,有些数独甚至可以追溯至古罗马时代。而在中国,这类神奇的方阵早在5000年前就出现了。

18世纪的瑞士数学家欧拉,首先尝试理解这些费解的方阵。他问的问题是:有6种不同军阶、来自6个不同军团的36名军官,如何排成一个6×6的队形,让每一个军团、每一种军阶在每一行和每一列中恰好只出现一次?他可能尝试过,但没找到答案。最终欧拉猜想,$4n+2$列和行(6、10、14……)的方阵根本无解。

1900年,法国公务员和业余数学家泰瑞(Gaston Tarry)证实了这项关于6×6网格的猜想。他利用组合数学的方法,先将812 851 200种可能的队形减少到9408种,然后一一检视。泰瑞的系统化方法是今日计算机证明所采用方法的范例:第一步,将所有理论上可能的解答集合,缩减为一个小得多的集合;第二步,用计算机检查这个较小集合中的所有元素。

尽管泰瑞提出了6×6网格的突破性发现,欧拉阐述的整体性猜想却是错的。1960年,3位数学家证明,当$n=2$、3时,欧拉猜想是

---

① 拉丁方是一种$n×n$的方阵,方阵中恰有n种不同元素,每一种元素在同一行及同一列中只出现一次。——译者

错的。他们有10种不同军阶、分属10个不同军团的100名军官，可以排成一个符合条件的10×10网格，而196名军官可以排在一个14×14的网格中。

制作数独谜题没有把任意数字随便放进网格的一些格子里这么简单。如果填入数字的格子太少，这个谜题会出现一种以上解答。如果填入数字的格子太多，可能没有解答。需要把数字填入多少格子、哪些格子，才会存在刚好一种解答，目前未知。人们猜测，在可用的81个小方格中，16或17个格子需要先填入数字。

总体而言，数独谜题的数目远少于拉丁方。要理解这点，我们需要知道，拉丁方只要求各行和各列中的项的总和相同。在数独中，数字1至9还必须出现在所有3×3的子网格中。然而，我们不必担心谜题数量有限不够用。一开始，大家认为有10^{50}种可能的数字组合可以用上述方式构成数独网格。虽然情况不尽然如此，但报纸仍可借助源源不断的新谜题来娱乐读者。德累斯顿计算机科学系的德国信息科技学生费尔根豪尔（Bertram Felgenhauer）经过计算得出，存在近$6.7×10^{21}$种9×9数独网格。16×16的数独网格数目仍然未知。我们知道，数独属于所谓的NP完全问题，这表示随网格数的增加，计算机求解所需的时间呈指数级增加。

数独和拉丁方不仅仅是为了供人们轻松娱乐而存在的。事实上，在许多实际情况下，人们都需要仰仗潜藏在这种谜题下的数学原理。体育比赛就是一例，选手需要在不同时间、不同场地与对手对抗。学校课表是另一个恰当的例子，学校需要在上课时间内，为每一位老师上的每一个班级安排一个教室。在电信方面，电话客服中心也仰赖数独的解题技巧；在计算机技术中，并行数据处理会运用到它们。同样，社会科学家评估问卷时也会用到数独原理，农学家排定农作物轮作计划一样少不了它们。

出乎人们意料,数独和拉丁方还应用到医学方面。依据列、行和对角线的和能够重建整个网格,所以以同样的方式,计算机断层扫描用所谓的"逆雷登转换",绘出身体的二维切面。

64 政治与方阵有啥关系？

◆ **摘要**：政治辩论场合似乎特别适合研究数字方阵。富兰克林坦言议会辩论极其冗长乏味，他都用解答数字谜题来打发时间。当过曼彻斯特市长的英国数学家欧勒伦肖运用组合数学，获得将方阵用于加密的技术专利。

最初由数独引发的热潮已经平息，虽然上班族仍用数独谜题来打发时间，但它已无法再引起人们太多的兴奋之情。但是，2006年《英国皇家学会会报》（Proceedings of the Royal Society）上的一篇文章，重新引发玩家的兴趣。文中提到了一个让人难以置信的信息，回溯到1770年代的富兰克林（Benjamin Franklin）。大家可能会问，这位政治家与数独有什么关系？

美国制宪元勋之一的富兰克林以宾州议会书记员的职务开始其公共事务生涯。如同富兰克林在自传中所坦言的，他必须参加的那些辩论会极其冗长乏味，他常常会用解答数字谜题来打发时间。尽管辩论嘈杂纷扰，富兰克林还是发现了两个非常有趣的8×8方阵，在方格中排入数字1至64。

同数独谜题一样,这些连续数字的排列方式是,所有行和列的总和相同——在富兰克林胡写乱画的方阵中,和是260。然而,富兰克林方阵不是真正的幻方,因为两条对角线上的数字和不等于260,但32条弯曲对角线(由同一方向上的4个格子加上在另一方向上的4个格子)①的和,却恰好等于260,这就是富兰克林胡乱之作背后隐藏的神奇之处。而更神奇的是:在每半行、每半列以及每一个2×2方阵中,数字之和都是130(260的一半)。现在问题来了:所有行、列及弯曲对角线的和为260,且所有半行、半列及2×2方阵的和为130,这种8×8方阵有多少?

52	61	4	13	20	29	36	45
14	3	62	51	46	35	30	19
53	60	5	12	21	28	37	44
11	6	59	54	43	38	27	22
55	58	7	10	23	26	39	42
9	8	57	56	41	40	25	24
50	63	2	15	18	31	34	47
16	1	64	49	48	33	32	17

用整数1至64填满一个8×8网格,共有约10^{89}种可能的组合。这是一个无法想象的数字,是宇宙中粒子数的十亿倍。但富兰克林方阵需要满足几项条件:半行和半列的条件有32个,弯曲对角线的条件有32个,还有64个2×2方阵的条件。满足所有这些128个

---

① 本文图中由4,51,21,38,26,41,15,64或55,8,2,49,48,31,25,42组成的8格对折折线,便是弯曲对角线。——译者

条件的数字方阵,只占所有可能组合中很微小的部分。直到近期,已知的富兰克林方阵也只有少数几个。

事实上,如果有不仅适用于边长为8的富兰克林方阵,而且适用于任何边长方阵的公式,就太棒了。不幸的是,想找出这种公式的尝试仍未成功,只有英国数学家欧勒伦肖(Kathleen Ollerenshaw)解答过一些特例。欧勒伦肖出生于1912年,当过市议员,后来是曼彻斯特市长(政治辩论场合似乎特别适合研究数字方阵)。她运用组合数学方法,解答了这个问题。欧勒伦肖与同事共同获得将这类方阵用于加密的技术专利,并在1971年被英女王封为大英帝国二等女爵士。

因为寻找通式的努力仍未见成效,直到最近,数学家仍旧必须用估计的方式判断组合可能性。举例来说,几年之前,加州大学戴维斯分校的数学博士生艾哈迈德(Maya Ahmed),算出8×8富兰克林方阵的可能的最多组合,少于228兆个。正如我们所见,即使微乎其微的一小部分,仍然是一个极为巨大的数量。

加拿大曼尼托巴大学的罗利(Peter Loly)不满意这个结果,他与两个学生辛戴尔(Daniel Schindel)和伦培尔(Matthew Rempel)一起,共同开发了一个分析富兰克林方阵的计算机程序。在英国皇家学会接受富兰克林成为外籍会员的250年后,《英国皇家学会会报》刊登了他们的文章,描述了他们谦称的"一个非常令人愉快的惊喜"。

罗利教授和他的学生团队利用的是称为"回溯法"的方法,这是一种非常有效的搜寻策略。应用这种方法时,必须以分阶的方式系统地组织问题,就像树的形态。接着,仔细搜寻这个形态结构,寻找答案。只要成为富兰克林方阵的一项必要条件不成立,众多的可能组合就可以摒除。这就像从一棵树上砍掉一根大树枝时连带砍掉了上面所有的细枝。

研究团队把问题输入计算机，然后让程序执行运算。艾哈迈德发现的上限数很快被超过，可能的富兰克林方阵总数急剧减少。连续运算15个小时后，计算机吐出边长为8的富兰克林方阵的确切数目：1 105 920。这项研究的另一个额外收获是，这个程序也提供了建构这类方阵的方法。

如果富兰克林没有暗藏锦囊妙计，就不足以显示出他的足智多谋了。那一定是宾州议会召开的一个异常乏味的会议，会上他建构了一个16×16方阵，方阵中填满1至256的数字。所有的行、列和弯曲对角线的总和都是2056，所有2×2方阵的总和都是514。用富兰克林的话来说，那是"魔术师所能创造出来的最不可思议的神奇幻方"。在10^{500}个16×16方阵中，有多少个满足富兰克林方阵的必要条件，没有人知道。根据推测，应该至少有1000万亿个。

65 数字冲过头！

◆ **摘要**：以不适当的方式处理统计数据，后果可能不只是无知和可笑。错误结论的秘密在于树不会长到天上去，成长曲线会令人讨厌地渐趋平坦。

《自然》期刊是全世界最声誉卓著的专业科学期刊之一，它收到的投稿中超过90%的文章都被退稿了。尽管如此，最近的一则假消息却想办法通过了向来极为严谨的审稿流程。

2004年秋天，4位研究者发表了一篇论文，他们中的3位是动物学家，一位是地理学家。他们在文中预测了未来数十年间奥运百米比赛世界纪录的演变规律。结果出乎意料：在2156年奥运会上，女子选手会跑得跟男子选手一样快，8.1秒就可以跑完全程（2008年奥运会上男子选手的世界纪录是9.69秒，女子是10.78秒）。更为吸引眼球的是，那项预测宣称，在其之后的奥运比赛中，女性选手会跑得比男性对手快。

这4位科学家所用的计算方法是回归分析，这是一种研究数值如何随变项（如时间）的改变而增减的方法。根据他们的分析，自

1928年开始,男子选手的获胜成绩以平均每十年0.11秒的速度稳定减少。女子选手的获胜成绩每十年相应地减少0.17秒。研究者据此推断出228年后的获胜时间,得到难以置信的8.1秒。

很快,世界各地的专家开始一本正经地讨论这个让人措手不及(对男性选手而言)的消息到底有什么样的含义。对于这项最重要的田径运动的彻底转变,许多国家的报纸和期刊设法找到可能的生理原因。女性肌肉质量提高较快,还是男性睾丸酮供应减少?抑或禁药的使用才可以解释这种现象?没有任何人质疑这项研究是否正确使用了统计工具。《自然》期刊的声望太高,以致没有人胆敢质疑期刊上刊登的任何文字。那种行为几近亵渎。

不过,男性选手或许可以松口气了,因为这篇论文的作者评估统计数据时犯了很严重的错误,得出的结论完全无效。他们忽视了回归分析的一项基本原则,即:不可推断超出实际观察时间的结果,而这正是那些作者所做的事。为了明白那些研究结果多么荒谬,让我们作进一步的推断:根据那些作者所采用的方法,2892年男性会以光速冲刺跑完100米,而女性则会以负的时间跑完那段距离。因此,起跑犯规的规则必须修改,因为女选手甚至在比赛开始之前,就已经快速冲过了终点线。

即使回溯到过去也没用。奥运时代之前的英雄阿喀琉斯(Achilles),会悠闲地用43秒慢慢跑完100米,而潘特希里亚(Penthesilea)①则花1分多钟时间完成同样的距离?难怪阿喀琉斯在战役中打败了亚马孙人,原来那个时代的男性仍是大丈夫。

这项错误结论的秘密在于树不会长到天上去,成长曲线令人

---

① 阿喀琉斯是荷马史诗《伊利亚特》中的大英雄,潘特希里亚是其中的亚马孙女王。——译者

讨厌地会渐趋平坦。在田径运动中，这表示100米短跑男子和女子的最快纪录可能分别为9.5秒和10.5秒。忽略这项事实，可能导致许多荒谬的统计"证明"。印度人的人均收入很快就会超过美国人，未来数十年预期寿命会达120岁，甚至谷歌的股票市值会超过美国国民生产总值。

以不适当的方式处理统计数据，其后果可能不只是无知和可笑。2004年瑞士就有一个例子，当时放宽授予外国人公民权的议题获得支持。在公投前夕，全国各地广泛讨论这个议题（瑞士遵循真正的民主方式，修宪必须得到人民同意才生效）。一个"反集体归化独立委员会"，实际上由一群仇外人士和种族主义者组成，在瑞士媒体上刊登大量广告，宣称如果民众不站出来反对泛滥的外国人归化，2040年之前，瑞士人口中就会有高达72%的伊斯兰教徒。这个委员会如何得到这个预测的？

没错，1990年时约2.2%的瑞士人是伊斯兰教徒，10年后这个比例增加到4.5%。因此，对于10年内伊斯兰教徒比例倍增的事实，没有人会否认。从这两个数据出发，"独立委员会"迅速得出结论，到2010年，9%的瑞士人是伊斯兰教徒，2020年是18%，2030年是36%，而2040年则是极其糟糕的72%。到了这时候，委员会才恢复数学判断力，停止预测。因为如果继续推测下去，对瑞士投票民众中仇外者的暗示将不堪设想：2050年，伊斯兰教徒人口将构成瑞士人口的144%，而"正牌的"瑞士人为-44%。即使头脑简单的投票者，对这样的设想也会大吃一惊。

66 用数学计算爱情

◆ **摘要**：应该给心爱的人买什么礼物？这个听起来很浪漫的问题，其实不过是简单的决策问题，用枯燥乏味的数学就可以解决。科学家发现利用博弈论和数学模型，可以找出最佳送礼策略。

有个年轻人左右为难，他应该给心爱的人买什么礼物？他要如何向她证明自己对这段感情很认真？爱炫耀的有钱人会选择昂贵的礼物以赢得芳心，例如钻石项链。小气鬼只会送个定做的首饰。圆滑的花花公子会选择华而不实的东西，如一盆兰花或大都会歌剧院的首演门票。这个听起来很浪漫的问题，其实不过是简单的决策问题，用枯燥乏味的数学就可以解决。

伦敦大学学院的索舟（Peter Sozou）和西摩（Robert Seymour）研究的正是这个问题。他们利用博弈论和数学模型寻找最佳送礼策略，2005年，他们在《英国皇家学会会报》上发表了这项研究。

索舟和西摩建立的模型是根据一系列约会决策所做的求爱游戏。男士送给女士的礼物类型，是他的身份地位的象征。这个游戏从男士选择礼物开始，他送给女士什么样的礼物，昂贵的、华而不实的还是廉价的，取决于他觉得这位女士有多迷人。一旦男士送了礼物，女士必须决定是否接受，并与他单独见面，谈情说爱。接下来，球又到了男士手中，现在他必须决定是与这位女士交往，还是放弃而另寻更适合的对象。

双方都必须小心谨慎。一方面，女士无法马上看到礼物的价值，只有收下礼物之后，她才能判定它的价值。另一方面，钻戒很容易变现，这又会让男性迟疑。双方都必须根据博弈论和概率，依对方的可能意图来进行自我调整。男士自问那位女士是真的喜欢他，还是只对礼物感兴趣；女士想知道这位追求者是否认真投入感情，还是只想短暂邂逅。

索舟和西摩需要找出符合所谓纳什均衡的情况，这类情况以诺贝尔奖得主纳什命名，电影《美丽心灵》已经让非数学家都对他耳熟能详。如果无论男士或女士都无法通过单方面改变其策略而获益，这种状态就处于均衡。纳什均衡点可以计算出来，不过上述这个游戏的参与者当然没做任何计算，他们发现导向纳什均衡的途径，要么是透过物竞天择的压力，要么是借由学习过程来达到（例如年轻人适应社会习俗）。一旦参与者达到这样的均衡，任一方都不会产生改变策略的动机。这种情况就是渐近稳定。

两位研究者共找到5种纳什均衡。比方说第5种的情况如下："男性送廉价礼物给没有吸引力的女性，送昂贵或华而不实的礼物给有吸引力的女性，这两种情况各有一定的概率。女性接受所有来自迷人男性的礼物。如果后来发现礼物价值不菲，她们会决定交往。"然而，男性最成功的策略是，送潜在伴侣高价但无法变现的礼物。借由这个礼物，女性收到双重信息：第一，追求她的男性财力雄厚；第二，他对她的评价很高。同时，男性可以避开专门钓凯子的自私女性,因为礼物实际上没有真正的市场价值。

顺带一提,华而不实的礼物不是人类的专利,动物也偏爱送这种礼物。举例来说,当雄孔雀卖力炫耀覆有羽毛的尾部,进行这种毫无效果但会带来很大压力的行为时,雌孔雀对其会相当迷恋。然而,令人不快的一个例子是澳洲蚊蝎蛉,雄虫在交配后会设法偷回它的礼物——多汁的昆虫,以便送给另一只雌虫。

67 谁赢了井字游戏？

◆ **摘要**：两位游戏者分别把○和×放进格子里，其中任意一种排成一行、一列或一对角线就赢了。这个游戏毫无趣味吗？大错特错！数学家提出了有趣的数学问题，并且提供了保证先下就赢的策略。

世界各地的小朋友都喜欢井字游戏，又叫"圈叉游戏"或"抱抱亲亲"。用笔和纸，或者在沙地上用棍子，就可以玩这种游戏。两位游戏者分别用○和×代表自己，并轮流在一个3×3网格中填入自己的代表记号。成功地将自己的3个记号填在一行、一列或一对角线上的游戏者赢。只有有限的人会一直对这个游戏感兴趣，因为多数人很快会发现，他们可以采取阻挠对手的策略来达成平手，实际上就是不让对方赢。

但若有人认为这个游戏毫无趣味可言，那就大错特错了。2006年，罗格斯大学的贝克（József Beck）在耶路撒冷希伯来大学一年一度的"爱尔特希讲座"上，证明了这一点。贝克原籍匈牙利，他陈述的数据取自一份刚刚完成的讨论井字游戏的600页手稿。他非常幽默，又带有浓重的匈牙利口音，这些都充分彰显了这个系列讲座的命名①。在讲座中，贝克分析了诸如"谁赢得井字游戏？"、"他怎么赢的？"和"用了多少时间？"等问题。

在传统版的井字游戏中，有8种不同的制胜方式：3行、3列和2条对角线。欧洲有一种称为"四连棋"的游戏，玩游戏的人把他们的记号填进一个4×4网格，无论谁先把自己的4个记号放进一行、一列或一对角线上，就算赢。因此，这个游戏有10种制胜方式：4行、4列和2条对角线。如果在三维空间玩这个游戏，也就是不在纸面上，而是在空间网格中，会有更多的制胜方式。现在有趣的数学问题来了：下第一步的游戏者是否较有利？是否存在一种策略，可以确保先下的人赢？对于空间中的井字游戏，数学家已经证明，在3×3×3网格和4×4×4网格中，确实有先下的人必胜的策略。

1930年，年仅26岁的英国数学家拉姆齐（Frank Ramsey）死于黄疸病。他的研究结果显示，如果井字游戏的维度足够高，游戏便不会以平局收场。换言之：当把记号填进所有网格里，一定会决出胜负，但必须维度非常高，这个定理才成立。如果网格边长是10，根据拉姆齐定理，必须在约300维空间中玩井字游戏，才能确保有胜负。目前数学家正在研究在这种情况下，是否有先下者保证赢的策略。

贝克显然很喜欢玩游戏，他还忙着玩另一种三角回避游戏。玩法如下：在一张纸上标出6个点，第一个玩游戏的人用红笔联结其中两个点，然后第二个人用蓝笔联结两个点。游戏者轮流画出他们的彩色线条，但要避免相同颜色的线条形成三角形。谁第一个用他的颜色画出三角形，谁就输。

---

① "爱尔特希讲座"得名于匈牙利犹太裔数学家爱尔特希，20世纪最伟大的数学家之一，发表过1500多篇论文，被称为"只爱数字的人"，讲英语时操一口浓重的匈牙利口音。——译者

这个游戏一样不会有平手。根据拉姆齐定理，一定有一位游戏者赢。同样的问题，是否存在必胜策略？对一组6个点来说，有15条连线。这个游戏玩到最后，第一个画线者共画8条线，第二个游戏者共画7条线。因此，与井字游戏不同，先出手的游戏者吃亏，因为他必须比对手多画一条连线。现在问题变成：对手是否能利用这个优势获胜？

如果用更多点来玩这个游戏，问题很快就变得难以处理了。如果纸上有18个点，会有153条连线。这些线或红或蓝，还有未着色的，共有3^{153}种情况。这约略相当于宇宙中的粒子数，要找出制胜策略几乎不可能。贝克称这类问题为"计算性混沌"，即使依靠计算机的"暴力法"，仍然无望解决。

所以，这样的问题无论如何不应该用计算机来处理，而要用聪明的数学方法。贝克建议一位博士生研究这个课题，而且给了他一个比较简单的题目。经过2年徒劳无功的努力后，沮丧的学生放弃了。但贝克不为所动，继续对同行提出这个问题。10年过去了，数学界对此仍然没有取得太大进展。

68 说谎者与半说谎者

◆ **摘要**：问20个审慎明智的问题，通常能在百万人群中找出一个人。但答题者可以说谎几次，什么时候可以说谎，是否半说谎，都会影响提问者在游戏中获胜的概率。而这种游戏竟能应用于信号传输？

大多数人都很熟悉广受欢迎的室内游戏"20个问题"。一位游戏者负责答题，我们称她为卡萝尔，她选了一个人，但对他或她的身份保密。对手负责提问，我们称他为保罗，他必须借由问卡萝尔问题来找出她心中所选择的那个人，而她只能回答简单的"是"或"不是"。"是男人吗？""不是。""女演员？""是。""美国人？""不是。"如此继续进行下去。如果保罗能在20个问题问完之前猜出正确的人，他就赢了。最有效率的猜法是，每一次问一个能把剩下的可能性减半的问题。借着问20个审慎明智的问题，我们通常能在百万人群中找出一个人。个中原因是，100万人连续减半20次，只剩下一个人，而这种问问题的方式是最佳做法。

这个游戏有更多复杂的变化版本，其中一种是，让卡萝尔像传达神谕的女祭司,偶尔说谎。这时数学家会问下列问题:卡萝尔可以说谎几次,使保罗问了一定数量的问题后,仍能猜到正确答案?换一种说法,即使卡萝尔说了几次谎,保罗仍能猜出正确的人,这时的群体人数可以有多大? 当然,在这种情况下,要么保罗需要问超过20个问题才能找出这号吃香的人物,要么他可选择的群体人数必须较少。

这个问题以波兰裔美籍数学家乌拉姆命名。纽约大学柯朗数学研究所的斯潘塞(Joel Spencer),10多年来一直想找到解开这个难题的方法。结果表明,解答取决于游戏的精确规则。在一个版本中,卡萝尔在任何情况下说谎的比例有所限制。在另一个版本中,卡萝尔允许给出错误答案,但给出错误答案的情况可能不同。让我们假设可以问20个问题,答题者允许说谎的比例最多是四分之一。在第一个版本中,卡萝尔被允许在8个问题中最多说谎两次。在第二个版本中,她被允许对前5个提问说谎5次,但因为她的说谎限额用完了,所以接下来的问题她就必须诚实回答。斯潘塞和一位合作者享受着玩这个游戏的乐趣,同时也进行了相当多的数学研究。最后证明,在这个游戏的第一个版本中,只有说谎的次数不超过问题数的一半,保罗才能找出那个正确的人。如果卡萝尔说谎的次数再多一点,保罗就不可能在游戏中获胜。而根据游戏第二个版本的规则,斯潘塞得到不同的研究结果。在这种情况下,如果说谎比例超过三分之一,保罗就没有机会赢。

但对斯潘塞来说,游戏尚未结束。作为一名数学家,他对自己的研究坚持不懈。一如既往,在成功找到一个问题的解答后,另一个问题开始了。他与他的博士生杜米特留(Ioana Dumitriu)一起研究,把游戏变得更难解。在他们这个游戏版本中,卡萝尔只能在真正的答案为"不是"的时候，才可以说谎。如果答案为"是"，卡萝尔必须肯定地诚实回答，因此，卡萝尔成了"半说谎者"。即使卡萝尔半说谎回答，保罗仍能以问20个问题的方式找出正确的人，这样的群体人数可以有多大？我们已经知道，如果卡萝尔从不说谎，保罗可以在100万人当中筛选到那个正确的人。斯潘塞和杜米特留算出，如果允许半说谎一次，群体人数减少到105 000人；如果允许半说谎两次，人数减少到22 000人。如果卡萝尔可以半说谎三次，人数将降到7000人。

然而，解答乌拉姆问题的乐趣只是这个游戏的一个方面。这个游戏有一项更严肃的实际应用：有助于信号传输。计算机信息传输的单位，即是0与1的位串。20个包含0与1的位串，可以说相当于一连串的"是"与"不是"的回答。如果传输线的一端因噪声而错误地接收了一些位串，我们就会遇到乌拉姆问题。而如果线路正确传输1，但传输0时并非总是对的，我们遇到的就是半说谎者模式。

截至目前，玩这个游戏是轮流问答。因此，保罗在问下一个问题之前就收到了反馈，可以针对前面的答案调整提问的问题。斯潘塞和杜米特留进一步扩大范畴，设计出游戏的另一个版本。现在，保罗必须在游戏一开始时就提出所有问题，不知道哪一题卡萝尔回答时会说谎话。这表示限制更为严格，但也可以更恰当地对应于电信和计算机科学中的情况。因为0与1通常连续单向传输，不等待响应，反馈有限。好消息是，计算机科学家能够利用部分反馈系统抵消这种不利因素：传输一定量的位串信息后，送出一个检查码，用以侦测是否有错。游戏已成定局。

69 人机大战谁称臣？

◆ **摘要**：第一场人机大战中，战况千钧一发。两年后，一生只输过7场比赛的教授，在6场平局后选择退出赛事。自此之后，关于在西洋跳棋中机器是否优于人脑的问题，一直没有定论。

数世纪来，西洋跳棋游戏一直是人们愉快地共度时光的好方法，玩法也足够简单，但对每个想赢的玩家来说又充满挑战。16世纪时，它是西班牙皇室成员最喜欢的消遣，虽然考古学发现它的年代可追溯到古埃及时期。然而，现在看起来这个游戏的乐趣可能将寿终正寝，加拿大的计算机科学家在研究了这个问题达18年之后，已经证明，如果两个势均力敌的游戏者比赛，游戏结果必定是平局。

西洋跳棋是24枚棋子的棋盘游戏。这是一种策略游戏，完全无法靠运气取胜。对计算机科学家来说，这个游戏可以作为一种测试和检验依靠自身能力直观地掌握情况和作出决策的人脑，是否优于用"暴力法"在数十亿种可能的解答中寻找制胜策略的计算机。

1989年，加拿大阿尔伯塔大学计算机科学家沙费尔（Jonathan Schaeffer），在"暴力法"上下赌注，开发了名为切努克的计算机程序，这个程序采用搜索策略确定游戏中的正确走法。在第一场人机大战中，战况千钧一发。切努克对战数学家及知名西洋跳棋世界冠军廷斯利（Marion Tinsley），结果落败，尽管差距甚微。两年后，情况不同了。这位一生只输过7场比赛的廷斯利教授，在6场平局后选择退出赛事。自此之后，关于在西洋跳棋比赛中机器是否优于人脑的问题，一直没有定论。

但沙费尔继续进一步发展他的程序。那是令人却步的任务，因为游戏过程中会出现$5×10^{20}$种可能的情况。一般的"暴力法"，也就是在所有游戏情况中寻找最佳走法，完全不可行。

所以换句话说，这留给人脑，给沙费尔和他的同事去发展更聪明的算法。这个团队建立了数据库，以便分析棋盘上剩十子或更少棋子时的残局。把需要分析的可能情况数量减少到只有390亿种，然后根据最后是黑棋赢、白棋赢还是平局，再把这些残局分类。1989—1996年，他们花了7年时间将8子或更少棋子的残局进行分类。然后团队暂停了工作，等待更快、更强大的计算机问世。这样的计算机问世之后，团队又开始分析9子和10子的残局情况。经常性地，他们使用多达200台的台式计算机来解决这个问题。

接下来，这些科学家分析了开局后走3步会出现的情况。一个专门研发的程序找出了让两位参赛者都有最佳获胜机会的走法。沙费尔发现，如果两位参赛者进行这种完美比赛，他们一定以平局收场。

到目前为止，西洋跳棋仍是用计算机进行分析的最复杂游戏。国际象棋会不会是下一个臣服于计算机力量的游戏？专家指出，在可见的未来，这种情况不可能发生。西洋跳棋已经很复杂了，国际象棋则更复杂。在国际象棋中，可能的对局数约为10^{40}。

由于这个原因，沙费尔开始研究扑克。与西洋跳棋和国际象棋不同，扑克游戏的挑战性在于除了虚张声势的因素外，游戏者不拥有全部信息。在一场沙费尔的计算机程序"北极星"与两位世界最佳职业扑克选手的比赛中，人类还是赢了，但仅是险胜——人类两胜，北极星一胜，还有一局平手。

第十章

选择与分割

有趣的数学故事：

◎用现代博弈论思考古代的神秘数字！

◎3个人可以完美地切分一个蛋糕吗？

◎让我们用足球比赛中晋级的方法来选教皇！

◎股市暴跌与交通堵塞有什么内在关联？

◎一个公式引发了一场金融危机？

70 犹太经典是博弈论先驱

◆摘要：近2000年前的犹太法典《塔木德经》有一个关于分配问题的古老训言，我们如何根据现代的博弈论来思考犹太圣哲得出的神秘数字？

如果你在耶路撒冷看到一个正统犹太人，蓄着白胡，头戴无檐便帽，会想当然地认为他是一位拉比（犹太教经师或神职人员）。而当你发现这个人是2005年诺贝尔经济学奖得主奥曼（Robert Aumann）时，肯定会大吃一惊。奥曼在1930年出生于德国，"二战"爆发时全家移居美国，当时他8岁。成年后他迁居以色列，他称之为"家"的地方。奥曼是信仰虔诚的犹太人，完全忠于犹太国。他公开支持以色列右翼，这多少让他在大多为自由思想派的同行中成为局外人。

奥曼研究关于博弈论的问题，以科学的、严谨数学的方式分析经济行为。自从成为希伯来大学荣誉教授后，奥曼一直是耶路撒冷合理性研究中心成员。

这位教授以他亲切的热情和卓越的幽默感著称。在耶路撒冷城中,每个人都用他的希伯来文名字"依色列"(Yisrael)问候他。笔者第一次见到他本人,是在耶路撒冷当学生的时候。奥曼毫不迟疑地邀请我到他的屋里一谈。那时的奥曼已经很出名,深知面前这位学生心存敬畏,为了让他的客人觉得自在,他叫小儿子端来一杯可可,借此打破了僵局。可悲的是,几年后,在1982年黎巴嫩战争中,这位当上了以色列士兵的儿子在战火中丧生。

丧子3年后,奥曼和同事马希勒(Michael Maschler)在《经济理论期刊》(Journal of Economic Theory)上发表了一篇论文,讨论《塔木德经》中圣哲已经解答但迄今无人明了的一个问题。这是一个古老的训言,里面提到把一个丈夫的遗产分给他的3位遗孀。奥曼把这篇研究成果献给儿子,作为纪念。

这个问题是,有个男人在遗嘱中规定,3位太太应该分别得到300、200和100苏西①的遗产。然而他过世后,人们发现这个男人的全部财产只有200苏西。这份遗产如何分配呢?今日的遗嘱执行人一般会依比例分配,一半遗产给第一位太太,三分之一给第二位太太,六分之一给第三位太太。然而,《塔木德经》提出了不同的解答:前两位太太各得到75苏西,第三位太太得到50苏西。犹太圣哲如何得出这些神秘的数字的?

根据奥曼和马希勒的说法,依据现代博弈论来思考这个问题就很容易理解。《塔木德经》决定的分配方式,相当于博弈中的所谓核仁。让我们假设在一件破产案中,两位债权人分别被欠300美元和200美元,但破产公司的全部资产只值350美元。这些当事人可以在塔木德法庭进行如下争论:第一位债权人利奥要求350美元中的150美元无可争议必须给他,因为另一位债权人琳达在最佳情况

---

① 苏西(Zuzim),古犹太祭师货币单位。——译者

下得到的也不可能超过200美元。运用同样的论点,琳达可以要求50美元无可争议地属于她,因为利奥最多得到的也不超过300美元。一旦分配好150美元和50美元的金额,还剩下150美元,这个金额由塔木德法官平均分配给两位债权人。因此,利奥会得到225美元,琳达得到125美元。如果依比例分配,就如同现代法官的做法一样,利奥和琳达会分别判得210美元及140美元(剩余资产的60%和40%)。225美元和125美元的这种分配,在博弈论中就被称为这个问题的核仁。

如果有3位或更多债权人,事情就变得棘手了。但奥曼和马希勒也研究出了一种方法,可用来找出这类案例中的核仁。根据规定,解答必须符合下列程序:计算你认为依照塔木德方法任意两位债权人会得到的分配总和,然后检查分配后的数值相加,是否真的等于那个总和。

为了更好地说明,以要求得到200苏西和100苏西的两位太太为例。根据《塔木德经》,这两人应该得到75苏西和50苏西,也就是总和为125苏西。现在,让我们检查这些数字是否符合准则:第一位太太可以要求得到无可争议的25苏西(因为在最好的情况下,第二位太太也只能得到125苏西财产中的100苏西)。另一方面,第二位太太无法要求任何财产(因为第一位太太要求的200苏西超过可分配的总额)。把25苏西判给第一位太太后,剩下的100苏西均等分给两人。因此,财产分配正如《塔木德经》的建议,与核仁相符。

奥曼指出《塔木德经》是经济理论的宝库,风险规避、"看不见的手"、自由竞争以及度量衡标准化等基本概念,都能在近2000年前写成的这本犹太法典中找到。

71 你的蛋糕比我的大?

◆摘要:3个人如何分配一块蛋糕?数学家告诉我们一种方法:分块、切除、选择……蛋糕块愈来愈小,切下的小块也愈来愈小,最后分配蛋糕屑,永无止境。

关于亚伯拉罕和罗得①之间如何分配圣地的故事,《圣经》里是这么说的:叔叔在靠近伯特利城的地方画了一条从北到南的假想线,然后告诉侄儿:"你向左,我就向右;你向右,我就向左。"侄儿现在必须作出选择的两个部分价值并不相同。东边部分是约旦谷地,有着肥沃、水源充足的土地,布满茂密的草木。西边由未知的高地构成。显而易见,亚伯拉罕无意将那块土地公平地分成相同大小、相同价值的两部分。对他来说,至少就他看来,伯特利以东和以西的土地价值相同,所以他把选择权留给侄儿。

罗得关心的是他眼前的物质利益,一如预期地选择东边的土

---

① 亚伯拉罕是犹太教、基督教和伊斯兰教的先知,也是传说中希伯来民族和阿拉伯民族共同的祖先。罗得是亚伯拉罕的侄儿。——译者

地。他很满意,因为严格说来,他得到的超过了他合理的份额。至于亚伯拉罕,因得到了迦南所以也很满意,反正他并不在意那块土地两部分的差异。

因此,根据他们自己的评判,亚伯拉罕和罗得双方都觉得自己很幸运,两人各自轻易获得了一半以上的总值。《圣经·旧约》如此精彩描述的,是经济学家和数学家称为公平分配的程序,两人之中无人觉得自己处于劣势。事实上,我们从小就很熟悉这种方法。当彼得和汤姆分一块巧克力时,可能由彼得来分巧克力,由汤姆先选;或者汤姆分,彼得先选。在两种情况下,选择的人能确定负责切分的人会尽力公平地分配那个物品。这就是为什么他们各自取得自己的那份后,不会嫉妒另一个人。但是,如果巧克力棒里有一粒榛果怎么办?如果要分配的物品不是由同一性质的东西组成的怎么办?就像圣地那个例子一样?如果估算他们得到的部分价值不相等,通常双方可以支付一定金钱来作补偿。但我们如何确定榛果的价值?以离婚为例,资产可以出售后再分配,但孩子的探视权价值多少?还有,如果一根巧克力棒要分给3个或更多孩童,该怎么处理?

这个问题实际上远比乍看之下更复杂。1940年代,波兰数学家斯坦因豪斯研究过这个问题。他主张公平分配首先要合乎比例(各自都相信自己至少已经得到了应得的部分),其次是不能引起别人嫉妒(任一方都不能喜欢他人的份额胜于自己得到的)。然后,斯坦豪斯证明,无论参与人数多少,公平分配物品的程序必定存在。不幸的是,他能做到的只有这些。除了3个参与者的情况,他无法提出可以执行公平分配的实际程序,而且他提出的方式也无法做到参与者不嫉妒他人。

直到1962年，北伊利诺伊大学的塞尔弗里奇（John Selfridge）和当时在剑桥的康韦，发现了3人情况下的可行方法。这个方法既合乎比例，又不会招致他人嫉妒。然而，它比只涉及2人的情况复杂得多。让我们假设艾伯特、贝丝和查理要分一块蛋糕。艾伯特先把蛋糕分成他认为相等的3块，贝丝目光锐利，认为艾伯特没做到公平分配，于是切掉她觉得3块中最大一块的一小部分。她在切的时候仔细估量，以确保这一块现在与第二大的那块蛋糕一样大。对她来说，这两块蛋糕都可以接受。现在查理从3块中选出他最喜欢的一块。他很满意，因为他得到了他认为最好的一块。然后贝丝选择她切掉小部分的那一块或先前的第二大的那块。她不会觉得嫉妒，因为毕竟她得到了从一开始她就可以接受的两块之一。艾伯特最后选。因为他是最先把蛋糕切成他认为3等分的人，所以对另外两人也没什么好抱怨的，所以，3个人都很满意。但贝丝切掉的那一小块呢？嗯，现在开始新的一轮，分块、切除、选择，就像之前一样，只是这一次处理的是第一轮留下的那一小块。原则上，这个程序永远不会结束，蛋糕块愈来愈小，切下的小块也愈来愈小，最后分配蛋糕屑，永无止境。

"二战"结束后，当斯坦豪斯仍在与这个问题奋战的同时，尽管是在不经意间，有一个著名的案例已经运用了塞尔弗里奇和康韦的方法。1945年2月，英国、法国、苏联和美国在克里米亚半岛的雅尔塔开会，讨论如何解除德国作为超级大国的地位。他们分割德国，每个盟国得到一块，但发现很难获得让人满意又不招致嫉妒的解决方案。于是只好把柏林从俄国分得的那部分中取出来，把它当成剩下的小块蛋糕，再依次分成4块，最后才达成协议。（可能，只是可能啦,柏林的例子可以作为中东两国方案①的蓝本,把圣地从争议区域移除出去)。

　　严格来说,分割切掉的部分,以及切掉的部分再切掉等等的程序,只适用于3个参与者的情况。但到1995年,两位数学家布拉姆斯(Steven Brams)和泰勒(Alan Taylor)找出了能把这个方法扩展应用于3人以上的情况。不幸的是,这样需要切很多次蛋糕,一小部分也要切很多次,每增加一人,次数就加倍。不过,这两位教授还是很快地为他们的公平分配程序申请了专利。任何热衷于了解这个方法如何影响伊凡娜(Ivana)与特朗普(Donald Trump)离婚财产分配的人,可以看看美国专利局网站上的第5 983 205号专利。

---

① 指以色列和巴勒斯坦分别立国的方案。——译者

72 多到难以抉择的烦恼

◆**摘要**：假定选择公理为实，意味着一种结果；放弃选择公理，意味着另一种结果。而让人惊慌的是，许多问题就是没有单一解答。不管选择多么琳琅满目，我们别无选择——必须选择。

20世纪初，策梅洛（Ernst Zermelo）、弗伦克尔（Abraham Fraenkel）和斯科伦（Thoralf Skolem）构建的集合论公理，成为现代数学的基础。然而，他们提出的公理之一，所谓选择公理，却引发争议。一方面，一些数学定理唯有靠它才得以证明。另一方面，许多纯粹主义者无法说服自己接受一个公理，它以一函数为出发点，这个函数从一个元素的集合中挑选一些特定元素，却不能明确说明如何进行挑选。

今日，绝大多数数学家和科学家都在日常工作中自由运用这项公理，甚至没有意识到这是一个公理，但一些理论数学家却不愿运用它，他们断言运用这项公理会证明出看来荒谬的结果。举例来说，选择公理被用来证明一实心球体可以切割成若干小部分，然后这些部分可以重组为两个新的球体，而两球的大小与原来的球体完全相同。数学家选择奉行哪一个学派，对结果影响很大。耶路撒冷希伯来大学的希拉（Saharon Shelah）和芝加哥大学的索伊费尔（Alexander Soifer）证明，即使一个具体的数学问题，它的解答也可能取决于是否接受这项公理。他们的研究结果显示，运用选择公理的世界与没有运用选择公理的世界，两者的差异远大于迄今为止人们的认识。

想象一个集合族，其中每一个集合都包含一些物品。选择公理指出，可从每一个集合中挑出一件物品。每天早上穿衣服时，我们都做选择性决策：我们从衣柜的一个衬衫集合中挑出一件衬衫，同样，从一个长裤集合中挑出一条长裤，从毛衣集合中挑出一件毛衣等等。因为衣柜只能放进数量有限的各类衣物，我们可以明确地做出选择，举例来说："挑右上方架子上的那件蓝衬衫。"

当谈到无限大集合时，我们就会遇到问题。事实上也不尽然，就如哲学家罗素指出的，我们总是可以从无限双鞋子的每一双中，挑出一只鞋子。选择规则可以很简单："挑每双鞋子的左脚。"但当要处理无限双袜子的问题时，就没有明确的挑选方式了。为了从无限双袜子的每一双中各选出一只袜子，必须假设选择公理成立。另一个例子是，在有无限个班级的学校中，可以从每一个班级挑出最好的学生，但当碰到无限个火柴盒时，没有规则可以让人们从每个火柴盒中挑出一根特定的火柴。重述要点：成双的鞋子或学校班级不需要选择公理，因为可以制定特定的选择规则。但对于袜子或火柴，没有办法从集合中找出特定元素，我们必须仰赖选择公理。唯有这样才能说"选一只袜子"或"选一根火柴"。

1960年代，索罗维（Robert Solovay）证明了策梅洛、弗朗科尔和斯科伦的公理，结合选择公理，证明了不可测集的存在。这表明可以想象有另一套公理系统。瑞士数学家伯奈斯（Paul Bernays）所构建的这套系统，只需要适用范围较小的选择公理，但相应假设集合的所谓"勒贝格可测性"成立（类似于欧氏空间中的长度、面积或体积，勒贝格测度可定义集合的"大小"）。

两个公理系统都可以用来推导数学定理，但它们是互斥的：定理只在其中一个公理系统中成立。

希拉和索伊费尔在一系列论文中证明，是否接受选择公理不只体现人们的哲学倾向，它影响到具体问题的结果。因此，选择公理显现出的意义，与几何学中的平行公理相似。自欧几里得时代起，数学家一直坚持平行公理必须成立，没有这项公理，就无法证明许多日常经验证实的几何定理。但19世纪，波尔约（John Bolyai）、罗巴切夫斯基（Nikolai Lobachevsky）和高斯出现，证明有不需要平行公理的几何学，由此开启了新世界。他们扬弃了平行公理，证明除了欧氏几何及其平面几何，还可以推断出弯曲空间中存在其他几何（举例来说，爱因斯坦凭借"非欧几何"发展了相对论）。同样，希拉和索伊费尔证明，是否认为选择公理成立，将导致好几种不同的现实结果。

这两位数学家从1950年由年仅18岁的学生尼尔森（Edward Nelson，现为普林斯顿大学教授）所阐述的问题着手。尼尔森考虑了所有在平面上的实点，问道：需要用多少种颜色为每一个点着色，才能让彼此相距一定距离（如1厘米）的两点，颜色不同？这个问题可以轻而易举地证明，不需要借助选择公理，答案是至少需要4种颜色，7种则绰绰有余。但我们到底需要4种、5种、6种还是7种颜色？三维空间中存在同样问题，我们只知道需要的颜色数介于6—15之间。

希拉和索伊费尔从稍简单的问题开始,也就是为沿着实线的点着色。他们选定为相距一特定距离的两点画上不同的颜色(两点距离设定为无理数$\sqrt{2}$的倍数,原因此处不讨论)。

在假设选择公理成立的情况下,为了了解如何计算所需的颜色数,请想象有一个无限大的班级,班中所有学生排成一排。根据选择公理,班上有一个最优秀的学生。其他公理让我们决定每一个学生站在距离这第一名多远的地方。举例来说,根据距离是奇数或偶数,给学生一个特定的颜色。因此,需要两种颜色,才能以这种方式为学生着色。

现在让我们放弃选择公理,以假设勒贝格可测性成立取而代之。为了说明希拉和索伊费尔证明中的概念,让我们思考一个有限大小的盒子,里面装满了无限小且完全相同的火柴。因为无法区别火柴的差异,上述方法不适用。但现在让我们假设可以用n种颜色为火柴着色。现在,根据颜色可以把每一根火柴分派到n个类别中。依据勒贝格测度,可以确定这些类别的大小。希拉和索伊费尔证明,因为火柴无限小,这些类别的大小也就永远为0。而因为大小为0的类别组合起来后大小一样为0,所以所有火柴聚集起来大小还是0,但这与盒子有限大小的事实抵触。因此,这个假设一定是错的:n种颜色不足以为所有火柴着色,无论n是多大。

在随后的研究中,希拉和索伊费尔提供了平面和三维空间的着色问题范例。它们都指向同样的问题:假定选择公理为实,意味着一种结果;放弃选择公理,取而代之以假定勒贝格可测性为实,意味着另一种结果。尼尔森的问题仍然没有确切答案,希拉和索伊费尔解释了原因。让人惊慌的结论是:许多问题就是没有单一解答。因此,即使绝大多数数学家可能接受选择公理,希拉和索伊费尔仍提请大众注意这项公理固有的复杂性,强调了在两个公理系统中作出选择的必要。我们不能仅仅假设选择公理成立。因此,不管选择多么琳琅满目,我们别无选择——必须选择。

73 选出最佳教皇和最佳歌曲

◆ **摘要**：如果以足球比赛中的晋级方法来选教皇会如何？竟要进行多达6555次的对决！如果选欧洲歌唱大赛冠军呢？得反复听空洞又令人作呕的歌！

回顾2005年4月，当115位红衣主教回到罗马西斯廷教堂选举新教皇时，气氛一定很紧张：这些神职人员不知道他们得坐多久投票才会结束，因为红衣主教必须获得至少三分之二的多数选票才能赢得选举。考虑内部对抗、口角争论、激烈竞争和对立情绪，选举过程可能费时数日。

几个星期后的5月，一场重要性稍低的选举在基辅举行，要选出欧洲歌唱大赛冠军。24位歌手齐聚体育宫，焦虑地等待结果。谁的歌会被选为最佳（或至少最不令人反感的）歌曲？同样，一个设计巧妙的规则将决定结果。

民主最大的成就之一是，制定了每位公民在选举中都有投票权这项规则，但这个广泛实行的方法有一个显而易见的缺点。因为每位公民只投票给自己喜欢的候选人，但对那位特定候选人的喜爱程度他自己并不很清楚。有些投票者对一位候选人的喜爱可能只稍高于其他人，而其他投票者对这同一位候选人的喜爱可能远高于其他人。简言之，"一人一票"原则无法反映候选人的真实排序。这非常可能造成一种情况，就是多数投票者会勉强投票给一位折中情况下的候选人，而又不真正希望他当选。

1770年，海军军官、数学家波达向自然科学学院建议一种新的选举方式，让投票者更能表达他们的偏好程度。比如说，如果有5位候选人参选，每位选民可以给最喜欢的候选人打4分，第二选择的候选人打3分，再下一位候选人打2分，然后再下一位打1分，给那位最后剩下的候选人0分。分数累计最多的候选人当选。这种规则叫作波达计数法。

不是每个人都赞同波达计数法，批评者之一是数学家、政治家孔多塞（Marquis de Condorcet）。他认为波达的方法会招来阴谋诡计。因为兼跨科学与政治两界，孔多塞明白，一旦一群选民发觉他们最喜欢的候选人的对手有可能胜选，他们就会结盟，为了阻止对手达成目标，大家一致给他0分，这样就可以毁了他的胜选希望。这种密谋的可能结果是排名第三的候选人当选，他从来不是真正的胜选者，仅仅因为别人的折中而胜选。

因此，孔多塞提出自己的建议方式，替代波达计数法。在一连串的对决中，每一位候选人都与其他人竞争。在每一次对决中，赢得多数票的人获胜。打败所有对手的候选人必定是赢家，但即使这种方法可以找出最恰当的候选人，孔多塞的规则仍然存在缺点。首先是这种方法非常耗时，115位红衣主教要进行多达6555次对决，才能选出无异议的教皇（就算对决程序碰巧从最优秀的候选人开始，他打败所有对手，仍然需要114个回合才能宣布他当选)。在欧洲歌唱大赛中,采用这种方法需要反复听空洞的歌曲,令人作呕。但有关孔多塞的方法更严重的争论是,可以打败所有对手的候选人往往不存在。一般而言,就算最杰出的候选人也会输掉一些选战。

简言之,没有理想的投票法。尽管波达的规则保证产生赢家,却提供机会方便人们进行操控;虽然孔多塞的规则不会受到操控,却可能没有"孔多塞赢家"。

在国际象棋赛事中,孔多塞的方法是标准做法,所有参赛者与其他所有对手对战。在网球赛中,参赛者排成一个树状形态,每晋一级,参赛者人数减半。欧洲足球锦标赛实施两阶段赛程以产生获胜球队。在资格赛中,抽签决定球队分组。接着在小组中运用孔多塞的方法,每队都与其他队对战。然后,各小组中得分最多的球队晋级决赛阶段,以网球赛的方式进行,每一轮淘汰一半队伍。欧洲歌唱大赛采用波达方法为歌曲评分:各个国家的评审员给最糟歌曲的参赛者0分,接下来,他们将1—10分给予他们比较喜欢的10首歌,最后给自己认为最棒的那首歌12分(恶名昭彰的12分)。

为什么是12分?答案很俗气:这个数字是随便定出来的。比如说,如果评审员可以给他们喜欢的歌打11分、13分或20分,欧洲歌唱大赛冠军很可能就是另一个人。另一方面,当选教皇要获得三分之二多数选票的规定是有原因的:至少要有一半支持者倒戈向他的对手,对手的选票才能达到所需的多数。毋庸置疑,无论从数学的观点还是宗教的观点来看,教皇阐述教义时绝对不会出错的。

74 跟着金钱走

◆**摘要**：欧元硬币反面有各国不同特色的图案，为什么这些硬币可以告诉我们流行病如何蔓延、谣言如何传播，还有喜欢到西班牙的德国人比喜欢到芬兰的西班牙人多？

2002年除夕次日，许多欧洲国家结识了一种新货币——欧元。对一般购物者来说，这意味着令人焦虑不安的换算；而对经济学家、金融专家和统计学家来说，则可乘此良机开展一些研究。欧元硬币标示面额那一面，每个国家都相同，但反面的图案则具有民族特色，各不相同。硬币就是一个展现欧洲艺术、历史和音乐的名副其实的万花筒：在西班牙付钱吃海鲜饭，找回来的零钱可能是带有莫扎特头像的奥地利硬币；巴黎咖啡馆老板可能在他的钱柜里发现印有达·芬奇的素描"维特鲁威人"的硬币；荷兰侍者收到小费，其中的硬币上，可能刻着法国格言：自由、平等、博爱。

每个国家的铸币量，与该国在欧洲市场的经济重要性相当。总共650亿个欧元硬币中，32.9%来自德国、法国、意大利和西班牙，卢森堡只占0.2%。2002年1月2日，每个公民分配到约100个硬币。因为有这些差异，不同货币之间的转换让研究者得以通过追踪硬币跨越国界的路径来研究货币的流通。

荷兰国家银行所做的研究发现，任一人平均携带15个硬币。其他85个硬币留在银行和商店的钱柜里。将欧洲人的旅行习惯做计算考虑在内所做的统计显示，每年每个国家约有10%的硬币输出，同时有相同数量的硬币流回国内。随着时间推移，欧洲国家的硬币会混合在一起，直到达成均衡。届时，所有国家的硬币分布会与它们的造币量成比例。科学家想解决的问题之一是，需要多久才会出现这样的情况？而这就是意见产生分歧的地方。

德国统计学教授斯托扬（Dietrich Stoyan）建立了一个数学模型，该模型由近150个微分方程组成。他所用的变项包括不同欧洲国家旅行者的移动性、上班一族的行为、硬币收藏家的活动、度假地点的偏好、跨境上班族的家庭关系等等。这个模型也考虑了夏季里因为度假旅游带来的更多的货币流动，以及滑雪季节后，奥地利的欧元积聚在平原国家的现象。其他已经发展出来的模型，大多数只在使用术语上有所不同。

为了证实他们模型的有效性，科学家多半仰赖志愿者提供的记述，后者不时告知在自己钱包里找到的硬币数量以及国别。当然，这种方法在统计学上不是非常可靠，因为志愿者多半容易在发现钱包里有特别多的外国硬币时才会申报。另一项阻碍这项研究的因素则在刚开始时就被低估了：进入外国的硬币起初容易从流通过程中消失，因为收藏者倾向于秘藏而非使用它们。然而，搜集到的数据显示，硬币明确地从北到南流动。这个发现可用一项事实来解释，就是喜欢到西班牙的德国人，比喜欢到芬兰的西班牙人多。

最重要的是在各种不同模型中，确定哪一种最能描述硬币的混合过程。因为模型对欧元何时达到完全混合有不同的预测，混合的发展速度可以用来对研究进行测试。斯托扬的模型指出，2020年之前硬币流动应该能达到完全的均衡。

然而，不只经济学家对欧元流动的研究感兴趣，这项研究的思路和方法在其他领域也能发挥作用。举例来说，流行病如何蔓延、谣言如何传播，以及植物如何入侵外国栖息地等问题，都可以进行类似的研究。假如有一天瑞士或英国加入这个货币联盟，则又可以进行新的研究。这相当于调查一个新的感染源出现时，生物如何反应，或是当细胞膜破裂且微生物侵入时，会发生什么事。

75 地震、癫痫发作与股市崩盘

◆**摘要**：*物理学与金融理论的美满结合是如何产生的？金融市场突然发生的大幅度价格变动，为什么与地震及癫痫发作有一定的相似性？股市价格暴跌与沙堆崩塌或交通拥塞又有什么关联？*

股市变化受控于理性思考的投资人对股票的供需要求——至少古典经济学家传播的理论是这么说的，但一派新近出现的科学家，即所谓的经济物理学家对此表示不敢苟同。他们视市场参与者为自发性代理人组成的群体，他们以类似于气体分子运动的方式互动。

全球危机紧紧牵动金融市场的频率在不断增加，这让经济学家和金融市场理论家同感困惑。根据他们的模型，如1987年股市崩盘、2000年网络泡沫破灭、2007年油价飙升，或者最近的金融紧缩，这样的事件发生的频率应该比实际小得多。已有的发展出来的模型显然无法描述这种现实情况。无怪乎，在金融和经济领域以外的科学家也觉得需要协助大家一起检视经济科学。最近有一群物理学家正做着这样的工作，他们打着"经济物理学"的旗号，试图以统计力学的方法来描述市场。

但他们并不是第一次这么做的人。更早的时候,心理学家和行为科学家便尝试去了解经济体的神秘现象。这些科学家根据调查和控制实验室实验,设法厘清人们如何做出金融决策。卡纳曼(Daniel Kahneman)和史密斯(Vernon Smith)是这个领域的先锋,两人因这项研究而获得了2002年诺贝尔经济学奖。更近期,神经科学家登上舞台。他们配备了测量脑部血流的机器(利用一种称为核磁共振的技术),测定当人们进行买和卖的行为时,脑部哪个部位和哪种情绪在运作。接着出现的是物理学家。与其他领域的学者相反,他们不研究个人及其行为,而是把市场参与者视为整体,个人是以类似于气体分子方式互动的"代理人"。为了了解市场行为,经济物理学家使用统计力学的方法,这种方法起初是用来追踪气体的宏观特性(如压力和温度),以验证分子的微观行为。

根据传统的金融市场理论,股票交易价格由市场参与者对股票需求决定。希望财富最大化的投资人,根据基本经济变量的现状和未来预期作出理性决策,以趋向股票的"真实"价值。为了找出决策问题的数学解答,理性投资人运用古典微分学方法。巴黎综合理工学院物理学教授和资源基金管理公司研究部门的主管包查德(Jean-Philippe Bouchaud)认为,这个观点需要彻底革新。他认为金融工程师过度信赖未经验证的公理和错误的模型。包查德指出,惯常的理论错误地仰赖"看不见的手"、理性投资人和有效市场①等理论。几十年来,经济学家对这些类似于公理的概念依依不舍,尽

---

① "有效市场假说"理论认为,投资者买卖股票时会迅速有效地利用可能的信息,所有影响股票价格的因素都已反映在股票价格上,技术分析是无效的。——译者

管实证经验显示它们站不住脚。这类僵化的思维很危险。举例来说,包查德认为,将自由市场奉为圭臬,导致管制解除,引发了最近悲剧性的金融危机。

另一个过时经济模型的范例是分配问题。在古典经济理论中,核心概念之一是以利润最大化为目标的代表性个人。德国基尔大学货币经济学与国际金融教授卢克斯(Thomas Lux)解释,如果所有消费者都是代表性个人,就不会出现收入与财富上的差距。其他专家认为,完美市场①——在这种市场中,股价反映所有可得的信息——只存在于理论中。

然而,积习难改,经济学家紧抓着传统概念不放。物理学家包查德宣称,这就是为什么久负盛名的物理科学,可以对相对年轻的经济科学指点一二的原因。他指出,起码物理学本身有数百年的历史,已经学会处理挫折和失败。物理学家也因此意识到他们必须偶尔忍气吞声,摒弃无用的理论。这种建立理论的方式是科学研究的必要条件,但许多经济学家显然对此仍很陌生。

物理学与金融理论的美满结合,或曰"共生",始于1900年。那一年,法国数学家巴舍利耶(Louis Bachelier)将他的博士论文提交给巴黎大学。借助一套新方法,他开始研究股票交易活动。该方法是巴舍利耶为了描述液体粒子的不规则运动,即所谓的布朗运动而新近提出的。——请注意,那可是在爱因斯坦独立发展出同样方法的5年之前。

但一个严重的问题此后一直困扰着金融市场观察家。巴舍利

---

① 完美市场又称作完全市场,在这样的市场中,资源以均衡价格被分配,进行交易的成本接近或等于零。任何力量都不对金融工具的交易及其价格进行干预和控制,任由交易双方通过自由竞争决定交易所有条件。——译者

耶的基本假设中有一项是错的。他假定价格变动遵循所谓的高斯正态分布：多数股价变动很小，可绘制为一钟形曲线。然而，这个假设在一个关键点上出现错误。一般而言，尽管小幅度和中等幅度的价格变动的确遵循这个模式，但极端事件，如股市崩盘或价格骤升，却比我们根据这条钟形曲线所预测的更频繁出现。统计学家表示，相比于高斯钟形曲线，实际的价格波动分布有"厚尾"①。

由波士顿大学的斯坦利（H. Eugene Stanley）领军的一群物理学家，希望找出其他更适合描述股市行为的分布曲线。最后他们找到了所谓的比例定律和幂次定律分布，分形理论创建者芒德布罗（Benoît B. Mandelbrot）用它们来测量海岸线、花椰菜表面，以及原料在市场上的价格波动。经济物理学家指出，许多自然现象基本上都是这类分布。举例来说，苏黎世瑞士联邦理工学院企业风险讲座教授索奈特（Didier Sornette）相信，金融市场突然发生大幅度价格变动的统计数据，与地震及癫痫发作的统计数据，具有一定的相似性。同时，丹麦的巴克（Per Bak）将股市价格暴跌与沙堆崩塌及交通拥塞联系了起来。

一旦明确幂次定律分布可以非常恰当地描述股市波动，就需要有理论来证明它们的应用。毕竟，如斯坦利所承认的，统计观察只能提示关于极端事件的相对频率，无法解释其成因。因此，为了了解股市波动与各种自然现象具有类似特性的原因，我们必须查明为什么幂次分布无所不在。

根据卢克斯的说法，有一个因素可以将物理现象与股市联系起来：网络中无数交联在一起的元素的相互影响。凡是拥有多种

---

① 与正态分布的图形相比，厚尾分布的图形上尾部较厚，峰处较尖。这意味着其数据出现极端值的概率要比正态分布大。——译者

相互作用的现象,几乎都可以用幂次定律分布来描述。举例来说,地震学中的情况可能是,小裂缝中的能量不断积聚,且愈积愈大,最后引发地震。这是索奈特得出的结论,他之前在加州大学洛杉矶分校的地球及太空科学系做研究。在癫痫的例子里发生的情况是,神经元之间相互影响,它们通过突触以各种方式彼此联结。

经济物理学家将这些概念转移到金融市场领域,认为必须将投资人之间的相互作用及由此产生的行为考虑在内,才能真正了解价格波动的分布。索奈特提到,这类相互作用包括仿效别人的欲望、群聚行为、正反馈、恐慌反应,以及自发性的自我组织等行为,但并不是每个人都接受这种类比的。罗格斯大学金融理论家米兹拉克(Bruce Mizrach)指出,不同现象呈现类似的幂次分布,并不意味着它们一定遵循同样的定律。

但经济物理学家们坚持己见。他们利用计算机模型求证,投资人之间单纯的行为(如"如果这只股票价格下跌5%就买进,而且你的同事也在买")是否能导致突然的市场泡沫化和崩盘。当然,单凭这一点尚不能证明这些规则有效,但至少表明它们是解释市场行为有用的工具。

布兰迪斯大学的勒巴伦(Blake LeBaron)利用统计物理学工具模拟金融市场。在他的计算机程序中,代理人遵循一些简单的规则相互影响,有时也出现一些群体现象,如恐慌反应。这种现象不应该出现在古典金融理论的"理性世界"中。举例来说,仿真结果显示,平时完全不相关的投资策略,在危机时却因为相互影响的投资人的"非理性"行为而变得高度相关。从而最初打算规避风险的意愿走向了反面:看起来相当多样化的投资组合,在波动加剧时,风险反而提高。这很可能是崩盘比预期更频繁发生的原因之一。

一些经济物理学家不满足于只模拟市场行为,他们想预测极端事件。为了达到这个目标,索奈特在苏黎世瑞士联邦理工学院设立了一个金融危机观测台。因为物理现象遵循一定的规律,他希望发展出一些根据物理学改编的工具,以便及早预测未来的股市崩盘。索奈特的基础工具之一是地球物理学中的所谓大森定律。这条定律表明,通常地震发生之后出现的余震根据幂次定律分布。索奈特希望这样的特有模式能让他准确预测下一次的崩盘,并在危机迫近时及早提出预警。他深信他的方法有效,为了通过实际操作证明这一点,他投了不少钱到股市里。

76 不要射杀信使

◆**摘要**：华人金融专家李祥林导出的一个数学公式，被认为应该为金融危机负责。这一个从投资人到银行都欣然接受的公式出了什么问题？把错误使用从而导致灾难性后果发生的责任推给一个公式，是否公平？

专家们仍在忙着寻找最近金融市场全面崩溃的原因。一些专家坚持认为，华尔街之所以瘫痪，是因为华人金融专家李祥林高明地导出的一个数学公式。这个公式称为高斯关联结构函数，它让银行家和机构投资者前所未有地更容易、更精确地建立复杂的风险模型。李祥林提供给金融界的这一评估工具，可评估投资于相互关联的证券时所固有的风险。这个公式很简单，所以很快就被广泛采用，从投资人到银行，每个人都欣然接受了它。不幸的是，当金融界意识到这个公式无法在极端情况下提供正确结果时，为时已晚。

没有严格审查数百万美国屋主的信用度就批准他们的房贷，而他们没有能力付款，金融危机由此爆发。在压力下房贷公司首先被压垮,紧接其后的是大型金融机构和保险公司。这么多债权人同时违约,破产不可避免,这些情况没有人正确预见到。

投资人可能没有意识到,投资在价值损失概率一致且彼此相关的证券上是有风险的(相关性衡量的是一变量如何随另一个变量的变动而变动;决定证券组合的风险有多高时,这个因素很重要)。为了帮助理解同时违约的危险性,李祥林建立了一个所谓关联结构公式。2000年,他在《固定收益期刊》(*Journal of Fixed Income*)上发表了有关的论文《论违约相关性:一种关联结构函数的方法》(On Default Correlation: A Copula Function Approach)。在统计学中,关联指的是连接两个或更多变量的行为。

李祥林成长于1960年代的中国农村,在中国学习经济学,后来获奖学金而前往加拿大学习。他在加拿大攻读企业管理和精算学,取得统计学博士学位。因为就职于金融机构的薪水远比在学术界诱人,李祥林投身于金融业,他先在加拿大任职,后来到了美国。在华尔街,李祥林开始应用他的精算学研究成果。举例来说,寿险要求计算夫妻双方在同一年过世的概率,李祥林从这类研究中获得线索,发展出一个公式,计算几家持有捆绑型房贷的公司(包括贸易公司、银行、商业机构、不动产控股公司等)同时破产的概率。"我突然想到,我试图解答的这个问题,正是这些家伙希望解决的问题。违约就和一家公司倒闭一样"。几年后李祥林说。

李祥林的公式使用方便,又容易诠释,难怪没有数学专业知识的金融经理人乐于接受这个解决方案。对他们来说,它开启了一个具有崭新可能性的世界。这个公式的主要吸引力是它很容易使用。麻省理工学院金融教授罗闻全认为,李祥林的公式可能是最广泛使用的建立几个企业同时违约模型的工具,但有一个困难经常被人们忽略:这个公式需要输入一个参数,用来衡量不同证券的价值的相对变动。该参数被称为相关系数,不容易确定。李祥林瞄准了公司必须支付的贷款利率的历史数据,这些利率与无风险的国库券收益率之间的差距,是银行评估公司风险程度的指标。有了这些数据,就可以估算关联结构公式所需的相关系数。

但历史数据很可能会产生误导作用,如果数据取自美国房地产价格飙涨的那几十年间,就更是如此了。显而易见,经济繁荣时期的数据与危机迫近时期的数据没什么关联。举例来说,平常时候不太可能有许多业主同时违约,但当房市开始暴跌,有债权人拖欠付款时,违约情况就会接踵而至。在这种情况下,李祥林公式最基本的假设即相关系数是一个常量就不再正确。破产概率比公式所预测的更高,甚至多样化投资组合的风险也增加了。

资产类不断被波及,突然间,一切事物高度相关,每个人都受到影响和伤害。2001年,苏黎世瑞士联邦理工学院数学家、金融专家安伯彻(Paul Embrechts)曾警告,轻信过分简化的风险模型可能引发危机,甚至动摇整个经济体。传统风险模型根本无法预测异常事件,李祥林公式的相关系数是根据历史数据做的估算,它们不足以支持几个极端情况同时发生的模型。

然而,把错误使用从而导致灾难性后果的责任推给一个公式是非常不公平的。罗闻全教授为李祥林辩护,说这就像因为发生死亡事故而责怪牛顿运动定律一样荒谬可笑。安伯彻指出,与多数金融从业人员相反,数学家所接受的训练要求例行检验公式所依据的假设。因此,应该为金融危机负责的并不是公式,而应该是人类的贪婪。

第十一章

跨学科集锦

有趣的数学故事:

◎如何用数学计算法官判案是否公正?

◎一块钱值多少?

◎为什么我们无法计算出围墙的长度?

◎为什么雪花总是六角形?

◎沙堡什么时候会崩塌?

◎为什么总是打不到苍蝇?

◎交易时如果两方都是老鸟,反而不容易成功。

◎可否模仿蜜蜂的行为,来设定网络服务器的分配?

◎《圣经》中真有上帝传达的密码吗?

77 法官判案是否公正？

◆ 摘要：美国最高法院9位法官作出的判决，常引起各种法律与政治的解读。研究显示，司法审判会严重受到政治观点的影响，判决会因为法官的左翼、右翼、保守派或自由派身份而异。

美国最高法院9位法官作出的判决，常引起各种法律与政治的解读。研究显示，司法审判会严重受到政治观点影响，判决会因为法官的左翼、右翼、保守派或自由派身分而异。但纽约西奈山医学院数学家西罗维奇（Lawrence Sirovich）指出，可以对判决结果进行完全公平、客观的数学分析。他在《国家科学院院刊》发表的文章中，总共检验了1994年至2002年间，伦奎斯特（William Rehnquist）担任最高法院院长任内近500宗最高法院的裁决。

原则上，你可以想象两种不同类型的法庭，它们之间存在种种差异。一种极端的情况是，法官席上有一组无所不知的法官——假设他们存在，他们知道绝对的真相，可以无异议地作出一致的判决；而这种法庭与完全受经济、政治考虑左右的法官团相比较，在数学上是等价的。假设他们受到的影响相同，表决时就会投出一致的票。在这两种情况下,只要一个法官就够了,因为其他8个同事只是多余的复制品。

相较于这种有效率却无趣的情景,另一种极端的情况是,每个法官都依照柏拉图的理想,彼此完全独立地作出判决。他们不会因受到政治压力、说客或同事的影响而改变立场,在这种法庭里,每位法官都是不可取代的。

当然,也可能出现介于这两种极端情况之间的法庭。为了找出现实存在的情况是哪一种,西罗维奇分析了法官判决中的"熵"。熵这个名词来自热力学,是代表系统"无序"程度的量,数学家香农(Claude Shannon, 1916—2001)在1940年代把它应用于信息理论。当分子被固定在晶格上时,例如冰块,此时的有序程度高,因而熵值低,在晶格的某点处遇到一个分子也就不必感到意外。另一方面,气体中分子的随机运动对应于无序,因此熵值高。

在信息理论中,熵代表的是一个信号中所包含的信息量。将这个名词用在法官判决上的含意是:如果所有法官都作出相同的判决,则有序程度最大而熵最小;另一方面,如果所有法官作出独立、随机的判决,则熵值很高。因此,熵可以用来衡量判决中所包含的信息量:若法官的判决一致,信息量少时,只要知道单一法官的裁决就够了,其他法官的意见皆属多余。

西罗维奇以不同法官所作出的判决之间的相关性,计算伦奎斯特任期内500宗判决的信息量,结果显示,判决与随机分布的差距极大。近半数判决是一致的,但这不一定是因为法官受到外力影响,也可能是许多案件从法律观点来看相当直接明了。再补充一点,法官斯卡利亚(Antonin Scalia)与托马斯(Clarence Thomas)对超过93%的案子判决相同,只要其中一人作了判决,另一人就极可能作同样的判决。大家也都知道,在许多案件中,法官史蒂文斯(John Paul Stevens)的判决总是与多数法官相反,没有人会大惊小怪。

西罗维奇的研究显示,平均有4.68个法官的判决与其他法官独立。换言之,他们扮演的正是"完美的"审判者;同时表示,另外4.32个法官其实是多余的,因为他们的判决通常会受其他法官影响。西罗维奇指出,4.68是个令人鼓舞的数字,因为它表明,独立审判的法官占多数,他们没有受特定的观点或其他法官的影响而作出一致的判决。尽管有人可能觉得理想的独立法官数应该是9,但事实上,这是不正确的。9位独立法官代表每次的判决都是随机审判的结果,这只有在法官完全忽略眼前事实与法律论证时才可能出现。很明显,任命可以被随机数制造机取代的法官,对公平正义或法律精神的维持并无益处。

然后,西罗维奇转向另一种不同的数学计算,现在他的问题是,要达到与最高法院9位法官有80%相似度的裁决,需要几位法官?9位法官出席的法庭每宗判决(是、否、是、是……)可视为九维空间中的一个点;但因为某些法官的判决彼此相关,因此空间可缩小些。为了了解空间能缩小多少,西罗维奇利用了线性代数中的"奇异值分解法",这个方法已经成功地应用在各种不同学科中,如辨认模式与大脑结构分析、混沌现象与湍流流动等。西罗维奇的分析显示,80%的判决可以用二维空间来表示,假定是如此,那么要作出全部判决的4/5(尽管是由9位法官的不同判决组成),只需要两名虚拟法官就够了。

78 选举席位分配真能公平吗?

◆ 摘要: 依选举人口分配国会席次好像很公平,但席次只可能是整数,所以一定会遇到四舍五入的问题,因而影响了公平性,或者必须改变席次总数。

瑞士被公认为全世界最民主的国家之一,事实上,18世纪末,美国为13个州拟订地方政府架构时,就是采用了瑞士的州政府模式。瑞士有25个州,每一个州都拥有对联邦事务的发言权。各州人民每10年选一次他们的联邦委员会代表,瑞士联邦宪法第一四九条规定,联邦委员会由200位代表组成,席位依各州人口比例分配。

你可能以为满足这项条文的规定再简单不过,但事实却远非如此。宪法的明确规定往往无法做到,原因是每州都只能送出整数个代表到联邦委员会。以苏黎世州为例,依据最近一次的统计,该州人口为1 247 906人,占瑞士总人口的17.12%。苏黎世州可以分配到几个联邦委员会的席次?在200人组成的委员会中,这个州可以送34个还是35个代表到首都伯尔尼?一旦解决了这个区域代表的问题,这34个或35个席次又会如何分配给参与苏黎世州选举的各个政党?

分配国会席次的一个简单办法是四舍五入,但这个方法仍不够周全,因为四舍五入常常可能改变席次总数,违反宪法第一四九条精神,所以必须寻找其他办法。

处理这个比例问题的理论家表示,分配委员会席次的公平办法必须满足两项要求。第一,产生的席次数字一定要等于按人口比例计算出来的数字的舍或入,因此苏黎世州应该分配到的代表数是不少于34或不多于35,这就是所谓配额法则。第二,分配方法不能产生矛盾的结果。例如,选民数字增加的州分配到的席次不能减少,而应把减少的席次归给选民数字减少的州,这项做法称为"单调要求"。

这些条件乍看似乎很合理,但若以数学方法进行研究或实际测试,会发现完全不是这么回事。1980年,数学家巴林斯基(Michel Balinsky)与政治科学家杨(Peyton Young)证明了一个非常重大但令人失望的结果:理想的分配方法并不存在。能满足配额法则的方法就不能满足单调要求,而能满足单调要求的方法又违反配额法则。

那么到底该怎么办呢?瑞士联邦法第十七条规范了联邦委员会席次该如何分配给各州。首先,人口数小到不足以分配到一个代表的州,可以得到一个席次;其他人口够多的州,则算出其席次的整数及小数部分。接下来,先做初步分配,每州先无条件舍去小数点后部分席次。最后,在所谓的剩余分配中,剩下的席次再分配给舍去的小数部分最大者。这个方法看似可以接受,尽管对大党稍微有利:3.3舍去小数变成3的杀伤力,远比28.3变成28严重得多。

就算这个方法看起来很有道理,却会造成大麻烦。问题首先在美国浮现,美国在1880年代所用的分配方法与瑞士一样。一个很有数字观念的谨慎员工无意中发现,如果国会席次从299人增加到300人,亚拉巴马州就会损失一位议员。这种不合理的情况与单调要求相矛盾,此后被称为亚拉巴马悖论。在表11.1的例子里,众议院议员人数从24增加到25时,A州离谱地损失了一个议员名额。

表11.1 亚拉巴马悖论

虽然联邦委员会的规模扩大,A州却反而会损失一个席次

	A州	B州	C州	总计
委员会共有24个席次				
人口(万人)	390	700	2700	3790
占比	10.29%	18.47%	71.24%	
占比席次	2.47	4.43	17.10	
初步分配	2	4	17	23
剩余席次	0.47	0.43	0.10	
剩余分配	1	0	0	
席次总数	3	4	17	24
委员会共有25个席次				
人口(万人)	390	700	2700	3790
占比	10.29%	18.47%	71.24%	
占比席次	2.57	4.62	17.81	
初步分配	2	4	17	23
剩余席次	0.57	0.62	0.81	
剩余分配	0	1	1	
席次总数	2	5	18	25

对瑞士而言,1963年后便不存在这个问题了,因为从那年开始,代表人数就固定为200人。至于美国国会议员的人数,则自1913年后就固定为435人。

亚拉巴马悖论不是唯一的潜在问题,另一个悖论可能在某些

情况下出现,也就是人口悖论。人口增加的选举区可能损失代表的人数,席次反而跑到其他人口减少的选举区。在表11.2的例子中,C州的人口减少,A州的人口增加,但C州却多得到了A州减少的一席。人口悖论和亚拉巴马悖论的症结都在于席次的小数位数。在瑞士人口悖论仍然隐现着,尽管迄今尚未给瑞士造成任何问题,并且秉持"没坏,就不必修"的精神,就只好先将这个问题暂时搁置了。瑞士目前采用的分配方式仍然是先无条件舍去小数部分,再依小数点后的数字由大至小分配剩余的席次。

表11.2 人口悖论

C州人口减少,却从人口增长的A州抢来一个席次

	A州	B州	C州	总计
国会共有100个席次				
1990年人口普查(万人)	6570	2370	1060	10000
占比	65.7%	23.7%	10.6%	
国会席次分配	65	23	10	98
剩余小数	0.7	0.7	0.6	
剩余分配	1	1	0	2
席次总数	66	24	10	100
2000年人口普查(万人)	6600	2451	1049	10100
占比	65.35%	24.26%	10.39%	
国会席次分配	65	24	10	99
剩余小数	0.35	0.26	0.39	
剩余分配	0	0	1	1
席次总数	65	24	11	100

但问题仍未结束,即使联邦委员会的200个席次都依比例分配给各州,每州的席次还是要分配给各政党,瑞士联邦法第四十条及第四十一条规定了相关程序。比利时律师、税务专家及根特大学民权与税法教授东特(Victor d'Hondt, 1841—1901),对席次分配

提出了关键的建议。

东特提出一个法则,确保每个席位后面有最大数量的选票。这项做法如下:

对每一个席次,先将投给各政党的票数除以该政党已经分配到的席位数加1,所得的商最高者可以得到那个席位。持续进行这项流程,直到所有席次分配完毕(表11.3会让这个听起来很复杂的流程更清楚一点)。

瑞士很快就察觉又白忙了一场,东特的计算方法就是百年前杰弗逊总统(President Thomas Jefferson)提出的方法,他就是用这个方法来分配美国众议院的席位。从瑞士的考虑来说,他们拒绝将名称的所有权让给比利时人或美国人,于是决定以巴塞尔数学及物理学教授哈根巴赫—比朔夫(Eduard Hagenbach-Bischoff)的名字来命名。这是因为哈根巴赫—比朔夫在担任巴塞尔市议员时无意中发现了此法。

表11.3 杰斐逊—东特—哈根巴赫—比朔夫法(分配10个席次)

	政党A	政党B	政党C
得票	6570	2370	1060
1.席位	6570*	2370	1060
2.席位	3285*	2370	1060
3.席位	2190	2370*	1060
4.席位	2190*	1185	1060
5.席位	1642*	1185	1060
6.席位	1314*	1185	1060
7.席位	1095	1185*	1060
8.席位	1095*	790	1060
9.席位	938	790	1060*
10.席位	938*	790	530
总 计	7	2	1

备注:每个政党得票数除以已分配到的席位数加1,结果数值最高者(以*表示)可以得到那个席位,直到所有席次分配完毕。

虽然这个杰斐逊—东特—哈根巴赫—比朔夫法对大党稍微有利，但这不算是一个大缺陷。事实上，只有以累积方式应用时，小党才会感觉不利，例如当议会再次以东特的方法来分配各种不同委员会的席位时。套句丘吉尔的话，你可以说杰斐逊—东特—哈根巴赫—比朔夫法是个最烂的席次分配方法——除了其他那些已经试过的方法之外。

79 一块钱值多少?

◆ **摘要**:1美元不一定总是为其所有者带来相同的"效用",例如1美元带给乞丐的效用远大于百万富翁。

1713年,著名数学家尼古劳斯·伯努利提出了下面这个游戏问题:

- 掷一枚硬币。
- 如果正面朝上,你可以得到2美元,游戏结束;但如果是背面朝上,再掷一次。
- 如果硬币出现正面,你可以得到4美元,游戏结束,依此类推;但只要正面朝上,奖金就加倍。
- 掷过 n 次硬币后,如果硬币第一次出现正面朝上,那么游戏者就可以获得 2^n 美元。

抛掷超过30次之后,奖金总额会超过10亿美元,真是一笔巨额奖项。现在问题来了,请问:赌客会付多少钱来购买参加游戏的权利?

大多数人愿意支付的价格介于5美元至20美元之间,但这是否合理? 一方面,赢得4美元以上奖金的概率只有25%;但另一方面,奖金也可能相当可观,因为在正面朝上之前,先连续多次掷出背面的概率虽然极小,但绝不是零。因此,在这个例子中,可能赢得的巨额奖金可能会弥补成功概率微小的缺点。伯努利发现,奖金的期望值是无限大!(计算奖金期望值的方式是,以所有可能获得的奖金乘上对应的出现概率,然后相加得出。)

矛盾就在这里出现了,试想:如果奖金的期望值是无限大,那么为什么没有人愿意付1万美元、10万美元,甚至1000美元,来玩这个游戏?

这种深奥行为的解释牵涉到统计学、心理学和经济学。两位瑞士数学家克拉默(Gabriel Cramer, 1704—1752)及尼可劳斯的表弟丹尼尔·伯努利提出了解答。他们指出,1美元不一定总是为其所有者带来相同的"效用",例如1美元带给乞丐的效用远大于百万富翁。对前者而言,拥有1美元的意义可能代表着今晚不必饿肚子睡觉;但后者根本不会注意到他的财产多了1美元。同样,出现第31次背面朝上所赚到的第二个10亿美元,其效用也比不上前30次掷币后所获得的第一个10亿美元,所以20亿美元的效用并不是10亿美元的两倍。

解释这个谜题的关键因素是,游戏的预期效用(奖金的效用乘上其概率)远低于预期奖金。自从丹尼尔·伯努利在《圣彼得堡皇家科学院评论》(Commentaries of the Imperial Academy of Science of St. Petersburg)中发表专文后,这个惊人的理论就被称为圣彼得堡悖论。

约1940年时，美国新泽西州普林斯顿高等研究院两位来自欧洲的移民，开始研究效用函数的概念。一位是犹太人冯·诺伊曼，他是20世纪最杰出的数学家之一，因纳粹入侵而被迫离开祖国匈牙利；另一位则是经济学家摩根斯特恩，他因为厌恶纳粹而离开奥地利。

这两位外来移民在普林斯顿共事，认为他们的研究成果应该可以写成一篇对策论的短文，但这篇论文的篇幅却持续增长，最后，他们在1944年以《对策论与经济行为》(*Theory of Games and Economic Behavior*)为标题出版这部著作时，其篇幅已厚达600页。这项创新成果对经济学的进一步发展带来深刻的影响。该书引用伯努利与克拉默的效用函数作为公理，描述了众所周知的"经济人"①行为。然而，很快就有人注意到，在概率很低而金额很高时，受试者常常做出与此假定的公理相抵触的决策。不过，这两位经济学家仍不退却，坚持他们的理论是正确的，而许多人表现出来的是不理性的行为。

即使有上述缺点，效用理论依然产生了深远的影响。伯努利与克拉默为圣彼得堡悖论提出的解释，成为了保险业的理论基础。效用函数代表了大多数人宁可保有98美元现金，也不愿参加一个赢得70美元或130美元概率各半的彩票赌局，即使彩票的预期奖金是比较高的100美元，其间的2美元差异就是我们大多数人愿意为消除不确定性所付出的保险金。至于为什么许多人仍然愿意购买保险以规避风险之余，同时又花钱买彩票来面对风险，则是另一个有待解释的矛盾现象。

---

① 亚当·斯密提出的概念，指理性、自利的人，在一些限制条件下追求效用的最大化。——译者

80 这篇文章是谁写的？

◆ **摘要**：如果两篇文章是同一位作者写的，算法需要的储存空间较小；若附加的短文是来自不同作者，则需要的空间较大。

我们想在硬盘里储存的数据，其数据量增长的速度远高于储存设备容量快速增长的速度，因此我们需要能够把磁盘数据塞得更密的软件，才能克服硬件的限制。压缩技术的发展，使我们有了意料之外的应用。

要了解何谓数据压缩，必须先了解熵这个概念，物理学中的熵是系统（例如气体）的无序程度的量度。在电子通信中，熵是信息中信息量的度量。举例来说，由1000个重复的0所组成的信息，含有的信息量极少，熵值也极低，它可以被压缩为简短的形式："1000乘以0"。另一方面，由1与0组成的安全随机数列，其熵很高，根本无法压缩，储存这种字符串的唯一方式就是重复每一个字符。

相对熵代表在以一个字符列的最佳压缩方式来压缩另一个字符列时，有多少储存空间被浪费掉了。最适用于英文的莫尔斯电码就是一个例子。英文中极其频繁出现的字母"e"分配到最短的码：一个点；而鲜少出现的字母则被分配到较长的码，例如"q"的码是"— —·—"。对英文以外的语言来说，莫尔斯码不是非常理想，因为码的长度与字母出现的频率没有相互对应关系。相对熵测量的是需要多少额外的圆点与横线，才能以最适用于英文的码，来传递一篇例如意大利文的文章。

大多数数据压缩程序都是依据1970年代末以色列海法理工学院的两位科学家所提出的算法。计算机科学家伦佩尔（Abraham Lempel）及电子工程师齐夫（Jacob Ziv）所发明的方法，源于一个文件中常常重复出现相同的字符串。一个字符串首次出现时，会进入一个"字典"，当同一个字符串再度出现时，就会有一个指针指向字典中的合适位置，由于指针所占的空间较序列本身小，因此文章被压缩了。不仅如此，准备一个列出所有字符串的表格并不按照标准字典的编辑规则，而要依照待压缩的文件做自我调整。算法能够"学习"那些极常见的字符串，然后视情况调整压缩方式，随着文件容量的增大，所需的储存空间就会按照文件的熵值逐渐降低。

计算机在科学上的运用总是让人拥有无尽的想象空间，而压缩算法同样可以应用在节省计算机文件储存空间以外的领域。意大利罗马拉萨皮恩扎大学的两位数学家和一位物理学家——贝内代托（Dario Benedetto）、卡廖蒂（Emanuele Caglioti）和洛雷托（Vittorio Loreto）——决定将伦佩尔—齐夫算法运用在工作中。他们的目标是辨识一些文学作品的作者，素材源自11位意大利作家写出的90篇文章［包括但丁（Dante, 1265—1321）和皮兰德娄（Luigi Pirandello, 1867—1936）①］。先选出特定作者的文章，文末分别附

---

① 意大利小说家、戏剧家，1934年获颁诺贝尔文学奖。——译者

上两段长度相同的短文：一段来自同一作者，另一段则来自另一个作者。两个文件都放入压缩程序里，例如已经被大众广泛使用的WinZip程序，接下来科学家检查两者各需多大的储存空间。他们预测这种复合文章的相对熵，可以作为辨认佚名文章作者的指标：如果附加的短文是同一位作者写的，算法需要的储存空间较小；若附加的短文是来自不同作者，则需要的空间较大。后者的相对熵会较高，因为算法必须考虑两个作者的不同风格与不同词汇，要使用较多空间来储存文件。复合文章压缩后的文件愈小，原文与附加文章愈可能是同一位作家的作品。

实验结果简直令人震惊。在将近95%的事例中，压缩程序能正确辨认作品的作者。

当这3位科学家为他们的新发现雀跃不已时，却没有注意到，或至少是忘了在他们的参考文献目录中提到的，他们的方法并不像他们曾想象的那般新奇。事实上，他们并不是第一个想到用数学方法来辨认文学作品作者的人。哈佛语言学教授齐普夫(George Zipf, 1902—1950)1932年就研究过类似的单字频率问题；而苏格兰人尤尔(George Yule, 1871—1951)也在1944年的论文《文学词汇的统计研究》(The Statistical Study of Literary Vocabulary)中阐明，自己如何确认出手稿《遵主圣范》(De imitatione Christi)的作者是15世纪住在荷兰的著名神秘主义者肯皮斯(Thomas à Kempis, 1380—1471)。当然还必须一提的有18世纪的《联邦主义者文集》(Federalist Papers)，直到1964年，美国统计学家莫斯特勒(R. Frederick Mosteller)及华莱士(David L. Wallace)才确认了该书的作者是汉密尔顿(Alexander Hamilton)、麦迪逊(James Madison)和杰伊(John Jay)。

由于进展十分顺利,贝内代托、卡廖蒂及洛雷托决定再进行另一项实验。他们分析了不同语言间的相似程度,属于同一语系的两种语言应该有较低的相对熵,因此压缩两篇相同语系文字组合而构成的复合文章,会比压缩两种不同语系文字组成的文章有更高的效率。这几位科学家分析了52种不同的欧洲语言,再度获得了成功。他们利用压缩程序,将每种语言归到正确的语系。举例来说,法文和意大利文的相对熵很低,因此属于相同的语系;另一方面,瑞典文与克罗地亚文的相对熵较高,因此一定是来自不同的语系。WinZip甚至可以确认马耳他文、巴斯克文及匈牙利文是独立的语言,不属于任何已知的语系。

实验的成功让3位科学家乐观地认为,利用压缩软件测量相对熵,或许也可以运用于其他数据串,如DNA序列或股市的变动。

坐而言不如起而行

前述方法激起了我做测试的念头。我所使用的文字模板是我为瑞士大报《新苏黎世报》撰写的短篇新闻报道,18篇文章中涵盖了以色列发生的种种事件,共有14 000多个单词、105 000个字符。删除标题及副标题后,我将文章储存为Ascii文件(一种字符编码),并用WinZip压缩。

当我看了结果后,吓了一大跳,这些我费时整整一个月呕心沥血写出的原文,经过压缩之后,缩小了2/3。于是得到一个无可避免的结论,原文中只有33%是重要信息,而其余2/3只是单纯的熵。换言之,有2/3全是多余的。

我试图自我安慰,说服自己,一定是高超的文字排列提供了有意义的信息,而不是单词本身。为了证明这个攸关面子的理论,我依字母顺序排列这14 000个单词,然后再压缩一次。瞧!依字母排序的单词序列可以被压缩掉超过80%,只提供了20%的信息(这当然不令人意外,因为"以色列"或"以色列人"这些字出现大约231次,而"巴勒斯坦人"和它衍生出的相关单词总共出现了195次)。

这表示用有意义的次序来排列单词(只有杰出的新闻记者才能胜任这个工作),会比字典多提供13%左右的信息。虽然自我安慰的效果不算太好,但好歹让我松了一口气。不过随后又受到了重重一击,随机收集的14000个单词只能被压缩60%。与绝妙好文的66%压缩率相较,完全随机收集的单词集合包含的信息比真正的文章还多,这给我留下了深刻印象。

在以下实验中,我用了3篇文字模板:其中两篇是各1000字的长文,分别是我和报纸编辑史蒂芬(Stefan)写的;另外一篇则是我写的50词短文。我把这篇短文接在两篇较长文章的后面,然后再压缩这两篇文章。

结果与意大利科学家的发现相符:当我那篇由462个字母组成的短文加到我的文章中时,WinZip需要159个额外的字母;若是接在史蒂芬的文章中,压缩程序需要再加209字母。因此,这证明短文不是史蒂芬写的,而是在下的手笔。

81 自然界有哪些数学秘密?

◆ 摘要:向日葵花盘里的籽粒是以左旋或右旋的螺旋状排列的,螺旋中的籽粒数量通常对应于斐波那契数列中的两个相邻数字;松果和菠萝上的螺旋数或仙人掌的尖刺数,也对应于斐波那契数列中的两个相邻数字,但没有人知道为什么会这样。

汤普森(D'Arcy Thompson, 1860—1948)是苏格兰生物学家、数学家及古典文学学者,向来以兴趣广泛和稍显古怪的习惯闻名。现今大家对他印象最深刻的,可能是他的开拓性大作:1917年出版的《论生长与形态》(*On Growth and Form*)。他在书中说明了数学公式和用数学的方法可以描绘许多生物体和花朵的形状,举例来说,淡菜可以被具体描述为对数螺线,蜂巢的形状则是可以铺满一块区域(不留缝隙)且其周长最小的多边形。

但汤普森最让人惊讶的发现是:看起来截然不同的动物的形状,往往在数学上是相同的。利用正确的坐标变换,亦即拖、拉、转,就可以使鲤鱼变成翻车鱼,其他动物也是如此。许多四足动物与鸟类之间的外观差异,也只是外形的线条长度与角度不同而已。

汤普森对这种现象的解释是,不同的外力会拉扯、挤压动物的身体,直到它变成适合环境的流线形或其他形状。他写道:"万物如此,皆因其本。"

变化后的外形代代相传。由于这个理论可以解读为对环境的适应能力,汤普森的发现刚好吻合当时已十分流行的达尔文的观点(离题一下,强化或扭曲面部及身体特征的技巧,包括耳朵突出、椭圆脸蛋、大鼻子,一直是几世纪来漫画家的谋生工具,为读者带来无数欢乐)。

这位知识丰富的苏格兰学者不是第一个用数学来说明自然现象的人,13世纪初,来自意大利比萨的波那契(Leonardo Bonacci, 1170—1250)——后来被称作斐波那契(Fibonacci,意即波那契之子)——早已研究过兔子的繁殖问题,也就是由一对兔子宝宝开始,之后任意一个时间点兔子的总数是多少。第一个月结束时,这对兔子已进入青春期,可以交配,数量则仍是两只;然后第二个月月底,母兔生了一对小兔子,所以共有一对成兔及一对幼兔;第三个月月底,成兔再度交配后,又生了一对兔宝宝,此时已经有了三对兔子。其中一对才刚出生,但另外两对已经到了可交配的年龄,因为它们是兔子,所以再次交配;一个月后,第二代的兔子及它们的父母又各自生了一对兔宝宝,现在总共有5对兔子。

斐波那契问题的答案,就是我们称为斐波那契数列的一串数字。数列的前几项为:1,2,3,5,8,13,21,34…这个程序无限延续,每个数字都是之前两个数字的和(例如13+21=34)。当然,这并不能证明将来兔子会占领全世界,只代表斐波那契忘了考虑兔子过了一段时间会死掉这个因素(这个案例表明,即使是毫无瑕疵的归纳,数学家有时还是会滥用他们的科学,以不正确的前提作开端,得出错误的结论)。

斐波那契数列后来以多种面貌出现,例如向日葵花盘里的籽粒是以左旋或右旋的螺旋状排列的,螺旋中的籽粒数目通常对应于斐波那契数列中的两个相邻数,如21和34。松果和菠萝上的螺旋数或仙人掌的尖刺数,也对应于斐波那契数列中的两个相邻数,没有人知道为什么会这样,但有人怀疑这种现象与植物的生长效能有关。

过去一直致力于研究竹子的比利时植物学家吉利斯(Johan Gielis),决定加入一长串科学家的行列,他们的雄心是要把自然现象缩减为一个简单的原则。他在《美国植物学期刊》(The American Journal of Botany)中发表的论文,因为强大宣传机器的催化,以及文中所用的动听字眼"超级公式",很快就激起了大众的兴趣。吉利斯在文中宣称,许多在生物体上发现的形状,都可以被简化为单一的几何形式。

他先从圆的数学表达式着手,调整一些参数后,就可以变成椭圆的数学表达式;然后再加入一些变化,又可以产生其他形状,如三角形、正方形、星形、凸形及凹形,还有另外许多形状。吉利斯不像汤普森许多年前那样,拖、拉或扭、捏图形,而是操控超级公式中的6个变量,借以模拟出不同动植物的图形。因为圆形在变形之后,可以呈现出各式各样的形状,因此吉利斯主张这些形状是相等的。

超级公式绝对不是较高等的数学,也无法产生革命性的理解或发现。虽然在媒体上轰动一时、佳评如潮,但超级公式仍比较像是业余娱乐性的数学,严谨的科学家根本不把它当一回事。斐波那契至少还以兔子繁殖解释了斐波那契数列;汤普森则研究生物体所承受的作用力,以解释他的变形论。反之,吉利斯的超级公式却什么也没解释,只是给出许多生物外形上的大略描述。虽然有这个缺点,吉利斯仍为其数学公式的算法取得专利,甚至成立了一家公司来开发、营销这项发明。

82 改正英文错字

◆ **摘要**：相较于更正错误，检测错误简单多了！

2002年8月，国际数学家大会在北京举行，这场盛大的会议每四年举办一次，来自世界各地共襄盛举的数学家高达数千人，这是一个表扬杰出人才中的佼佼者的好机会。1982年，奈旺林纳奖〔Nevanlinna Prize，为纪念芬兰数学家罗尔夫·奈旺林纳（Rolf Nevanlinna，1895—1980）而命名〕首次颁发给在理论计算机学领域有卓越表现的人士。2002年的得主是麻省理工学院教授苏丹（Madhu Sudan），对他的赞词中特别提到他在纠错码[1]方面的贡献。

计算机使用者可能都十分熟悉错误修正软件，例如大多数文字处理软件都有拼字检查功能，如果键入"hte"，就会有一条红色波浪状线条出现在这组无意义的字母组合下方，告诉我们英文中没有这个单字，而这种功能通常被称为"误差检测"。

有些文字处理软件的功能不只如此。举例来说，英文中的t，

---

[1] 一种误差纠错码，可自动检测和修正错误。——译者

h、e这三个字母组成的单词只有一个,因此打字者想打的字是毋庸置疑的,于是先进的文字处理软件会自动以"the"取代错误的字符串,而这种情况就称为纠错。

相较于更正错误,检测错误简单多了! 在传输文本或复制文件时,纳入"校验和"就可以检测错误。例如,对于数字串,可以用串中数字的总和来做检测;如果传送端与接收端的校验和不一致,就知道至少有一个错误发生,必须重新传输一次。

传输的重复是一件费时的工作,所以若能在接收端自动纠错,就能提高效率。因此,优良的软件不会要求你重打"the"这个字,而是自动以正确的单词取代错误的"hte"。

这种功能是何时、如何发明的? 令人讶异的是,它源于17世纪上半叶天文学家及数学家开普勒长时间研究的一个完全不相干的问题。他提出的问题是:在蔬果店小货车上堆橙子或番茄时,哪种排列方式最有效率? 换言之,如何让这些水果间的空隙最小?

堆番茄问题和纠错有什么关系? 想象在一个三度空间中,字母沿着三个坐标轴依相同间距排列,假设间隔是1厘米。三个字母组成的单词可以被视为空间中的一点,x轴代表第一个字母,y轴是第二个字母,z轴则为第三个字母。如此一来,每个单词都可以表示为26×26×26厘米方块中的一点,英文中没有的字则维持空白。于是如果传输的是无意义的字母序列,就会对应到一个空的空间,误差检测程序会自动产生标志。纠错程序则还会有更进一步的动作:自动寻找最接近的"合法"单词。

合法点彼此之间的距离愈远,对可能的错误的疑虑就愈小,也更容易以正确的单字取代错误的字母序列。因此,为了避免模糊不清,必须确保在每个合法单词周围一定距离内,没有其他合适的单词。另一方面,我们又想把尽量多的词塞到这个方块中,于是问题变成是:如何在方块中储存最多的点,同时各点之间又保持最小距离?这也是开普勒自问的问题:如何将橙子或番茄堆放得尽可能紧密,又不彼此挤烂?

几个世纪来,蔬果店皆熟知蔬菜、水果的最佳堆栈方式,就是排成蜂巢的形状即六边形,但直到1998年美国数学家黑尔斯才严谨地证实了这个猜想。理论上,由26个字母组成的方块中,总共可以储存17576($=26^3$)个三字母单词。开普勒问题的解答却表明,彼此相距1厘米的单词,若用最紧密的叠法,可以在相同的空间中储存25 000个单词。另一方面,如果想在两个单词间建立一个较宽的安全地带,假设是2厘米,那么最有效率的叠法只容许储存约3000个单词。

若要处理超过3个字母以上的单词,必须利用三维以上的空间。但截至目前,更高维空间里最有效率的堆栈方式仍未有定论。

83 无法计算出长度的围墙

◆ **摘要**：沿着围墙的水泥块走走，很快就会发现围墙常要绕过房子；要在两片田地之间蜿蜒而过；或是避开地形上的障碍，因此围墙的实际长度可能比最精确的地图所显现的更长。

数学本应无关政治，但数学无所不在，即使政治里也有数学的踪影。用以色列在西岸建造的安全围墙为例，其合法性曾受国际法庭审查，不只是建造过程受到质疑，双方连最简单的事实都没有共识：围墙的长度。

以色列军方发言人宣称，环绕耶路撒冷的围墙长54千米，但巴勒斯坦研究中心的地理学家陶法吉（Khalil Toufakji）表示，检视过军方的资料后，他得到的结论是围墙长72千米。

这次双方可能都对或都错，原因就藏在分形的数学理论里。所谓分形，是指重复出现但愈来愈小的几何形状。围墙的长度取决于所用地图的比例尺大小：当地图上的1厘米代表实际的4千米（1∶400 000）时，围墙长度只有约40千米。在比较详细的地图上，1厘米对应500米实际距离（1∶50 000），可以分辨出围墙更曲折的细部,长度增加为50千米。在比例为1∶10 000的地图上,可以看出更多的细节,围墙就变得更长了。

现在让我们沿着围墙的水泥块走走,很快就会发现围墙常要绕过房子;要在两片田地之间蜿蜒而过;或是避开地形上的障碍。即使在高比例的地图上,也无法呈现这些细节,因此围墙的实际长度可能比最精确的地图所显示的更长。忽然间,以色列与巴勒斯坦双方宣称的不同长度,都变得合理而有意义了。

这一切起始于法国数学家芒德布罗的一篇文章。他在1967年发表的论文《英国的海岸线有多长?》(*How Long Is the Coast of Great Britain?*)中,并没有回答自己提出的这个问题。他指出那个问题毫无意义,在大比例的大英地图中,大大小小的海湾清晰可见,但在较不精细的地图中则无法显现出这些海湾。而且如果实地步行测量悬崖与海滩,会得到更长的海岸线,其确实的长度还会视测量时海面的高度而定。

这项发现也适用于陆地上的边界,除了定义为直线的地理边界(如南、北达科他州的边界),并没有所谓"正确"的边界长度。例如,在西班牙和葡萄牙的教科书中,两国的共同边界长度相差了20%。这是因为较小的国家利用较大比例的地图来描述自己的国家,所以形成了较长的边界。

依据芒德布罗的说法,唯一能做的定量描述是线条的"分形维数",这是一个形容几何物体不规则程度的数。所有海岸线与边界的分形维数皆介于1与2之间,线条的弯曲、转折愈多,分形维数就愈高。犹他州和内华达州边界的分形维数是1,与一般规则线条的分形维数相近;而英国海岸线的分形维数是1.24,更曲折的挪威海岸分形维数则是1.52。

分形理论不仅应用于曲面上的线条,也可应用于空间中的曲面。例如,如果把瑞士的高山地形用熨斗熨平,这个国家就会变成像戈壁沙漠一样大。几年前,两位物理学家计算出瑞士表面的维度是2.43,这个值大约介于维数2.0的平地沙漠与三维空间的正中间。

芒德布罗以这篇让人头昏眼花的文章,宣告了分形时代的来临。不久,自然界中各式奇怪的形状一一被发现,诸如树木、蕨叶、血管与气管、青花菜与花椰菜、闪电、云朵与雪花结晶,还有股市的波动。

至于西岸围墙,或许它还是蜿蜒些比较好。如果它完全是一直线,理论上可以由贝鲁特直通麦加,那么国际法庭真的有得忙了。

84 为什么雪花总是六角形？

◆ **摘要**：天文学家开普勒注意到，虽然每片雪花的形状都不一样，但全部是六角形。

日本札幌北海道大学的两位物理学家，研究了一种许多小孩子每年圣诞节来临前都会观察到的现象：从窗户往外看，可能会发现吊在屋檐下的冰锥，而好奇心较重的孩子可能想知道冰锥上为什么绕有一圈圈波纹，沿着冰锥等距分布。

这两位物理学家已经离开了孩提时代，但好奇心还在，不禁想亲自研究一下这个现象到底是怎么回事。他们的第一个发现是，无论冰锥多长、气温几度，两个波峰总是相距1厘米左右。于是两位科学家提出了一个理论模型，来解释这个令人奇怪的冰锥的共同结构。

冰锥是由沿着锥身流下的薄薄水层所形成的，一部分的水凝固了，其他的水从冰锥的尖端滴下。留下来的冰形状并不规则，因此两位科学家发现了两种相反的作用，能够解释这个神秘的波纹现象。

第一种作用是所谓拉普拉斯不稳定性,也就是积在冰锥表面凸出部分的冰比凹入部分的多,原因是冰锥凸出部分较容易受天气影响,而凹入部分则受到凹陷保护,因此凸出处比凹入处更容易失去热量,让冰锥上的波纹在这些部分愈长愈厚。另一种作用则是防止波纹无限量增长,即所谓的吉布斯—汤姆森效应。这种效应是指从冰锥体上向下流的薄水层对温度有一种平衡作用,因此会阻止波纹大量生成。

这两位学者通过114条方程,得到结论:两个波峰之间的距离一定是1厘米左右。他们的分析还预测,波纹会逐渐往冰锥下方移动,速度约为冰锥增长速度的一半。两人希望未来可以很快以实验来验证这个现象。

两位日本物理学家不是最先对寒冬现象产生兴趣的人。400年前,天文学家开普勒注意到,虽然每片雪花都不一样,但全都是六角形。发现这个现象后,他很高兴地动手写了一本小册子,在新年送给一个朋友。在这本名为《新年礼物或论六角雪花》(*A New Year's Gift or On the Six-Cornered Snowflake*)的小册子里,开普勒试图解释这个现象。这位博学的科学家为这个神秘形状提出了几个可能的原因。他先试着找出冰晶六角形与蜂巢的关系,但失败了。他发现无法回答自己的问题之后,终于放弃了。他在小册的结语中表示,有一天化学家一定会找出雪花六角对称的真正原因。开普勒的预言实现了,但这是直到300年后的20世纪初,德国科学家冯劳厄(Max von Laue, 1879—1969)在发明X射线晶体学后才完成的。只有靠这种新工具,才能看到并解释雪花晶体结构的秘密。

雪花晶体是由大气中盘旋而上的微尘粒子所形成的,当它们飘回潮湿的空气中时,水分子被吸附在凝结核(如尘埃粒子)上。就像自然界其他事物,分子会尽量维持在能量最低的状态。当温度在零下12至零下16摄氏度之间时,水分子便达到了这种状态,此时水分子的晶格排列方式会变成每个分子周围有另外4个分子包围,呈金字塔状结构。在X射线的帮助下,从上往下看,这种结构类似一个六角形。虽然六角尖端只有小小的突出,但已足以产生后续的作用:在空气中飘浮的水分子,总喜欢降落在这些突起上。于是尖端(或说是雪花的手臂)就像树枝般持续成长,直到肉眼也能看见,而这就是雪花的形成过程。

85 沙堡什么时候会崩塌？

◆ **摘要**：一旦沙粒一层层堆高后，新增的沙粒就可能滑到侧边，说不定还会引发沙崩。

夏天到了，许多人热衷于去海滩度假。孩童欢欢喜喜地拿出他们的小水桶和铲子，坐在临水处，筑起小沙堆，然后这些沙堆愈来愈高，最后轰然一声，沙堆崩塌，变成平地。孩子再接再厉，又筑起更多沙堆，直到它们同样塌陷。这是个不可多得的好机会，让老爸亲自出手帮小孩上一堂富有教育意义的课。老爸嘟囔着说，只要孩子肯注意听他说的话，就能筑出更高的沙堡。但是他可能不知道，无论多么小心，沙崩总是会让沙堆四分五裂，即使沙粒从指缝间流过的速度再缓慢也没用。令人讶异的是，崩塌总是在沙堆达到一定高度时才会发生。

隐藏在这些愉快夏日活动背后的，只不过是物理学的定律。每颗沙粒都有惯性，作用在沙粒上的外力则有重力及摩擦力。但这些尚不足以解释为什么会发生沙崩，必须全面观察，才能了解沙堆的现象。

让我们先把焦点放在微观的层面,审视桌面上一颗颗晶莹剔透的沙粒。这些颗粒会试图到达最低的表面,以维持最低的能量状态。如果用液体做实验,液体就会流淌到整个桌面,最后沿着桌缘流下。然而,沙粒却会因摩擦力而彼此聚在一起。在沙堆相对较矮时,每颗新添的沙粒都可能停留在当初它落到沙堆上时的那个点处。降落点可能是一颗沙粒的上方,那粒沙又在另一颗沙粒的上方。一旦沙粒堆栈了若干层之后,新增的沙粒就可能滑到侧边,说不定就会引发沙崩。

小沙崩可以确保沙堆的陡峭程度不会超过一定限度,大沙崩也一样。科学家的实验发现,沙崩的强度可以用1950年代古腾贝格(Beno Gutenberg, 1889—1960)和里希特(Charles Richter, 1913—1984)提出的定律解释,那个定律描述的是地震发生的频率:里氏6级规模地震发生的次数,只有5级地震的1/10。

沙崩现象是所谓自组临界性的一个例子。这个名词是1988年丹麦物理学家巴克提出的。巴克、汤超(Chao Tank)和维森菲尔德(Kurt Wiesenfeld)共同发现,许多相似成分组成的系统,会自动地达到某种特定状态,然后发生变化。在沙堆的例子中,临界状态由侧面的斜度决定。

巴克及其同事的概念是建立在一般通用的基础上的,因此他们的结论并不限于沙堆。不同的系统或事件都可以用相同的定律来解释,例如森林大火、交通阻塞、股市崩盘,以及进化过程。

以股市为例,投资人,姑且称之为华尔太太(Mrs. Wall),决定在股票价格到达某个水平时出售持股。施特里特先生(Mr. Street)是华尔太太的同事,老是跟随华尔太太行动,他决定要跟着卖出手中的持股。其他人则可能追随着华尔和施特里特,从而引发更多投资人抛售股票。因此,少数投资人的行为的确能导致卖潮,并引发股市崩盘。事实上,统计学家已经发现,无论大小,股市崩盘发生的频率和摧毁沙堆的沙崩相当类似。

另一个自组临界性的例子是交通阻塞,在海边轻松度假之前,必须先忍受到达海边的路程。车流速度缓慢但稳定,突然间,前面一个司机踩了刹车,如果汽车与汽车之间彼此跟随的距离不是太近,什么事也不会发生。但就像一粒沙也可能造成沙崩一样,如果车流量大,密度又高,一位司机的小小刹车动作就可能引起可怕的交通阻塞。按照统计学的说法,受阻塞的车辆数相当于沙崩的规模。

86 为什么总是打不到苍蝇？

◆ **摘要**：有人不曾被苍蝇的嗡嗡声吵到发狂过吗？苍蝇拍根本没有用，每次想一拍子打扁它时，它总是能够改变飞行路线，逃过一劫。

有人不曾被苍蝇的嗡嗡声吵到发狂过吗？苍蝇拍根本没有用，每次想一拍子打扁它时，它总是能够改变飞行路线，逃过一劫。这一点并不令人意外，因为苍蝇拍动10下翅膀就能做出特技般的转弯，而这只需要1/20秒的时间。苍蝇为什么能够在半空中表演这些所谓的特技或急转弯呢？

有两个因素可能影响苍蝇的空气动力学状态，一个是苍蝇皮肤在空气中的摩擦力；另一个则是身体的惯性，让飞行中的苍蝇能持续飞行。30年来，我们假设较大的动物，如鸟和蝙蝠等，其空气动力学状态是由惯性产生的。而我们一般认为，苍蝇体型太小了，无法依靠惯性产生显著效果。因此，科学家认为，小型动物飞行方向的瞬间改变是靠着其皮肤与空气的摩擦力，所以苍蝇其实好像是在空中游泳似的。

苏黎世瑞士联邦理工学院和苏黎世大学共组的神经信息研究中心的弗赖伊(Steven Fry)以及来自加州理工学院的同行莎亚曼(Rosalyn Sayaman)、迪金森(Michael Dickinson),一起纠正了这个错误的观念。在发表于期刊《科学》(Science)的论文中,他们研究了果蝇无动力自由飞翔的空气动力学机制。

这几位研究人员在一间特别设计的实验室中,安装了3台高速数字摄影机。每台摄影机皆以每秒5000帧的速度,拍下果蝇接近及避开阻碍时的动作,然后将记录到的数据下载到由计算机控制的机器虫体上。这只虫有依比例制造的人工翅膀,可浸入装满矿物油的水池里。靠着这只机器果蝇,3位科学家测量了飞行昆虫拍动翅膀所产生的空气动力。

他们的实验获得了一些杰出的发现。他们注意到,果蝇急转弯前,必须先以两翅动作的微小差异形成扭转力矩。但他们最有兴趣的是果蝇开始转弯时的行为。如果空气摩擦力真的是果蝇急转弯的决定因素,那么只要拍几下翅膀就足以克服阻力,然后果蝇很快就可以将翅膀恢复到正常状态,继续向前飞。然而,研究人员发现,事情并非如此。转弯开始时的一瞬间,果蝇用翅膀制造出反转力矩,但只持续几下拍翅的时间。

为什么果蝇要这么做?开始转弯后,果蝇虽然已经停止用翅膀产生附加力矩,但惯性仍然使果蝇继续旋转。就像溜冰选手表演脚尖旋转一样,果蝇也会持续绕着自己的轴心旋转。为了不让身体转个不停,果蝇"踩了刹车"。因为这种反向操舵技术只有在抵抗惯性时才会用到,3位研究员证明了惯性才是(不是摩擦力)果蝇在空中飞行的决定因素。

87 交易菜鸟活络市场效率

◆ **摘要**：当买方新手遇到卖方老手时，最有效率；而效率最差的情况，发生在双方都是"老鸟"的时候。太熟悉游戏规则，显然是交易伙伴之间的阻碍，他们急着想找出双方都能接受的价格。

上过经济学第一堂课的学生都知道，根据亚当·斯密（Adam Smith, 1723—1790）的理论，供给和需求决定商品销售的价格及数量。但在现实生活中，这种关系相当罕见。通常市场会受到许多无法控制的外力的影响，造成与理论不符的结果。

经济学家研究和了解市场与经济行为时，一开始往往求助于附加的假设、参数与变量。但困难仍然存在，不仅没有更接近解答，模型反而变得愈来愈错综复杂、无法操控，而且不切实际。

因此，经济学家效法物理学家及化学家，试图用实验来证明他们的论点。他们设立实验室，尽可能模拟"真实的"市场状况，最后观察受试者是如何作决策并参与经济活动的。实验经济学于是诞生了。

约50年前，哈佛大学的张伯伦（Edward Chamberlain, 1899—

1967)利用哈佛学生当小白鼠,创先将实验方法应用于经济学。很遗憾,他的结果背离了新古典市场理论,实验所得的数据高于竞争性市场均衡模型预测的结果,价格又偏低。几年后,张伯伦的学生史密斯(Vernon Smith, 1927—)改良了老师的方法。他的实验得到了近似均衡市场的价格与数量,终于让古典理论有了实验论证。史密斯和研究方向相近的以色列裔美国行为心理学家卡尼曼(Daniel Kahneman),因这项研究成果而共同获得了2002年诺贝尔经济学奖。

在一项新实验中,马里兰大学经济学家李斯特(John List)再度进行了古典理论的实验。他将一些卓越的发现发表在《国家科学院院刊》上。李斯特所用的经济商品是球迷的热门收藏品——棒球卡。为了寻找受试者,李斯特跑到收藏者市场,询问许多交易者和参观者参与实验的意愿。这些"选手"被分为4组:买方、卖方、新手和经验丰富的"老鸟"。先发给每个卖方一张知名球员的球卡,球卡上的球员照片被事先涂上胡须,因此对真正的收藏家来说,这张球卡已经一文不值;但这可以确保参与实验者不会临阵脱逃,把球卡拿到真的市场上交易。

然后,李斯特将最高买价分配给每个买家,最低卖价分配给每个卖家。这种保留价的安排方式,能够产生供给与需求曲线,而且会让两条曲线在7张球卡与13美元至14美元价格处交叉。参与者有5分钟时间寻求交易对象,讨价还价,直到敲定成交价或者谈不拢。这个人造市场的效率,是以实验中成交球卡的价格、数量与古典理论预测值的接近程度来衡量的。

李斯特的实验结果果然很接近理论的预测。在20个案例中,有18个案例成交了6至8张球卡,其中10个案例的球卡平均价格刚好等于预测价格。

但李斯特还注意到了更进一步的细节：市场经验在市场效率中扮演了重要角色。当买方新手遇到卖方老手时，最有效率；而效率最差的情况，发生在双方都是"老鸟"的时候。太熟悉游戏规则，显然是交易伙伴之间的阻碍，他们急着想找出双方都能接受的价格。但对自由市场经济的信仰者来说，这个发现实在让人有些沮丧。

88 网络服务器的摇尾舞

◆ **摘要**：蜜蜂的摇尾舞可以在蜂巢中为其他蜜蜂提供关于花丛的距离及品质的信息。空闲的蜜蜂看到同事的摇尾舞后,就可以启程工作。科学家根据蜜蜂的行为,设计了服务器分配模型,并进行了模拟测试。

罗马学者及作家瓦罗(Marcus Terentius Varro, 公元前116年—公元前27年)相信,蜜蜂是绝佳的建筑工程师。在检视了它们的六角形蜂巢后,他就怀疑这是一种以最少蜂蜡盖出最多蜂蜜储藏空间的结构。但最近又有人指出,蜜蜂也是极佳的计算机工程师。在瓦罗之后2000年,牛津大学的纳克拉尼(Sunil Nakrani)及佐治亚理工学院的托维(Craig Tovey)在研讨会中提出了一篇论文,主题是社会性昆虫的数学模型。他们模仿蜜蜂寻找花蜜的行为,找出了网络服务器的最优负荷分配方式。

1930年代的诺贝尔奖得主、动物学家弗里施(Karl von Frisch, 1886—1982)发现了所谓蜜蜂的摇尾舞,可以在蜂巢中为其他蜜蜂提供关于花丛的距离及品质的信息。空闲的蜜蜂看到同事的摇尾舞后，就可以启程工作（蜂窝里很黑，因此它们并不是用眼睛"看"舞蹈，而是从空气压力的变化来推断）。蜜蜂起飞前，彼此之间并不做沟通，所以它们不知道哪个花丛可以收获多少花蜜，但依旧能让采集花蜜的速率达到最大。贫瘠的花丛只由少数蜜蜂采集，而收获量大且距离近的花丛则有大量蜜蜂造访。发生这种现象的原因是所谓群体智慧：即使每只蜜蜂只遵循少数指示，整个群体仍会表现出几近最优化的行为。

纳克拉尼及托维感兴趣的是网络服务器提供者面临的问题。网络服务提供者提供数种网络服务，如拍卖、股票买卖、订购机票等，他们依照预测的每种服务的需求，分配特定数目的服务器（称为一个群集）给各项服务。

两位科学家根据蜜蜂的行为，设计了服务器分配模型，并进行了模拟测试。接踵而来的使用者需求，分别被分配到各类服务的等候队伍中，待需求完成之后，服务器提供者就可以得到一笔收入。涌进来的不同服务的订单数目不断变动，如果能把使用率过低的服务器分配到过载的群集中，就能增加利润。但这同时也会提高成本，因为重新分配的服务器需要再度设定，也需要输入新服务的软件。在这段时间内（通常是5分钟左右），服务器将无法响应新进来的要求与订单。如果等候时间（停工期）过长，失望的客户就会离开，让潜在的利润消失。因此，为了让利润最大化，服务器提供者必须不断地在不同的应用软件间调度计算机系统，以适应需求量的变化。

计算获利能力的传统算法有3种。第一种是"无所不知算法"：在规定时间间隔内决定前一个时段的最优分配方式；第二种是"贪婪算法"：依照经验法则，假设每个时段的所有服务需求水平，到下一个时段仍维持不变;第三种是"最优静态算法":倒回去计算整个时期内服务器的最优、不变(静态)分配。

纳克拉尼及托维以蜜蜂的策略来比喻这3种算法。在他们的模型中,需求排成的队伍代表等着被采集的花丛,个别的服务器代表采蜜的蜜蜂,服务器群集表示负责采集特定花丛的蜜蜂群。摇尾舞成为模型中的"告示板",满足要求之后,服务器将以特定概率贴出一张关于这个被服务队伍特性的告示。其他服务器读到告示的概率愈高,表示它们现在服务的队伍获利愈低。基于它们自己最近的经验及张贴的告示,服务器就像观看摇尾舞的工蜂,决定是否要转换到新的队伍。从一套网络应用软件转换到另一套的成本,被比喻为蜜蜂观看摇尾舞并转换花丛所花费的时间。

模拟的结果显示,从获利能力的角度来看,蜜蜂采蜜的行为比3种算法中的2要好1%—50%,只有无所不知算法能产生较高的利润。但这个算法计算的是获利的最高上限,在现实中并不适用,原因有二:其一,假设现在就能事先确知未来的客户行为,是不切实际的;其二,计算最优分配所需的计算机资源太庞大。

说些题外话,直到1988年,美国数学家黑尔斯才证明六角形蜂窝(六角晶格)是将平面分割为相等面积的最有效率方式(参见第9篇)。但蜜蜂不是完美的,虽然它们有能力做出二维空间中的最优结构配置,但在三维空间里,备受赞美的蜂巢只是近似最优。匈牙利数学家托斯在1964年设计出的蜂巢,比蜜蜂盖蜂巢所用的蜂蜡少了0.3%。

89 谁扰乱股市？

◆ **摘要**：不同类型投资人间的互动，如何导致股市中的意外、甚至是惊人事件？还有单一投资人的投资组合，如何能在喝杯咖啡的短暂时间内发生巨大改变？

股市每天上下起伏是件再正常不过的事，但事实上，股价每分钟都有变动。每个经济系的学生，在大学一年级第一个星期的课堂上都学过——以利润最大为目标的投资人，其供给和需求决定了股票的价格。其中隐含的假设是，交易者对所有信息的反应是理性且合理的。

但金融市场有时会出现意外的波动，无法以"古典理论"来解释。2002年9月20日，伦敦证券交易所发生了重大特殊事件，当天早上10点10分，富时100指数（FTSE 100）在5分钟内从3860点上升至4060点；过了几分钟，又降至3755点。经过持续20分钟的大幅震荡后，指数终于回到最初的数字。在这次莫名其妙的波动中，有些投资人赚了数亿英镑，有些则损失了约同样的金额，而这一切都发生在不到半小时的时间内。

类似伦敦证券交易所发生的剧烈震荡以及其他较常见的定期波动,都会让观察者分别想起液体中的湍流以及吉他弦所产生的柔和的振动。因此,不出所料,物理学家觉得有必要从事能阐明股市行为的相关研究。耶路撒冷希伯来大学的所罗门(Sorin Solomon)和他的学生穆奇尼克(Lev Muchnik)开发了一个模型,用于解释一些股市中发生的难以理解的事件。

他们的模型与传统模型的差异在于,两位以色列物理学家并未假设股票交易者只有面对风险时才反应不同,他们设定了各种不同类型的投资人。然而,各类投资人在股市里的互动实在太复杂,不容易用数学公式来描述。为了厘清股市中发生的真实情形,他们观察了模拟模型一段时间,认为那是掌握股市现象的方式。

所罗门与穆奇尼克的模型,还包括了依据目前股票价格高于或低于市场价值来买卖的投资人以及几个主导市场的股市大户——他们的行动对股价有直接的影响。最后,模型中还有天真的散户,他们单纯依据过去的投资经验来做买卖决策。这个模型同时也考虑了其他因素,例如新股上市、各种市场机制等,市场的虚拟交易者各自独立自主地进行交易,但他们的集体行动决定了市场行为。

将所有变量输入计算机之后,所罗门与穆奇尼克设计了一个虚拟股市的模拟模型。这3种不同的投资人的存在是否有助于解释股市难解的波动现象?

瞧!模型果然产生了与实际股市一样的行为:减幅振荡发生了,然后忽然零星出现了剧烈的波动。这是否表示真实的股市是这3种投资人组成的? 当然不能这么说,但至少该模型说明了不同类型投资人间的互动,如何能导致股市中的意外、甚至惊人事件;还有单一投资人的投资组合,如何能在喝杯咖啡的短暂时间内发生巨大改变。

90 量子计算机决定数据加密成败

◆ 摘要：量子计算机可能让传统加密方法失效，但也可能是下一代的加密工具。

当数据在因特网中传输时，加密方法能保护个人识别码，不让别人知道，并且安全地储存医疗信息，确保在线交易机密性，允许电子投票以及验证数字签名。原则上，加密方法主要是靠数学运算的不可逆性（至少要具有难逆性）；换言之，对于某些特定的运算，没有任何算法可以在合理时间内倒算回去。

只能单一方向求解的运算称为单向函数，"单向陷门函数"是指可以反向求解的函数，但一定要有额外信息才能解出，如密钥。举例来说，两个数字相乘很容易，但要分解乘积很难，想找出解答的人必须尝试各种可能的数，直到找出不留余数的除数为止。

这就是现在素数的乘积被用来加密信息的原因：预期的收件者先选出两个素数，相乘之后公开乘积，想传送保密信息给他的人会用这个乘积来加密信息。只要乘积的数字够大，逆运算（也就是将这个乘积分解为两个素数）至今仍是不可能的，通常只有拥有密钥的收件者才知道是哪两个素数，所以能解开加密信息。大素数的乘积就是一种单向陷门函数，因为把乘积分解为两个素数是不可能的……除非已经事先知道其中一个因子。

事实上，从来没有人严谨地证明在合理时间内分解大数字是不可能的。加上市面上计算机的速度一天比一天快，不断开发出复杂的算法，使得寻找合适的密钥变得愈来愈有效率，这些发展逐渐威胁到现有的加密方法。1970年时，分解一个37位的数仍是一件轰动的大事；但如今因子分解的世界纪录已高达160位。2003年4月1日（这可不是愚人节笑话），波恩的德国联邦信息科技安全办公室的5位数学家，成功地把160位这么大的数分解成两个80位数的因子，而且目前仍在不断进行这类因子分解。美国中情局、英国军情五处或以色列摩萨德情报局是否可能已经有了寻找密钥的有效算法，只是没有透露？无论对于哪种情况，为了安全的理由，目前建议使用300位以上的数来做加密。

但有一种名为量子计算机的新科技宣称，它将威胁到300位、甚至3000位的数。与只能相继出现0、1的二进制数相反，量子能同时以一种以上的状态出现，这表示量子计算机原则上可以同时处理大量数学运算。若用传统计算机来做类似大数因子分解的计算，可能需要几个世纪，但量子计算机只需要几秒。

截至目前，量子计算机依然只是空中楼阁。然而，信息科技官员、网页设计者及安全专家仍在寻求更好的加密方法，使安全性不再仰赖于科技，而是凭靠自然法则。最近有两位瑞士数学家提出了一项建议，他们表示这种方法或许可以对抗量子计算机。在最近一期的《数学基础》(Elemente der Mathematik，专门登载瑞士数学进展有关文章)上，苏黎世瑞士联邦理工学院的斯特鲁维(Michael

Struwe）及弗莱堡大学的亨格伯勒（Norbert Hungerbühler）提出了一种加密方法，这种方法以热力学第二定律为基础。热力学第二定律是自然界最基本的原则之一，说明有些物理过程是无法逆转的。举例来说，要冲泡一杯奶咖很简单，过程是煮好咖啡、加入牛奶、搅拌，但要把奶咖分离为牛奶和咖啡却完全是不可能的。因此，冲泡奶咖就是一种单向函数——没有陷门的。

第二定律的另一个例子是热流，不妨想象一片下方有蜡烛燃烧的加热板。如果最初状况（蜡烛的位置）已知，便能轻易算出热的传导；另一方面，依据第二定律，要追踪已散布开的热的起点是完全不可能的，也就是我们无法判定加热板的哪一个部分先前曾受到烛火加热。即使知道某一时刻热能在加热板上的分布状态，也无法归纳出最初的蜡烛的位置。

亨格伯勒及斯特鲁维利用这些现象，提出了新奇的"公开密钥"加密法。假设艾丽斯想送一则加密信息给鲍伯，这两位伙伴先选择加热板下蜡烛的配置，这是他们的密钥 α 和 β。然后，艾丽斯与鲍伯利用热流算子（H）计算一分钟后加热板上的热能分布状况（$\alpha*H$ 和 $\beta*H$，两人各算一次）。这些热能分布就是公开密钥，艾丽斯与鲍伯把它们作为导读文件公布，或通过公开渠道传送。因为热能分布只能单向计算，潜在的窃密者就算知道公开密钥，也无法推导出蜡烛的初始位置。

现在艾丽斯用保密的蜡烛配置及鲍伯的热能分布状况（$\alpha*\beta*H$）为其信息编码，这是两组蜡烛同时放到加热板下时的热能分布状况。因为热流算子有可交换性，无论先放置哪一组蜡烛，对结果都没有影响，因此鲍伯可以用其保密的蜡烛配置，以及艾丽斯公布的热能分布状况（$\beta*\alpha*H$）来为此信息解码，同时也能验证寄件人是艾丽斯。这种加密方式不依赖科技，而是以经典的自然法则与热力学的数学性质为基础，所以不会受到先进的计算方法的威胁。

令人遗憾的是，在可见的未来，不太可能用到热加密法。个中原因是，描述热流的数学式是连续函数，而以数字计算机计算连续函数必须截断数字。这种不可避免的舍入误差可以作为窃密者的起点，无法保证百分之百安全。具讽刺意味的是，这时量子计算机就可以挽救这种局面。1980年代中期，物理学家费恩曼（Richard Feynman, 1918—1988）及多伊奇（David Deutsch, 1953—　）指出，因为量子计算机可以有无穷的状态，所以能够凭借舍入误差达到无限小，以模拟连续的物理系统。因此，将来有一天，量子计算机可能让传统加密方法失效，但也可能是下一代的加密工具。

91 股市制胜再简单不过？

◆ **摘要：** 无论在一般或重大特殊情况下，市场参与者，包括生意人、博士或一般消费者，他们所做的决策往往与理论家建立的公理相反。

1940年代，当数学家冯·诺伊曼及经济学家摩根斯特恩在普林斯顿写出对策论这部旷世经典大作时，其研究基础是根据一项公理（即基本假设）：参赛者皆为完全理性的个体。这两位科学家假设，所谓的"经济人"拥有相应环境的全部信息，即使最复杂的问题也能够在一瞬间解出，不受个人喜好或偏见的影响，总是可以做出正确的数学决定。

几年后，1988年诺贝尔经济学奖得主法国经济学家阿莱（Maurice Allais, 1911— ）发现，回答问卷时，若问卷涉及的情况概率很低而奖金很高，受访者往往会做出"错误决策"，使他们在现实生活中的决策违反传统的预期效用理论。几十年后，斯坦福大学的特沃斯基（Amos Tversky）和普林斯顿大学的卡尼曼发现，不管是在一般情况还是在重大的特殊情况下，市场参与者，包括生意人、博士或一般消费者,他们所做的决策往往与理论家建立的公理相反(卡尼曼获颁2002年诺贝尔经济学奖)。

理论家并不容易被这种理论与现实之间的矛盾击倒,他们把不按公理出牌的经济人贴上不理性的标签。科学家坚持,理论是对的,社会中总是有很大一部分人反应错误。这些经济学家没有察觉到,固执地坚持这项信念,只会与现实渐行渐远。

1978年诺贝尔经济学奖得主西蒙(Herbert Simon, 1916—2001),试图解释金融市场中的投资人行为为什么常常与对策论的预期不一致。他提出"有限理性"的理论。西蒙注意到,人们获取信息时必须负担成本、面对不确定性,因此无法像机器一样执行计算。他的发现离事实又更进了一步。但这项新发展也不是万灵丹,金融市场上观察到的异常现象愈来愈明显。输赢金额超出一般水平的次数,远比传统理论所预测的更频繁,波动程度也超过预估,过高的预期造成价格上涨。那些根本不在乎冯·诺伊曼—摩根斯特恩公理的市场玩家,屡次创造出比理性同侪更好的获利,因此科学家必须进一步寻找别的解释。

在20个世纪中,经济学家经常向其他学科寻求工具,来协助他们回答关于决策科学与金融理论的问题,而新一代金融理论中的热门学科是进化生物学。知名大学的教授们把进化金融理论当作研究重点,谣传基金经理人也在应用这个新领域里最近的研究成果。

2002年初夏,瑞士证券交易所邀请全世界的科学家与从业人员到苏黎世参加研讨会,发表他们的最新成果,而与会者不忘批评古典对策论已脱离现实。古典金融理论假设,投资人会通过聪明的投资策略,尽量极大化其长期收入的贴现值。进化理论学家则指出，投资人只不过是遵循几条历经不同状况后所得出的简单规则行事而已。

如同生物学过程，经济学家也建立了社会经济发展模型，包含选择、突变与遗传，以模拟一连串学习过程及创新的激流。在快速且一个接一个的对策中，投资策略扮演动物物种的角色，依据自然选择的原则，将资本分配给不同的策略。投资基金以可获利的策略来吸引更多资金而更加兴旺，投资策略不良的基金则最终会消失。此外，存活策略必须依循自然选择的法则，持续自我调整，以适应市场环境的变化。

最重要的问题是，哪种投资策略能在充满不确定性且经常发生灾难的环境中生存？如果几个投资策略一开始是同步运作，那么哪个策略能够长期存活？交易者对外来的意外干扰如何反应？

牛津大学的格拉芬（Alan Grafen）在会议中提出的论文，是回答这些问题的范例。在他的模型中，市场玩家被视为生物，为了自身能达到最高的适应水平，他们经受自然选择过程且依据环境及竞争者的策略来调整自己的行为。

格拉芬发现，投资代理人并不像古典理论所说的，会陷入复杂的计算当中，他们只会遵循简单的法则。如果这些法则成功了，产生令人满意的结果，他们在市场上的渗透率就会增加。在某些情况下，他们的优势反而有害，一旦弱势的策略消失，就算成功的策略也不再产生高报酬，因为没有剩下的人可供掠夺。于是成功的策略也逐渐消失，就像猎物消失之后，肉食动物因为没有猎食对象，只好走向灭绝。

92 侮辱使人不理性？

◆ **摘要**：实验结果显示，人类不仅依据铁一般的事实与个人私利的计算来做决策，也受到情绪因素的影响，例如嫉妒、偏见、利他主义、仇恨及其他种种人性的弱点。

有人答应给你同事10美元，条件是他必须与你分享这笔钱，如果你同意接受这项要求，那么你们两人都可以得到钱；但如果不同意，你们两人就什么都没有。好了，同事建议你们一人拿一半，你会接受吗？

你当然会接受！然后，你和朋友各拿一张5美元钞票，高高兴兴地回家。但如果你的同事考虑一下后，发现与人谈判交易的是他，他大可以自己留下9.5美元，只给你5角钱。那么你会接受吗？大多数人会忿忿不平地拒绝："他以为他是谁？我宁可不要这5角，也不愿意让这个混蛋由于我的原因拿走9.5美元！"

这类反应在世界各地进行的实验中已反复上演了多次，让人有些意外，因为这种现象与传统经济理论不符，毕竟拒绝这5角钱并不理性。5角钱的出价虽然不太公平，但另一个选择，也就是空手而回,结果更糟! 但处于这种情况下的人,为什么会作出如此不理性的反应呢?

这种所谓的最后通牒游戏,让经济学家头痛了好几年。他们总是假设经济决策都是以理性思考过程为基础的:决策者会先计算其行动的成本与效益,权衡不同情境出现的概率,然后作出最优决策。这是经济理论的基本假设。

经过数年的最后通牒游戏实验后,呈现出的结果是:这项假设对机关团体决策(如厂商与政府机关)可能是对的,却不适用于个人决策。实验结果显示,人类不仅依据铁一般的事实与个人私利的计算来作决策,也受到情绪因素的影响,例如嫉妒、偏见、利他主义、仇恨及其他种种人性的弱点。

为了解释最后通牒游戏的矛盾结果,科学家提出了进化机制。他们的论点是,拒绝微不足道的金额可以维护个人形象。"我可不是软脚蟹! 下次他要提出这种侮辱人的价格之前,叫他先想清楚!"科学家相信,长期下来,个人的社会形象或许可以增加他的生存机会。

普林斯顿大学与匹兹堡大学的研究人员采取了另一种不同的方法,希望更深一层了解最后通牒游戏的决策。他们研究了大脑中发生的生理过程。这种探讨经济决策的简化方法——纯粹基于神经元、轴突、突触及树突间的化学与力学的相互作用,是研究经济与决策理论的创新方法。

心理学家和精神病学家组成了研究小组,为19位受试者进行最后通牒游戏。这些受试者必须同时与人类及计算机竞赛,他们一一被送至磁共振造影扫描仪下,这些扫描仪会标示出大脑血流改变的部位,那表示该区的神经细胞活动增加。

根据《科学》期刊的一篇报道,他们的实验成功了,确认出了进行最后通牒游戏时大脑活化的部位。但出乎意料的是,不仅在平时思考过程中通常会活化的部位,即前额骨的后侧皮质变得忙碌,另一个与负面情绪相关的区域也活化了:出价的金额愈令人难堪,这些神经细胞活动的强度愈明显。这个所谓前脑岛,正是大脑在发生强烈反感时(如闻到或尝到厌恶的味道)会活化的区域。

他们还有另一项意外发现,就是受试者的反应会依出价对象不同而有差异,与人类的不合理出价相较,电子计算机所作出的不公平出价所引起的前脑岛活动较小,被拒绝的次数也较少。毕竟,人不会认为自己被一台计算机侮辱。

93 《圣经》密码

◆ **摘要**：破解了上帝信息的消息引起了轩然大波。1997年，第一本有关《圣经》密码的畅销书上市，引起了怀疑论者的注意。

1994年，学术期刊《统计科学》(Statistical Science)的编辑刊出《〈创世记〉里的等距字母序列》(Equidistant Letter Sequences in the Book of Genesis)一文时，并不知道他们将会掀起一场超过10年的争议。作者维茨滕(Doron Witztum)、里普斯(Eliyahu Rips)及罗森贝格(Yoav Rosenberg)在文中探讨了《创世记》里是否藏有秘密信息，可以预言《圣经》完成后数千年发生的事件。

根据犹太法律，《圣经》的希伯来文文本在大量誊写时一个字也不能更动。这就是为什么今日许多人仍相信，《圣经》的内容与当初上帝在西奈山口述给摩西的内容一模一样。

3位作者相信，他们已经找到了《圣经》密码存在的统计证据：如果把《创世记》的内文沿直线排列，中间不留空格，每隔固定间隔挑出字母，就会组成有意义的字句。这些单词被称为ELSs，即"等距字母序列"(equidistant letter sequence，其间隔可以是随意的长度,有时有几千个字母)。《国家科学院院报》拒绝刊登这篇文章,但因为该文所用的数学工具看起来很不错,所以《统计科学》同意刊登。然而,这份期刊的编辑委员会并没有认真看待文中所宣称的事,还在简介中质疑它的科学有效性。他们不认为发现了传说中的《圣经》密码是一项科学成就,只是视为谜题。

3位作者表示,在《创世记》中,成对单词的ELSs位置彼此接近的概率大于纯粹的偶然。为了证明他们的论点,他们检视了66位犹太祭司的生日与祭日(在希伯来文中,以字母的组合代表数字)。不出作者所料,属于同一个祭司的ELSs对位置,明显比随机文字或指定错误日期给该祭司的时候近。他们主张,这可以证明《圣经》很可能在这些犹太学者出生的许多世纪以前,就预测了他们的出现。美国国家安全局的解码员甘斯(Harold Gans)进一步探讨了这项分析结果。他以犹太学者曾经活跃的城市名称取代日期,而研究结果也显示,内文中ELSs对的接近并非纯粹偶然。

破解了上帝信息的消息引起了轩然大波。1997年,第一本有关《圣经》密码的畅销书上市,引起了怀疑论者的注意。澳大利亚数学教授麦凯(Brendan McKay)及来自以色列的巴希蕾(Maya Bar-Hillel)、巴纳丹(Dror Bar-Natan)、卡莱(Gil Kalai),准备揭穿他们认为的伪科学骗局。不出所料,这些怀疑论者并未发现任何关于隐藏密码的统计证据;更糟的是,他们指出,原始论文中的资料曾被"最优化",等于委婉地指控维茨滕、里普斯和罗森贝格曾调整原始资料,以配合他们的研究。受到几位统计学家的鼓励后,他们的评估发表在1999年的《统计科学》上。

如果编辑们以为风波可以从此平息,那就大错特错了,第二篇文章对辩论产生了火上加油的作用。它没能抑制《圣经》密码拥护者的热情,很快地《白鲸记》(*Moby Dick*)及《战争与和平》(*War and Peace*)中也被发现有"秘密"信息。在这种紧张的气氛下,以色列耶路撒冷希伯来大学理性中心的科学家认为,是把《圣经》密码这个问题诉诸冷静、科学的分析的时候了。他们成立了一个5人小组,负责还原事实真相,小组成员由这种密码拥护者、反对者与怀疑者组成,包括地位崇高的数学家,如奥曼,他是研究对策论的数学高手和2005年诺贝尔经济学奖得主,还有遍历理论的知名专家富森贝格(Hillel Furstenberg, 1935—)。

为什么检验一篇文本完全确定的论文如此困难?问题之一是,希伯来文没有元音,若是随意排列字母,单词出现的频率高于其他文字。随便选出一组字母,刚好可以排出一个城市名称如巴塞尔(Basle)的概率,大约是 $\frac{1}{1.2 \times 10^7}$。在希伯来文里,同样这个字Bsl,出现的概率高了许多,约为 $\frac{1}{1 \times 10^4}$(希伯来文只有22个字母)。争议不断的另一个重要原因是,相同名称在希伯来文里有不同写法,尤其是从俄文、波兰文或德文翻译过来时。举例来说,12世纪犹太祭司哈赫西得(Rabbi Yehuda Ha-Hasid)活跃的德国城市名称应该怎么写?是Regensburg,Regenspurg还是Regenspurk?这种灵活性让研究人员准备数据库时,有许多自由度。

为了消除资料搜集过程中的疑点,5人小组指派了一些独立专家来负责编译地名。为了谨慎起见,他们的身份保密,而且所有的指令都要以书面形式给出。万事俱备后,这个小组开始工作:把所有指令撇开。这是由于给专家的指令有些是书面的,有些是口头的,还有些是错的,有些专家误解了解释,有些则犯了拼字错误,例如弄混了西班牙城市托莱多(Toledo)和土德拉(Tudela)、祭司夏拉比(Sharabi)和夏比兹(Shabazi)以及死亡地点和埋葬地点等。

接下来简直诸事不顺,初期阶段就有两名小组成员离开,剩下的3位教授中有一位拒绝在最终报告上签名。最后在2004年7月,由两位成员(奥曼与富森贝格)发表了多数报告。另外两位写了少数报告,第5位则对《圣经》密码完全失去兴趣,不想再被打扰。5位小组成员中的两位无法形成多数,而这还只是小组不协调的结果之一。

"多数报告"指出,没有统计数据可以证明《创世记》中有密码,当然这不等于说《圣经》密码不存在。少数报告则指控小组的实验充满错误,因此不具有任何意义。奥曼与富森贝格在第二次答辩时,反驳这项指控,提出了新的报告书。对于这项指控的种种批评、反驳、被告的回答、辩护,他们都准备得如上法庭般一丝不苟,资料塞满了档案夹。

各方都用上了平时学术争议中少见的谎言、假货、骗子等字眼。最初的3位作者公开赌100万美元,宣称《创世记》里的ELSs单词比托尔斯泰的《战争与和平》里的多。虽然没有人下注,但富森贝格仍要求密码拥护者设计更有意义的试验,而最切中要害的可能是奥曼的两句话:"无论证据是什么,每个人还是会坚持自己最初的想法。"

94 迷人的分形

◆摘要：波洛克的那些巨大尺寸油画随心所欲、乱七八糟的颜色，与自然现象的演化有什么关系？蒙得里安真迹与随机生成的"山寨蒙得里安"画作，两者竟差不多？

20世纪中叶，当波洛克（Jackson Pollock）出现在艺坛时，世界为之震惊，批评家与鉴赏家对其褒贬不一。在多数观赏者看来，波洛克以他那著名的抽象"点滴"风格绘制的巨大尺寸的油画，不过是随心所欲、乱七八糟的颜色的堆积，任何小孩都能画出这种东西。与波洛克同时代的荷兰艺术家蒙得里安（Piet Mondrian）是波洛克的支持者之一，他的作品同样被大众所误解。除此之外，两位艺术家的创作状态截然不同。波洛克反复无常，特别喜欢喝酒，养成了心血来潮时就把颜料滴在平放画布上的习惯，花不了几秒钟一幅画就完成了。蒙得里安则是世故的知识分子，他为自己的作品撰写饶有哲理的文章，并且花上好几个小时进行思考，深思熟虑后才决定在哪个位置画上稀稀落落的一条水平线、垂直线或彩色长方形。

2004年，奥勒冈大学的物理学家泰勒(Richard Taylor)在《混沌与复杂性快报》(*Chaos and Complexity Letters*)上发表了一项研究，分析了这两位截然不同的艺术家绘制的画作。针对波洛克的画，泰勒运用了一项最初专为混沌理论而发展的工具，即所谓物体的分形维度。

众所周知，笔触是一维的，而画布是二维的。1970年代，法国数学家芒德布罗——分形理论的创建者——发现，在简单的几何物体之间有复杂的形状，具有介于1至2之间的"分形维度"。

如果一条平滑线条的维度是1，而一块完全填满的平面的维度是2，则由雪花碎片填满的平面，其维度在1至2之间。事实上，经过计算，它的分形维度约为1.26。随着形状的复杂度和丰富度的增加，这个值会趋近于2。自然现象存在分形维度，但对不留心的观察者来说可能并不显而易见。这些现象表明自然演化不是偶然的，而是必然的。

分形物体(fractal object)一词源自拉丁文残碎物(fractus)，它们的特点是呈现自相似性。这意味着相同的形态在愈来愈细微处以放大倍数重复出现。举例来说，树就是一种分形物体，因为树干和树枝的形态，以主枝和分枝、细枝和更小的细枝等形成的形态重复出现。小结构看起来与整体非常相似。

泰勒把波洛克的画扫描进计算机里，然后开始分析，他把由相同方格组成的一个网格覆盖在扫描的画作上，计算着色方格与未着色方格的比例。该比例随方格尺寸的缩小和画作的放大而增大，通过这种方式泰勒得出了分形维度。泰勒指出，仿效波洛克风格随意泼洒颜料的业余画作，在网格愈来愈细微时，不会得出一致的分形维度值。相反的，波洛克的画完全不是随机之作，方格尺寸从2.5米缩小到1厘米,整个网格范围都会维持一致的分形维度。因此泰勒得出结论:波洛克的画绝非随意之作。泰勒还以这项精致的技巧证明,波洛克画作的复杂度随着这位艺术家年龄的增长和技艺的完善而提高。他画作中的分形维度从早期作品的约1.3,提高到后期作品的近1.8。

当波洛克宣称"我就是自然"时,只引来大众的讪笑,但现在借由严谨的数学分析,泰勒证明了波洛克仅凭直觉便实现了他的雄心,成就了只有天才才能做到的事。令人惊讶的是,早在数学家和物理学家发现分形之前的25年,波洛克已经画出了分形。

然而,这和蒙得里安有什么关系?他的作品一点也看不出混沌和分形的迹象。毕竟,因为拒画一切除了标准几何形状和水平线、垂直线以外的事物,他已经恶名昭彰。蒙得里安认为垂直线"无所不在,主宰一切"。对角线也没有希望出现在蒙得里安的画作里,因为他坚信对角线代表破坏性元素,会干扰画作的平衡。这些如此情感分明的规则,是否基于任何有根据的美学原因?答案是一声响亮的"否"。在一项实验中,让观看者先按画作原来的方向,再把画作旋转45度来看一幅蒙得里安的画,他们认为两者差不多。

蒙得里安不仅十分关心他的线条的方向,而且还担心它们的精确位置,现在发现这对观赏者而言完全分辨不出。泰勒分析了蒙得里安笔下水平线和垂直线的位置,统计后发现,蒙得里安比较偏向把这些线条放在画布的边缘,而不是随机放置。在实验中,泰勒让专家们观看蒙得里安真迹和随机生成的山寨蒙得里安画作,他们并没有表示出特别偏爱哪一种类型。

95 概率多高才超越合理怀疑？

◆摘要：任何犯罪行为中，必须证明被告超越了合理怀疑才能定罪。问题是，被告的犯罪概率必须多高，才能认定其超越了合理怀疑？数学家告诉我们，概率论有助于查明被告是否有罪。

"疑罪唯轻"原则（无罪推定）是西方世界数千年来的法则。根据法律推定，多数人并非罪犯的假设，有利于对被告的认定。犯罪必须证明，被告已经超越了任何合理怀疑才能定罪。然而，屈从这项古老法则，也意味着经常有罪犯逍遥法外。

问题是，被告的犯罪概率必须多高，才能认定超越了合理怀疑？耶路撒冷合理性与互动决策理论中心的两位法律学教授波拉特（Ariel Porat）和哈雷尔（Alon Harel）认为，数学概率论有助于查明被告是否有罪。

假设只有在证据显示一个人有95%的可能性确实犯下了罪行时才可以把他定罪，那么这也就意味着，司法制度为了避免将一个可能清白的人定罪，同意让19个可能的罪犯逃脱法网。

让我们以史密斯先生为例。他被指控在两个不同的地点和时间犯下两件独立的罪行。依据现有证据,史密斯的确犯下这两件罪行的概率在两案中各是90%,根据现行法律,史密斯在两案中都必须被判决为无罪。但史密斯真的完全清白的概率非常小,他没有犯下这两件罪行的概率各只有10%。因此,波拉特和哈雷尔提议采用合计概率。被告没有犯下两件罪行中任何一件的概率,可以用自乘10%(0.10×0.10)计算得出,答案等于1%(0.01)。因此,史密斯至少犯下两件罪行之一的概率是99%。

根据波拉特和哈雷尔提出的"合计概率原则",即使分别检验每一件被控罪行的证据,会让人不确定史密斯是否有罪,但仍应该至少对一件罪行负责。我们现行法律制度的传统做法会因为缺乏足够的证据而判决他两案皆无罪,这无异于为了使一个清白的人不被定罪,而让99个可能的罪犯无罪释放。

然而,合计概率原则也有有利于被告的一面。让我们以被指控在两个不同的地点和时间犯下两件罪行的米勒为例。譬如他两案犯罪的概率都是95%。传统的陪审团会判决米勒两件罪行都有罪,但根据合计概率原则,米勒的确犯下两件罪行的概率只有约90%(0.95×0.95)。这不足以让米勒在两案中都被定罪,其中一件他可能被判无罪。

法官作出判决时可能会不自觉地应用合计原则,例如当他们考虑有前科拒不认罪或翻供时。然而,这会导致相当矛盾的情况出现。

比如说,彼得和保罗各被指控一桩罪行,在两案中,他们犯罪的概率都是90%。在传统的法庭上,两位被告都会因证据不足而获判无罪。但如果再假设彼得和保罗以前都曾被指控有类似罪行,但当时向法庭提出的证据不足以让彼得定罪,他犯下罪行的概率只有90%;但保罗却因为犯罪概率有95%而被判处监禁。根据合计原则,现在法官应作如下思考:彼得在两个案件中犯下罪行的概率都是90%,他在两件罪行中都完全清白的合计概率只有1%(参见前述计算)。因此,彼得至少犯下一件罪行的概率是99%,应该被送进监牢。

另一方面,保罗犯下两件罪行的概率只有86%(95%×90%),因为保罗已经完成一次服刑,这一次法官应该释放他。因此,我们会发现下面的情形:尽管证据完全相同,前一次定罪的保罗被判无罪,而没有前科的彼得却被监禁。

合计原则还有另一项缺陷:如果可以违反的法律足够多,那么几乎每个人都会触犯法律。假设有100条交通规则,驾驶员违反其中一条规则的概率是每年3%。那么按照我们的推算,一年后他的驾照肯定会被吊销,因为他在任何交通违法行为中完全清白的概率不到5%(0.97^{100})。为了避免这种误判,波拉特和哈雷尔不希望把合计原则运用在不明确的指控中。

96 曾经有一道数学难题

◆**摘要**：一个新时代开启了，数学家开始讲起了故事。数学知识曾经是神秘科学家隐蔽阁楼中的"囚犯"，如今，这种自行强加的束缚被解开了。数学开始享受一种新身份，一种名流地位。

数学素有严谨的法则，是讲求严格精确的学科。明确的定义、简明的定理和对最重要论断的限定和证明，是数学家进行研究的工具。这里没有诠释的空间。一项陈述代表的意思必须毫无疑问，即使一个命题的真实性只有微小的不确定性，对专心致志的数学家来说，这都是可憎的想法。

文学与此恰恰相反。含糊的描述、暧昧的隐喻和双关语对作家来说是家常便饭。具有创造力的作家有"诗的破格"①的权力，允许夸大描述或淡化描写。对读者而言，他们可以不受限制地让想象漫游，随心所欲地诠释文本。的确，每次重读一件作品，他们都可能获得不同的理解，这由那个特定时刻的感觉而定。那么这两

---

① "诗的破格"是指为了押韵而违反语法规则的创作。——译者

种创造形式,数学与文学,可以调和一致吗? 又或者是,数学就是数学,文学就是文学,两者泾渭分明?

乍看之下,现状似乎是后者。与生物学家、物理学家及生化学家等自然科学家不同,数学家处理的是高度抽象的事物,与日常经验毫无共同之处。要描述它们,数学家需要使用一种特别的语言,不仅仅是专业术语,甚至还需要他们这个领域的特定语法。数学论文往往抽象到甚至连研究领域与之密切相关的同行也看不懂。专业期刊上发表的文章不再是传播信息的工具,恰恰相反,它们只是才能的标志,专门提供给那些可以知道秘密的人。这类数学论文的读者,通常全世界各地也不会超过20个,而且他们已经花费数年时间熟悉这个主题。

因此,普通大众认为数学是一种秘密的科学也就不足为奇了。事实上,并非所有数学家都对这种看法不满,数学家当中有相当多的人喜欢藏私,他们潜心于自己的研究,安全地躲在自己的象牙塔里。因为数学研究没有过多加重国库的负担,因此他们觉得无须为自己的活动辩护。于是,数学家与一般大众之间,保持着一种平静却不能令人满意的共存状态。

不过数学家已经逐渐意识到,数学与一般文化的分离的确对双方造成损害。另外,外行人也认识到数学是日常生活中固有的一部分,他们想更清楚地了解这个学科到底是怎么一回事,数学家又是如何研究数学的。幸运的是,近年来一些作者开创了一种文学新流派:关于数学的非小说类书籍和数学小说。由此,盛行了2500年、作为柏拉图学院入口标记"不懂几何的人,不得进入此门"缩影的精英主义和孤立主义态度,正式画下了句号。

一个新时代开启了,数学家开始讲起了故事。数学知识曾经是神秘科学家隐蔽阁楼中的"囚犯",而如今,这种自行强加的束缚被解开了,这个学科自由地进入了新领域。数学知识逐渐传授给了数学界以外的读者,甚至包括只想消遣和娱乐一下的人。数学开始享受一种新身份,一种名流地位:畅销书打破书店销售纪录,《美丽心灵》《心灵捕手》(Good Will Hunting)等电影成为经典;《数字缉凶》(Numb3rs)等电视剧的观众人数创出新高;而《乐园》(Arcadia)、《求证》(Proof)等演出也场场满座。

一位帮助数学走近大众的作家是都克西亚迪斯(Apostolos Doxiadis),他的著作《遇见哥德巴赫猜想》(Uncle Petros and Goldbach's Conjecture)是一册国际畅销书。为了进一步发展数学的叙事方式,他创立了组织"泰勒斯和朋友们"①,旨在消弭学科之间的鸿沟。2005年夏天,该组织在米克诺斯岛举办了一场研讨会。抱着"消弭数学与人类文化之间的巨大分歧"的宗旨,与会者探讨如何用叙事方法表达数学的方式,让非数学家也能接受数学。

数学与讲故事方式的融合能引起外行和专业人士双方的兴趣。即使是专家,有时也会因为暂时抛开专业术语和传统数学三段论法(也就是假设、命题、证明)而松一口气。斯坦福大学世界著名统计学家迪亚科尼斯(Persi Diaconis)在大学和研究所读书时半工半读,同时当一位魔术师。他承认,只有当了解问题背后的故事后,他才能解决那个问题。谁在关注这个问题?它是怎么产生的?一旦解决之后会怎样?举一个涉及组合数学、代数和函数理论的例子:一副扑克牌必须洗几次,才能认为它们的顺序充分随机?(答案:7次)。他只会被这样的具体问题激发起兴趣。同样,哈

---

① 泰勒斯是古希腊哲学家、数学家、天文学家,希腊七贤之首,享有"科学之父"之美誉。——译者

佛大学的马祖尔(Barry Mazur)承认,要真正理解一个特定数论问题的深层意义,只有在他为了对其他领域的同事解释清楚这个问题,用简单的常用语言明确阐述它之后,才能做到。

当然,对于聚集在米克诺斯岛上那些数学家出身的"说书人"来说,这是新的领域。他们即将面临的问题是,为这个新类型建立规则。突然间,数学家必须尽力解决那些之前他们不曾关注的课题。什么样的文法是可接受的?用字遣词必须多精确?可以为了读者而简化问题吗?可以偏离数学传统上的严谨标准多远?特拉维夫大学科学史家科里(Leo Corry)以另一个文化类型——音乐为例,表达了这种困境。莫扎特的传记电影《阿玛迪斯》(*Amadeus*)是帮助还是阻碍了对一般观众推广莫扎特的音乐?是否可能因为影片不精确、有许多错误而造成无法挽回的伤害?米克诺斯岛上常常出现的激烈讨论,证明数学家仍与"统一学说"相去甚远。但不可否认,通过欣赏和娱乐方式,大众获得了对这个之前"禁地"的新认识,反之亦然,科学家也获得了愈来愈多欣赏他们的新读者。

97 除非我的手机铃声独一无二

◆摘要：1940年代的一个数学理论，可以让人通过一个简单的计算机程序和演算规则，创造出音乐。于是我们得到与世界上任何其他铃声完全不同、绝对独一无二的铃声。

每个人都遇到过这种事：当一个熟悉的铃声提醒有来电时，我们不假思索地伸手去拿手机，结果发现其实是旁边那个人的手机在响。尽管每个人都以为自己的铃声独一无二，因为那是从专门的网站上花钱下载的，而实际上许多手机用着一模一样的铃声。

不过，这类令人困扰的混淆或许可以解除。仅花2美元，任何人都可以从沃尔弗拉姆公司买到属于自己的铃声。这家软件公司保证，它提供的每一个铃声，可以肯定与世界上任何其他铃声完全不同。

"沃尔弗拉姆铃声"是英国著名物理学家沃尔弗拉姆的创意发明，几年前，他的一册1200页的著作《一种新科学》引起了轰动。通过宣传和"厚脸皮"的自我推销，这本书在2002年出版后立刻成为畅销书。在书中，沃尔弗拉姆主张，所有自然界的复杂结构和过程,都可以用"细胞自动机"进行计算机仿真。

"细胞自动机"是一种简单的计算机程序,它与手机毫无共同之处,是根据1940年代德国数学家冯·诺伊曼在普林斯顿高等研究院提出的一个数学理论构建的。设计出"细胞自动机"后,冯·诺伊曼很快就对它失去兴趣,搁置了下来。直到1983年,在高等研究院工作的年仅24岁、获得麦克阿瑟"天才"奖学金的沃尔弗拉姆才重新发现了它们。

"细胞自动机"在一种由细胞组成的网格上运作。根据演算规则,这些细胞被涂上黑色或白色。一开始给网格最上面一行的细胞随机涂色。接下来最有趣的工作开始了:下一行的细胞颜色取决于上方相邻细胞的颜色。涂色规则很简单。举例来说,若一个细胞上方相邻的3个细胞中两个是黑色,则涂上黑色,否则则涂上白色。或者,若一个细胞上方相邻的细胞是黑色,且右上方和左上方的两个细胞是白色,则涂上白色。当第二行的所有细胞都涂上颜色后,下一行重复这些运作。接着下一行,然后再下一行,依此类推。

规则这么简单,我们会想当然地以为这种演算带来的乐趣微不足道,但这种想法是错的。根据所应用的规则,会出现形形色色有趣的模式。有些模式不断自我重复,有些模式看起来则完全随机。还有一些模式显得非常丰富,尽管这些模式看起来有一些规律,却又完全无法预测。沃尔弗拉姆的研究将由这些规则产生的复杂现象进行了分类,从而巩固了未受冯·诺伊曼重视的理论的数学基础。

沃尔弗拉姆在他的书中主张,所有自然现象都是以"细胞自动机"为基础的。关于雪花和一些海贝壳,这种说法可能是对的,因为它们的形状的确让我们想到"细胞自动机",但宣称整个自然界都以重复应用简单的计算变换为基础,可能有点言过其实。可以用计算机程序模拟现象的演化过程这个事实,不足以证明它确实是以这种方式产生的。

最近围绕着沃尔弗拉姆的风潮已平息下来。这场风潮可能影响了他的自尊,但对他可观财富的影响却微乎其微。他的符号计算软件包Mathematica被认为是自然科学和工程科学的市场领导者,已持续销售了数百万套。经济上的成功让沃尔弗拉姆投身于研究之中,而带来的有趣成果之一就是铃声。

沃尔弗拉姆铃声以"细胞自动机"为基础并不令人意外。他与计算机科学家奥弗曼(Peter Overmann)合作开发了一种程序,可以根据涂色细胞的位置,把它们转化为音符。令人惊讶的是,这种方法生成的旋律十分悦耳,一点也不平淡乏味。这个结果部分可以用"细胞自动机"的本质来解释:"细胞自动机"产生的旋律十分有规律,又不混乱;同时又有足够的随机性,从而使得音乐听起来有趣。

沃尔弗拉姆的旋律可以在网页tones.wolfram.com取得。顾客可以先选择类型,爵士、乡村、古典等,接着每点击一下鼠标,计算机程序就会在10^{27}个旋律中搜寻,创造出一段你从未听过的30秒的新曲调。有些曲调很吸引人,也有的没那么动听,但保证绝对不会有其他人谱出同样的曲调。顾客支付2美元就可以得到一段绝对独一无二的铃声,能选择乐器和节奏,并能配合个人的喜好进行改编——甚至可以加上鼓声。

98 强化自愿合作

◆**摘要**:在只以自身利益为中心的群体成员中,如何演化出利他主义和合作行为?数学模型证明:为恶者会受到处罚的群体中可能会出现合作。然而,发生这种情况的条件是,群体成员必须是自愿加入的。

许多社会科学家都曾自问,在只以自身利益为中心的群体成员中,如何演化出利他主义和合作行为?哈佛大学和维也纳大学的研究者开展了一项研究,借助数学模型证明了,在为恶者会受到处罚的群体中可能会出现合作。然而,发生这种情况的条件是,群体成员必须是自愿加入的。

在这些科学家建立的模型中,个人可以选择仅接受一笔稳定的收入,或者冒险参加一个集资游戏。那些参加游戏的人既可以选择捐一笔钱,也可以拒绝付费。捐款和由此产生的利润平均分配给所有玩游戏的人,包括那些没有捐款的爱占便宜者。如果捐助资金的人足够多,那么所有参加者都将受益。如果有太多爱占便宜者都想从捐款者的好意中牟利,后者就遭殃了。为了避免这种情况,这个模型中的捐款者可以对爱占便宜者处以罚款。然而,施加惩罚也有成本,因此,不是每个捐款者都强制必须执行处罚。这个模型里有4种角色:不玩游戏的局外人、参加游戏但不捐钱的爱占便宜者、捐钱但放弃处罚的贡献者以及捐钱且积极对爱占便宜者征收罚款的执法者。

研究者用计算机仿真这个游戏,连续进行了多个回合。玩游戏的人被分成这4种角色,几轮以后他们被允许可以修正他们的行为,采纳较成功游戏者的策略。此外,不同角色可以互换。现在的问题是,随着时间的流逝,哪一种角色最受大家欢迎?

模拟的结果让研究者大感惊讶:凡是强制参加游戏的,包括贡献者和爱占便宜者,多数最终愿意成为爱占便宜者。这时候游戏只能结束,因为没有人付钱了。即使执法者加入游戏,这种可悲的事态也不会改变,他们无法对抗众多的爱占便宜者。

然而,凡是自愿参加游戏的,也就是说凡是玩游戏的人可以选择只接受稳定的收入,许多爱占便宜者便会退出游戏,只要求稳定的收入。留在游戏中的是贡献者、执法者和少数爱占便宜者。现在,当贡献者比执法者人数多时,这个游戏也无法进行下去,因为爱占便宜者一定会人数不断倍增。因此只有执法者占统治地位的团队才能稳定存在,他们可以确保每个人都合作。

但一种矛盾的结果是,处罚爱占便宜者可以迫使他们合作,但只有在人们自愿参与的群体中才可能出现这种情况。诺贝尔经济学奖得主弗雷德曼(Milton Friedman)敏锐地发现了这种现象。越战期间,在讨论如何招募规模足够的部队人数时,他提议付钱让人们加入军队。他的论点是宁要唯利是图的军队,也不要受制于人的军队。这让我们想起,士兵自愿加入的外籍军团总是纪律严明,令人生畏。与此相反,强制征兵入伍的军队往往纪律松散,缺乏战斗力。

99 是密码还是骗局?

◆ 摘要：一份有着丰富插图、始终无人能解读的中世纪手稿，在4个世纪的时间里消失无踪。20世纪初，这份"世界上最神秘的手稿"重新现身，现代计算机技术能否帮助我们破解其密码？

1912年，波兰裔珍本收藏家伏伊尼克（Wilfrid Voynich），从意大利弗拉斯卡蒂地区的一群耶稣会士的手中买下了一些中世纪手稿，并存放于他在伦敦开设的书店里。在沾满灰尘的书堆中，他发现了一份插图丰富的手稿，作者不详。这份手稿的根源可追溯至16世纪初的布拉格：波希米亚皇帝鲁道夫二世热爱收藏奇珍异宝，曾斥资600个金币买下这份手稿。宫廷科学家仔细研读这份手稿多年，最后推断作者是13世纪圣方济会修士培根（Roger Bacon），但他们中没有人能解读那个文本，让皇帝大为失望。后来，失去兴趣的鲁道夫二世把它转送他人。在接下来的4个世纪里，手稿消失无踪。

20世纪初，这份手稿重现江湖，解码员、语文学家、史学家、梵蒂冈档案保管员、统计学家和数学家齐上阵，尝试破解其密码。然而仍然徒劳无功。2004年，一位英国计算机科学家登场了，他认为迄今破解这份不明手稿的所有努力都是白费工夫，大胆宣称这份手稿是由骗子执笔的，根本没有任何意义。简言之，它不过是一场古代的骗局。

这份手稿写在优质牛皮纸上，最初至少有232页，后来有一些页面遗失。它的尺寸大小为15厘米×22厘米，厚约4厘米。虽然有一个标题页和一个擦掉的签名痕迹（可能是手稿主人的名字）依稀可辨，但无论是标题或作者名都无法确定。几乎所有的页面都有插图，大多是植物、星星、符号和裸体女性，然而它主要的神秘之处仍是文字部分，至今仍然让人不解。

这些优雅的笔迹包括约36个字母以及字母组合，但没有一个与任何我们已知的字母系统有关联。整个文本显然由单词组成，单词之间由空白隔开，有些单词比其他单词出现得更频繁。根据插图来看，这份手稿似乎是科学书，包括6个部分：植物、天文学、生物学、宇宙论、药学和食谱。

1920年代，宾州大学哲学教授纽博尔德（William Romaine Newbold）对伏伊尼克的这份手稿进行了第一次现代化检验。纽博尔德认为，它的一些文字是用重新排列字母为基础的方法进行了加密。然而，他的解码方法很快就被证明是错的，而这个文本也随即被授以"世界上最神秘的手稿"称号，一直持续到1945年。那一年，华盛顿有一组解码员正等待着二次大战结束后退伍，他们初试身手，试图破解这个文本，结果没有成功。一开始他们试图确认一种假定的文法，结果证明是徒劳；他们又假设这份手稿由拉丁文缩写组成，结果一样以失败收场。另外不着边际的推测还包括：这个文本是精神病患者滔滔不绝的自言自语，也可能它是乌克兰语删除了所有元音后的结果。

那些转而研究插图的专家们也开始争论。关于谁能够确认什么，又是如何做到的，他们之间爆发了激烈的争执。一位精通中世纪炼金术手稿的专家坚信，这个文本最晚在1460年之前就已写成。一位植物学家则马上反驳这个理论，指出其中的一些插图描绘的是美洲新大陆的植物。因此，他认为这份手稿源自16世纪早期。

因为着迷于这个文本的神秘氛围，又比因摒弃周密猜测和严谨理论而丧失社会地位的前人拥有更好的设备，现代科学家开始进行研究。借由现代计算机技术，他们能够对未知语言进行数学分析：利用一系列统计方法，检测字母、字母组合以及单词在整个文本中出现的频率。他们计算所谓的"熵"——一种测量字符串随机性的数值，以分析单词长度分布及单词之间的相关性。他们应用了各种数学方法，如频度分析、群集分析和马尔可夫链理论。尽管如此，破解工作仍然没有任何进展。他们只发现，这个文本从左向右阅读、似乎含有两种方言，而且使用了23—30个独立的符号。

巴西数学家斯托尔菲（Jorge Stolfi）的研究稍微让人乐观一些，他认为他区别了子音与元音，证明绝大多数单词由1—3部分组成，他称之为前缀、词干、字尾，但总的说来，没有发现任何布拉格的鲁道夫二世宫廷还不了解的事。

但没有任何人愿意相信，一位可能是文艺复兴时代的学者发明了一种加密法，可以对抗所有解码方法。因此，有人提出另外两种可能的解释：或者是不熟练的作者在编码字母系统时犯了太多错误，因为根本不可能解码；或者是有个骗子知道鲁道夫二世迷恋神秘事物，对皇帝恶作剧，以这种方式骗取他的大笔钱财。不过这些解释也有它们的缺陷。看得出这份手稿制作时十分小心翼翼，这可以驳斥抄写和加密过程中发生错误的论点。另外整个事件似乎也不可能是骗局，因为需要很大努力才能制作出这虽然无意义但却呈现多种语言结构的手稿。

不过，最后一种说法已经被英国基尔大学的计算机科学教授鲁格（Gordon Rugg）的研究所推翻。鲁格以斯托尔菲的三音节理论为基础开展研究，运用了所谓的"卡丹格板法"——一种16世纪广泛应用于书写隐藏讯息的方法。鲁格认为，这份手稿加密的方式是，先随机采用音节填满一张表格。不同的音节组合根据变化频率对应于前缀、词干和字尾3个字段，在表格上从左到右滑动卡丹格板，这种板上有空格对应每个3音节字段，然后把产生的符号串写下来。用这种烦琐方式得到的结果，与在伏伊尼克手稿中发现的混乱字母组合呈现惊人的相似性。

单词在"卡丹格板法"得出的这个文本中出现的频率，以及文本中音节的组合方式，取决于最初的基本表格，因此，最后制成的手稿能反映出表格本身的统计特性。这解释了为什么之前的研究者会认为这个文本呈现出语言结构。"两种不同的方言"，可以用使用两种不同的表格来解释。鲁格认为，熟练的写作者只需要3个月，就可以制作出一本232页的手稿。这个骗局的作者可能是一个占卜师、受雇于作家的律师或公证人，也可能是鲁道夫二世宫廷里以诡计和诈术而恶名昭彰的炼金术士。

虽然鲁格的解释缺乏确凿的证据证明这份手稿是骗局，但他的确为这份手稿如何制作出来提供了看似有理的解释。不过这一切无法说服怀疑论者，伏伊尼克手稿在未来一段时间内仍将持续笼罩于神秘的氛围之中。

100 对抗滥用数学运动

◆**摘要**:诠释数据时,完全可能产生分歧的观点。有时是不经意间造成的错误诠释,有时可能是故意为之。数学会显示出研究的信誉,必须小心执行。

住在伦敦的加拿大数学家基南(Douglas Keenan),以领导反对草率或恶意使用数学的运动为自己的使命。有人可能认为数学出现歧义的机会不多,但诠释数据时,观点完全可能产生分歧。有时是不经意间造成的错误诠释,有时可能是故意为之。举例来说,在气候研究领域,对立的观点往往都有科学研究作支持,这些研究以对数据开展数学分析为基础。因为数学会增加这类研究的可信度,投机钻营的人就常常仰赖这些研究。因此,小心开展这些研究十分重要。

在滑铁卢大学攻读数学之后,基南在华尔街工作了几年,1995年他开始全力投身于对数学的司法研究。自此之后,他领导了一场真正的改革运动,对抗以数学为工具的阴谋黑幕。他经常严词抨击的对象,包括误用统计方法确定火山灰来源,到不合理地利用年轮估算沉船日期等。

3年前,《自然》杂志上刊登了一项研究,这项研究以黑皮诺葡萄的成熟过程作为衡量气候变暖的指标。8月葡萄正式采摘的时间是依葡萄成熟度决定的,而葡萄成熟度又依刚结束的夏天温度而定。自1370年以来,法国勃艮第开始采摘的日期都记录在城市档案馆中,可以想象有人会把这些日期作为过去6个世纪中温度演变的指标。一个法国研究小组根据这些数据提出了一个模型,该模型显示2003年夏天是600年中最热的。结论很明确:勃艮第正在变暖。

这项研究结论引起了基南的怀疑,他想确认它的数学基础。然而为了查证他需要原始数据,而作者却不愿意透露。在向《自然》杂志提出两次申请之后,他们终于提供了文件。基南立刻发现,作者将数据进行了平滑处理以配合他们的研究:混淆了标准误差(standard error)和标准差(standard deviation),使用了不正确的参数;而且还混淆了日温度与平均温度。当将所有这些误差考虑在内后,2003年那一年的温度的确还是较高,但并没有高到出乎意料。《自然》杂志的编辑对此毫无察觉并不令人感到意外,因为数据不由他们处理,他们也从来没有要求验证过。如果他们这么做了,应该能轻而易举地识破作者的把戏。单凭葡萄收成模型得出的2003年的温度比法国国家气象局实际测得的高2.4摄氏度,这些编辑就应该心生怀疑。

基南最近的批评目标是检验1954—1983年都市化对气候变暖影响的两项研究。为了比较一段时间里所得到的测量值,整个观察期进行测量的站点位置不改变是关键。举例来说,由于城市会产生热,如果把测量站从市中心搬到城市外围,记录到的测量结果将降低。另一方面,如果测量站从城市上风处搬到下风处,测量结果则可能升高。即使测量站很小的位置变动,例如从田野移到旁边的柏油马路上,也会造成结果出现误差。

当基南要求知道是哪些测量站在做测量时,他发现自己再次遭到拒绝。"既然你想做的只是找碴,为什么我要把数据提供给你?"有一位作者这样问道。但这位教授没有预料到基南的顽强精神。这位教授任职于英格兰的一所大学,必须遵守《信息自由法》。这个法规责成国家机关受雇者必须公布数据,因此,他被迫把东亚某国测量站的名单交给基南。令人大跌眼镜的是:35个测量站中,25个曾经换过位置,有的甚至换了好几次,而且还移动了几十千米。至于另外的49个测量站,则根本不曾存在过。

The Secret Life of Numbers
50 Easy Pieces on How Mathematicians Work and Think
By
George G. Szpiro
Copyright © 2010 By George G. Szpiro
Simplified Character Chinese edition copyright © 2019 by
Shanghai Scientific & Technological Education Publishing House
Simplified Character Chinese edition arranged with New England Publishing Associates
ALL RIGHTS RESERVED
上海科技教育出版社业经 New England Publishing Associates 授权
取得本书中文简体字版版权

责任编辑　李　凌　　侯慧菊
封面设计　杨　静

数字的秘密生活——最有趣的100个数学故事
［美］乔治·G·斯皮罗　著
郭婷玮　译

出版发行		上海科技教育出版社有限公司
		（上海市柳州路218号　邮政编码200235）
网	址	www.sste.com　www.ewen.co
经	销	各地新华书店
印	刷	常熟文化印刷有限公司
开	本	787×1092　1/16
印	张	24.75
插	页	4
版	次	2019年8月第1版
印	次	2019年8月第1次印刷
书	号	ISBN 978-7-5428-7049-0/O·896
图	字	09-2018-731号
定	价	60.00元